Peter Gerdsen • Gesammelte Werke

Band 4

Mensch und Wissenschaft

Kommunikationssysteme II
[1994]

Anleitung zum praktischen Entwurf (SDL)

herausgegeben und eingeleitet
von
Hamid Reza Yousefi

gefördert durch
Peter-Gerdsen-Stiftung

Traugott Bautz
Nordhausen 2016

Bibliografische Information der Deutschen Bibliothek
Die Deutsche Bibliothek verzeichnet diese Publikation
in Der Deutschen Nationalbibliographie;
detaillierte bibliografische Daten sind im Internet
über http://dnb.ddb.de abrufbar.

Verlag Traugott Bautz GmbH
99734 Nordhausen 2016

Printed in Germany
ISBN 978-3-88309-987-3
www.bautz.de

Inhalt

Worum geht es in diesem Band?

Band 1:

Der erste Band umfasst die erste Sektion der Gesamtausgabe von Peter Gerdsen mit folgenden Schriften: 13 natur- und ingenieurwissenschaftliche Abhandlungen aus den Jahren 1966-1979 sowie die Monographie ›Hochfrequenzmesstechnik – Messgeräte und Messverfahren‹ aus dem Jahr 1982. Charakteristisch für diese Periode ist, dass die Aufsätze 1966-1970 aus der Industriezeit Gerdsens, die praktische Anwendungen aus der Farbfernsehtechnik behandeln, während der Lehrtätigkeit 1971-1982 eine theoretische Vertiefung für das wissenschaftliche Fundament der studentischen Ausbildung erfahren. Die Hochfrequenzmesstechnik, die als konstitutives Element der Natur- und Ingenieurwissenschaften eine verbindende Bedeutung für Gerdsens Schriften hat, dokumentiert unter dem Paradigma der analogen Nachrichtentechnik eine Kulmination seines Wirkens.

Band 2:

Der zweite Band beschreibt einen vertiefenden Weg des Denkens von Peter Gerdsen. In den 1980er Jahren vollzieht sich ein allmählicher Paradigmenwechsel von der analogen zur digitalen Nachrichtentechnik, welche die Gebiete der Signalübertragung und -verarbeitung umfasst. Dabei tritt an die Stelle der Signaldarstellung durch eine kontinuierliche Spannungszeitfunktion eine solche durch eine Zahlenfolge.

Die Signalverarbeitung wird nicht mehr mit einer Schaltung aus elektrischen und elektronischen Bauelementen durchgeführt, sondern mit einem Zahlenfolgen verarbeitenden Rechenwerk, welches durch einen Signalprozessor realisiert wird. Damit entsteht die Aufgabe, klassische Schaltungen der analogen Signalverarbeitung in Algorithmen für Signalprozessoren umzusetzen. Die neue digitale Nachrichtentechnik ist der analogen hinsichtlich der Präzision weit überlegen.

Diese veränderte Situation erforderte ein radikales Umdenken sowohl bei den Ingenieuren in der Praxis als auch bei den Studenten. Eingeleitet wird der vorliegende Band der Gesamtausgabe von Peter Gerdsen durch den

Aufsatz ›Wandel in der Nachrichtentechnik‹, der in der ›Nachrichtentechnischen Zeitschrift NTZ – Fachmagazin für Telekommunikation und Informationstechnik‹ im November 1997 erschien. Der Aufsatz stellt die Grundzüge des Paradigmenwechsels dar, um diesen in der nachrichtentechnischen Öffentlichkeit zur Diskussion zu stellen.

Mit der anschließenden Monographie ›Digitale Signalverarbeitung in der Nachrichtenübertragung – Elemente, Bausteine, Systeme und ihre Algorithmen‹ gibt Peter Gerdsen der neuen Situation insbesondere für die Ausbildung der Studenten ein sicheres Fundament. Die 1. Auflage des Buches erscheint 1993; auf Grund des großen Erfolges erfolgt 1997 eine 2. Auflage in wesentlich erweiterter Form, die Gegenstand des vorliegenden 2. Bandes der Gesamtausgabe ist. Dabei bezieht sich die Erweiterung hauptsächlich auf die Berücksichtigung von Simulationsprogrammen in der digitalen Signalverarbeitung. Damit wird einem Trend Rechnung getragen, Systeme nach ihrem Entwurf durch Simulation auf einem Computer auf ihre Eigenschaften hin zu überprüfen.

Solche Simulationsprogramme, die auch für die Schaltungen der analogen Nachrichtentechnik entwickelt wurden, sind durch die ständig steigenden Reichenleistungen der Computer möglich geworden. Die Monographie ist geprägt sowohl durch ihren Lehrbuchcharakter, der in zahlreichen Übungsaufgaben zum Ausdruck kommt, als auch von einer gründlichen Darstellung des neuen Gebietes der Nachrichtentechnik.

Band 3:

Kaum ein Gebiet hat eine so stürmische mit tiefgreifenden Paradigmenwechseln verbundene Entwicklung durchlaufen wie die elektrische Nachrichtentechnik. Die analoge Übertragungstechnik wurde abgelöst durch die die digitale Übertragungstechnik; desgleichen die analoge Signalverarbeitung durch die digitale Signalverarbeitung.

Diese beiden Umbrüche waren sehr tiefgreifend, weil sie neue Begriffe und neue Formen des Denkens notwendig machten. In den 90er Jahren kam eine neue Herausforderung auf die Welt der Nachrichtentechnik zu. Während sowohl die analoge als auch die digitale Übertragungstechnik zunächst nur die Nachrichtenübertragung zwischen zwei Punkten im Blickpunkt hatten, bildeten sich schon vor über 100 Jahren Netze von Übertragungswegen heraus, welche die Notwendigkeit von Vermittlungstechniken mit sich brachten. Beispielhaft dafür ist das Fernsprechnetz. Als Folge der Digitalisierung der Übertragungswege, durch die Signale in Form von Zahlenfolgen dargestellt werden, ergab sich die effiziente Möglichkeit die in den Netzknoten auftretende Notwendigkeit der Vermittlung durch Computer zu realisieren.

Während ursprünglich in der Form des Fernsprechnetzes die Mensch-zu-Mensch-Kommunikation dominant war, trat schon frühzeitig Maschine-zu-Maschine-Kommunikation in der Vordergrund, wie es z.B. bei den miteinander kommunizierenden Telefax-Geräten der Fall ist. Diese Situation erfuhr eine wesentliche Erweiterung durch die immer weiter um sich greifenden Computernetze. Besonders markantes Beispiel dafür ist das Internet, das durch die Einführung des WWW-Dienstes (World Wide Web) eine enorme Verbreitung erfuhr und bereits 1989 als Projekt der Forschungseinrichtung CERN entwickelt wurde.

Dieser komplexen und komplizierten Situation wurde eine übergreifende Systemtheorie der Kommunikation notwendig, um Studenten ein vertieftes Verständnis der vielfältigen Kommunikationsnetze unter übergeordneten Gesichtspunkten zu ermöglichen. Für die analoge Nachrichtentechnik hatte Karl Küpfmüller eine ›Systemtheorie der elektrischen Nachrichtenübertragung‹ entwickelt, die bereits 1949 erschien und in zahllosen Auflagen den Ingenieuren der Nachrichtentechnik eine Orientierungshilfe ist.

Inhalt des dritten Bandes ist das Buch ›Kommunikationssysteme 1 – Theorie, Entwurf, Messtechnik‹, das eine ›Systemtheorie der Telekommunikation‹ enthält. So wie zur Beschreibung der Algorithmen in Computern besondere Sprachen in der Form von Algol (**Algo**rithmic **L**anguage), dessen Weiter Entwicklung die Namen Pascal und C^{++} tragen, erforderlich wurden, war dies auch bei der Formulierung einer ›Systemtheorie der Telekommunikation‹ der Fall. Durchgesetzt hat sich zur Beschreibung der Vorgänge in Kommunikationssystemen die Sprache SDL (**S**pecification and **D**escription **L**anguage), die auch wesentlicher Bestandteil des vorliegenden Bandes ist.

Band 4

In dem vorliegenden vierten Band der Gesamtausgabe geht es um eine Anleitung zum praktischen Entwurf von Telekommunikationssystemen. Die Telekommunikationssysteme haben sich zu einem eigenständigen Fachgebiet nicht nur mit eigener Systemtheorie und einer speziellen Terminologie, sondern auch mit einer besonderen Entwicklungsmethodik und softwaregestützten Entwicklungswerkzeugen entwickelt. Studenten und Ingenieure in diese Entwicklungsmethodik mit ihren Entwicklungswerkzeugen einzuführen, ist das Ziel der ›Kommunikationssysteme 2 – Anleitung zum praktischen Entwurf (SDL)‹, die Inhalt dieses Bandes sind und auf die ›Kommunikationssysteme 1 – Theorie, Entwurf, Messtechnik‹ aufbauen. Mit dem Paradigmenwechsel, der die analoge Nachrichtentechnik in die digitale Nachrichtentechnik überführte, begann eine Entwicklung, welche die Nachrichtentechnik immer mehr in die Nähe der Informatik führte. Wurden bereits bei der digitalen Signalverarbeitung ganze Verfahren der Schaltungstechnik durch entsprechende in einer Programmiersprache zu beschreibende Algorithmen ersetzt, so findet man in den Knotenpunkten der auf den Prinzipien der digitalen Übertragungstechnik aufbauenden Kommunikationssysteme nur noch reine Software-Realisierungen. Zentral für die Entwicklungsmethodik von Kommunikationssystemen ist ›Specification and Description Language‹ SDL. Dabei handelt es um eine graphische Beschreibungssprache für Kommunikationsvorgänge, die in ihrer Beschreibungstiefe und Präzision der Beschreibung so weit geht, dass die graphische Beschreibung in einen Programmiersprachentext transformiert werden kann, der sich seinerseits wieder den Assembler eines Mikroprozessors kompilieren lässt.

[1994] Kommunikationssysteme 2 – Anleitung zum praktischen Entwurf (SDL)

Vorwort

Die Kommunikationstechnik hat sich in den letzten Jahren weltweit zu den am stärksten expandierenden technischen Aufgabengebieten entwickelt. Dieser Trend ist durch die rasante Entwicklung der Computer- und Softwaretechnik und durch den zunehmenden Bedarf nach Informationsaustausch zwischen den Rechnersystemen bedingt. Eine Vielzahl bestehender Telekommunikationsnetze sowie lokaler Rechnernetze (LANs)1 machen dieses deutlich.

Die Komplexität heutiger Rechneranwendungen erfordert von den sie verbindenden Kommunikationsnetzen einen hohen Komplexitätsgrad, der nur durch den Einsatz von Rechnern und hochintegrierten Telekom-Bausteinen der Mikroelektronik realisiert werden kann. So ist es nicht verwunderlich, dass moderne Kommunikationssysteme in den Vermittlungsknoten und den Endgeräten durch Rechner mit entsprechender Kommunikationssoftware realisiert sind. Kommunikationssysteme und ihre Technik sind damit zum Bindeglied der klassischen Nachrichtentechnik und Informatik geworden. Hieraus resultierend hat sich die Telekommunikation in den letzten Jahren zu einem eigenständigen Fachgebiet, mit einer Systemtheorie, spezieller Terminologie, spezieller Entwurfsmethodik und softwaregestützten Entwicklungswerkzeugen entwickelt. Die industrielle Praxis zeigt, dass Kommunikationssysteme fast ausnahmslos von Ingenieuren der Nachrichtentechnik und Technischen Informatik konzipiert und realisiert werden. Grundlegendes Wissen der Telekommunikation und ihrer Entwurfsverfahren werden deshalb heute bei jedem Ingenieur dieser Fachdisziplin vorausgesetzt.

Der erste Band des Buches entwickelt die Grundzüge einer Systemtheorie der Telekommunikation, zeigt basierend hierauf systematische Schritte zum Entwerfen und Implementieren von Kommunikationssystemen auf und gibt eine Einführung in die Messtechnik der Kommunikationssysteme.

---

1 LAN : Local Area Network.

Besonders der vorliegende zweite Band des Buches soll helfen, die Lücke zwischen der vielfach recht abstrakten Darstellung der Materie in der Literatur und den praktischen Belangen eines Entwicklungsingenieurs zu schließen, indem er beispielhaft aufzeigt, wie die OSI2-Struktur eines Telekommunikationssystems in ein funktionsfähiges System umzusetzen ist.

Allgemein gilt, dass eine Theorie mit hohem Abstraktionsniveau leichter zu verstehen ist, wenn sie an einem Beispiel verdeutlicht wird. In diesem Sinne stellt der gesamte Band II des Buches ein praktisches Beispiel zu Band I dar, indem darin eine praktische Anleitung zum Entwurf an Hand eines konkreten, vollständigen Projektbeispiels gegeben wird. Dabei wird die Ausführung des Beispiels nicht bis zu einem fertigen Produkt getrieben; wohl aber geht die Ausführlichkeit soweit, dass der Leser in der Lage ist, den Weg dorthin zu Ende zu gehen.

Leser, die den Band I nicht gelesen haben, seien darauf hingewiesen, dass einige wichtige Vorkenntnisse zum Verständnis des zweiten Bandes erforderlich sind. Hierzu gehören der strukturelle Aufbau von Kommunikationssystemen, das Automatenverhalten der Instanz, ihr Aufbau aus einem COM- und einem CODEX-Prozess sowie gängige Dienste und Protokolle. Ferner werden die Kenntnis der SDL-Beschreibungsmethode und Pascal-Programmierkenntnisse vorausgesetzt.

Eine zentrale Rolle bei dem Entwurfsbeispiel dieses Bandes spielt die SDL-Spezifikation, für die es leistungsfähige Software-Werkzeuge gibt. So haben wir bei der Erstellung der SDL-Diagramme den Editor SDT/PC 2.2 der Fa. TeleLOGIC benutzt.

Das Durcharbeiten des Entwurfsbeispiels und somit auch die Anwendung der Werkzeuge stellt eine wirkungsvolle Schulung auf dem Gebiet der Telekommunikation dar. Der erste Band zeigt die besondere Bedeutung der Automatentheorie innerhalb der Kommunikationssysteme. Zur Schulung hinsichtlich des Automatenverhaltens ist ein Kommunikations-Simulator ein wirkungsvolles Werkzeug. Lesern, die nach dem Studium der beiden Bände dieses Buches noch tiefer in die Materie der Telekommunikation eindringen möchten, sei empfohlen, sich mit den Software-Werkzeugen vertraut zu machen. Hingewiesen sei auf die Werkzeuge der Fa. TeleLOGIC, zu denen neben dem SDL-Editor ein Code-Generator, ein Simulator und ein Analyzer

2 OSI: Open System Interconnection Referenzmodell der International Standard Organisation (ISO)

gehören, sowie auch auf einen von den Verfassern selbst entwickelten Kommunikations-Simulator, mit dem die abgedruckten Programmbeispiele getestet wurden.

Anregungen, Korrekturen und Verbesserungsvorschläge greifen wir dankbar auf; auch sind wir gern zu Hinweisen bei der Auswahl von Werkzeugen bereit. Wir bedanken uns beim Springer-Verlag, insbesondere bei Herrn Dipl.-Ing. Lehnert, für die bewährt gute Zusammenarbeit, für die Förderung des Buchprojekts und für manche Anregungen.

Schließlich möchten wir unseren Familien für das uns in den vielen Monaten der Entstehung dieses Buches entgegengebrachte Verständnis danken.

Hamburg, im Frühjahr 1994
Peter Kröger
Peter Gerdsen

1. Anforderungsanalyse

Zielsetzung

Systemtheorie und Entwurf von Kommunikationssystemen waren das Thema des ersten Bandes. Damit sind die Grundlagen gelegt, um an einem konkreten Projektbeispiel die systematischen Entwicklungsschritte von der Spezifikation bis zur Realisierung eines Telekommunikationssystems aufzuzeigen; denn die theoretischen Grundlagen der Systeme und des Entwurfs werden eigentlich erst dann vollständig verstanden, wenn sie an einem Beispiel erläutert werden. Der gesamte zweite Band des Buches Kommunikationssysteme will nun an Hand eines solchen Beispiels eine praktische Anleitung zum Entwurf geben.

Eine wichtige Frage ist nun die Auswahl eines geeigneten Projektbeispiels. Folgende Anforderungen sind dabei zu berücksichtigen: 1. Die wichtigsten Aspekte der Kommunikationstheorie sollten in dem Projektbeispiel enthalten sein. 2. Das Beispiel sollte trotzdem noch so einfach sein, dass der Rahmen des Buches nicht gesprengt wird.

Als geeignetes Beispiel erweist sich die Dateiübertragung zwischen mehreren Personal Computern, die untereinander vernetzt sind. Bei oberflächlicher Betrachtung könnte der Eindruck entstehen, als sei dies ein besonders einfaches Beispiel. Die folgenden Abschnitte werden jedoch zeigen, dass dies nicht der Fall ist und allein die formale SDL-Spezifikation bereits etwa 80 Seiten umfasst.

Oberstes Ziel des Projektbeispiels PC-Datei-Transfer ist die Sichtbarmachung aller Aspekte der Telekommunikationstheorie. Wie die im nächsten Abschnitt ausgeführte Anforderungsanalyse zeigt, wird dabei ein sehr komfortabler File-Transfer-Dienst angestrebt. Allerdings erweist sich die Übertragungsgeschwindigkeit als sehr niedrig. Dies ist deshalb der Fall, weil die Sicherungsschicht vollständig in Software ausgeführt werden soll, um alle Aspekte der Implementierung auch in diesem Bereich sichtbar zu machen.

Im Folgenden seien einige Überlegungen zur Auswahl des Projektbeispiels angeführt. Telekommunikation bedeutet Nachrichtenaustausch zwischen den an geographisch unterschiedlichen Standorten vorhandenen Stationen eines Kommunikationssystems. Dabei unterscheidet man grundsätzlich folgende Nachrichtenarten: Sprache und Ton, Text, Festbilder und Bewegtbilder, Daten.

Das hier zu entwerfende Kommunikationssystem soll auf der Grundlage des **O**pen **S**ystem **I**nterconnection Referenzmodells oder kurz des OSI-Referenzmodells entwickelt werden. Charakteristisch für dieses Modell ist die paketweise Übertragung mit einem Verpackungsmechanismus, der sich mit den Echtzeitanforderungen bei Sprache und Ton sowie bei Bewegtbildern nicht verträgt. Eine reine Textübertragung in der Form eines Fernschreibdienstes wäre zu einfach. So bietet sich die Übertragung von Dateien in einem Datei- bzw. Rechnernetz an. Das Kernstück der Dienste in diesem Bereich ist der File-Transfer-Dienst.

Die Umsetzung des Projektbeispiels PC-Datei-Transfer erfolgt auf der Grundlage der in Band I entwickelten Systemtheorie und Entwurfsmethodik. Damit erhält der zweite Band die folgenden Aspekte:

1. Anleitung zur Umsetzung der erworbenen Grundkenntnisse der Telekommunikationstheorie in ein funktionsfähiges System hinsichtlich Hardware und Software.
2. Praktisches Kennenlernen von Methoden und Werkzeugen zur Spezifikation und zur Realisierung von Kommunikationssystemen.

Die Umsetzung von der modellhaften, abstrakten Beschreibung eines Kommunikationssystems in ein funktionierendes System in Hardware und Software hängt vom Anwendungszweck, von den eingesetzten Technologien und nicht zuletzt von der Qualifikation der daran beteiligten Entwicklungsingenieure ab. Nur durch eine systematische Spezifikations- Entwurfs- und Testmethodik in Verbindung mit geeigneten Entwicklungswerkzeugen gelingt es dem Entwicklungsingenieur, die Kommunikationsanforderungen in ein funktionsfähiges System in Hardware und Software umzusetzen.

Die Entwicklung eines Kommunikationssystems gliedert sich, wie dies auch bei anderen Systemen ähnlicher Komplexität der Fall ist, in mehrere Phasen, an deren Ende ein klar umrissenes Entwicklungszwischenergebnis vorliegt. Damit ergeben sich die einzelnen Abschnitte dieses Bandes:

1. Anforderungsanalyse,
2. Analyse der Ebenenfunktionen,
3. SDL-Spezifikation,
4. Realisierungskonzept,
5. Software-Implementierung.

Ergebnis der Anforderungsanalyse ist ein formloser Katalog aller Systemanforderungen aus der Sicht der späteren Benutzer und der Entwickler. Auf der Grundlage dieses Katalogs wird dann mit der Spezifikation begonnen. Dabei können zwei Abschnitte unterschieden werden:

a. Informale Spezifikation: Analyse der Ebenenfunktionen,
b. Formale Spezifikation: Anwendung der SDL-Methode.

Nach Abschluss der Spezifikation des Systems kann dann das Realisierungskonzept entwickelt werden, um darauf aufbauend durch eine Erläuterung wichtiger Bausteine eine Anleitung zur Implementierung zu geben.

Vor Beginn der Spezifikation sollen die Anforderungen an die Datei-Übertragung verbal zusammengestellt werden, wie sie sich aus der Sicht der Benutzer und auch aus der Sicht der Entwickler ergeben. Dabei sind für den Benutzer wichtig: 1. die Benutzer-Leistungsmerkmale, die alle Systemeigenschaften aus der Sicht der Benutzer beinhalten, 2. die Bedienung, auf Grund derer sich der Benutzer die Leistungsmerkmale verfügbar machen kann, sowie 3. die Bedienungsabläufe, in denen der Bedienungskomfort zum Ausdruck kommt.

Aus der Sicht der Entwickler, die das Datei-Transfer-System realisieren sollen, gibt es jedoch noch zwei weitere Gesichtspunkte, die ebenfalls am Beginn des Entwicklungsprozesses festgelegt werden müssen. Dabei handelt es sich um 4. die Prozessumgebung, zu der all das gehört, was zur Realisierung der Prozesse erforderlich ist, die den Datei-Transfer ermöglichen, und 5. evtl. schon bestehende Kommunikationsdienste, die bei der Realisierung des Datei-Transfers benutzt werden können.

Damit können bei der Anforderungsanalyse fünf Einzelabschnitte unterschieden werden, die im Folgenden zu behandeln sind.

Im Interesse einer möglichst einfachen Realisierung auf der Grundlage einfacher Verfahren und mittels Software werden bei der Dateiübertragung Einschränkungen hinsichtlich der Geschwindigkeit in Kauf genommen. Berücksichtigt werden sollen dagegen alle Merkmale einer gesicherten Datei Übertragung mit eindeutiger und komfortabler Bedienung.

1. 1. Benutzer-Umgebung

Zur Darstellung der Situation für die Benutzer des Datei-Transfer-Systems werden zunächst einige Festlegungen gemacht:

1. Der Datei-Transfer erfolgt zwischen je zwei beliebigen Personal Computern in einem Netz.
2. Es sind n verschiedene Personal Computer untereinander vernetzt

und ein weiterer Personal Computer übernimmt die Aufgabe der Vermittlung.

3. Die Dateiübertragung erfolgt an den seriellen Schnittstellen der Computer. Ein Netz wird mit Hilfe eines Schnittstellen-Vervielfachers aufgebaut.

Bild 1.1 zeigt die Konfiguration des Kommunikationssystems, bestehend aus verschiedenen Stationen und dem Vervielfacher. Mehrere Benutzer-PC`s (PC1 bis PCn) können über ihre seriellen RS 232C-Schnittstellen untereinander kommunizieren. Ein *Schnittstellenvervielfacher* verbindet die Sende- und Empfangsleitungen der PC´s zu einem Bus. Für den geordneten Datentransport auf den Schnittstellen und für die Wegelenkung der Datenpakete zwischen den Benutzer-PC´s sorgt ein Transit-PC.

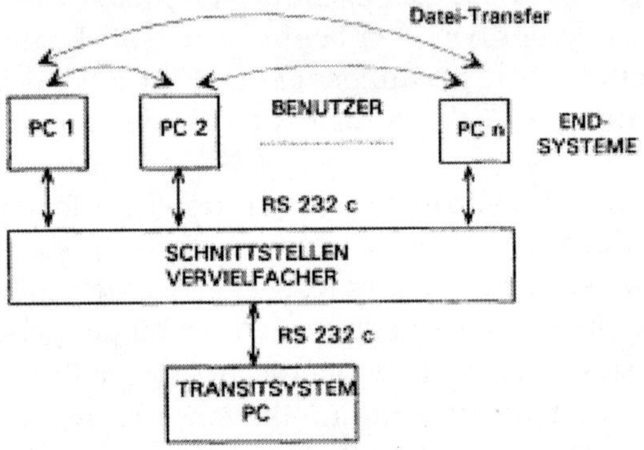

Bild 1.1. Konfiguration des Kommunikationssystems

Die Umgebung des Benutzers am einzelnen PC ist der Bildschirm, an dem der Benutzer die Meldungen des Systems entgegennimmt, und die Tastatur, über die er seine Mitteilungen an das System eingibt.

Jedes Kommunikationssystem muss konfiguriert bzw. eingerichtet werden. Bei dem hier zu realisierenden Datei-Transfer soll diese Einrichtung von dem Benutzer vorgenommen werden, der damit auch Operatorfunktionen übernimmt. Dabei ist ein Unterschied zu machen zwischen den Endsystemen und dem Transitsystem. Der Benutzer des Endsystems ist zunächst Operator; in dieser Eigenschaft konfiguriert er sein System, indem er die Kommunikationsparameter und die Adressen eines Systems festlegt. Danach fungiert er als Bediener eines funktionsfähigen Kommunikationssystems mit bestimmten Leistungsmerkmalen. Er teilt dann dem System über die Tastatur mit, welche Datei seiner Station er zu welchem Endsystem übertragen möchte.

Der Bediener des Transitsystems fungiert nur als Operator, der dem System die Daten einer Netzkonfiguration mitteilt.

1. 2. Leistungsmerkmale

Bei der Festlegung der Leistungsmerkmale soll unterschieden werden zwischen Benutzer-Leistungsmerkmalen und technischen Leistungsmerkmalen.

1. 2. 1. Benutzer-Leistungsmerkmale

Zunächst werden die Leistungsmerkmale der Datei-Übertragung stichwortartig zusammengestellt, wie sie sich aus der Sicht des PC-Benutzers darstellen sollen und für Dateitransfer-Systeme üblich sind.

Die Kommunikation zwischen den PC´s setzt voraus, dass sich auf diesen Kommunikationsprogramme in Ausführung befinden, mindestens auf dem PC, an dem der Benutzer die Dateiübertragung einleiten will. Der Einfachheit halber soll dieses Kommunikationsprogramm eigenständig, d.h. nicht von anderen PC-Anwendungsprogrammen benutzbar sein, und nur der Dateiübertragung eines zuvor erstellten MS-DOS-Files dienen. Es sollen nur Dateien mit Inhalten aus dem 7 bit-ASCII-Zeichen-Alphabet übertragen werden können also Text-Dateien.

Mit diesem Kommunikationsprogramm erhält der PC-Benutzer einen Dienst, eigene Dateien zu einem der n PC`s zu senden oder aber von einem der n PC`s eine Datei zu empfangen. Dieser Anwendungsdienst wird im folgenden **FILE-TRANSFER-DIENST, (FTD)** genannt.

Der FTD soll alternativ, aber nur zeitlich nacheinander zum Senden oder zum Empfangen von Dateien aufrufbar sein (Halbduplex). Das Empfangen ist passiv, ohne Benutzer-Bedienung möglich. Das Senden erfordert Eingaben vom Benutzer: Ziel-PC zu dem eine Datei zu übertragen ist, Datei, die übertragen werden soll, Ziel-File-Name einer Datei, unter dem der übertragene Inhalt auf dem Ziel-PC abgelegt werden soll.

Es ist leicht einzusehen, dass ein derart an der Kommunikation teilnehmender PC sehr schnell von einer ungeordneten Datenflut fremder Kommunikationspartner überfrachtet würde. Sein Datei-Verzeichnis würde nach gewisser Zeit eine Menge, dem Benutzer unbekannter Dateien aufweisen, die im unbedienten Betrieb empfangen wurden. Um dieses zu verhindern, sind vier Mechanismen im FTD vorzusehen:

1. Dateien werden auf dem Ziel-PC immer nur in ein spezielles Unterverzeichnis übertragen (sog. Message-Directory),
2. Verhinderung von Dateiüberschreiben bei bereits existierendem Datei-Namen (Ziel-File-Name) im Zielsystem, sowie Prüfung, ob ein Filename den DOS-Konventionen entspricht,
3. die Verwendung einer speziellen Sperrfunktion, mit der der Empfang von Dateien abgelehnt wird und
4. der Empfang einer Datei wird mit einer zusätzlichen Journalführung angezeigt, aus der der Quell-PC, der File-Name sowie Datum und Uhrzeit des Empfangs hervorgehen.

Während der Laufzeit des Kommunikationsprogramms kann es wünschenswert sein, auf die DOS-Ebene, auf der der Befehlssatz des Betriebssystems zur Verfügung steht, zurückzukehren, ohne das Kommunikationsprogramm zu verlassen. Daher wird diese Möglichkeit in den Anforderungskatalog übernommen.

Die Forderung nach Übertragung von Dateien in einem Netz bedingt eine einheitliche und widerspruchsfreie PC-Adressierung, die vor der Benutzung in einer Netzkonfiguration am Vermittlungs-PC festzulegen ist. Der FTD bekommt damit eine weitere Benutzerschnittstelle am Vermittlungs-PC. An ihr werden die Adressen und Namen (physikalische und logische Adressen) der Benutzer-PC`s eingerichtet (Operator-Bedienung). Der Vermittlungs-PC hat damit neben der Aufgabe der Datenlenkung auch Netzmanagement-Aufgaben wie Verwalten der Netzadressen und Gültigkeitsüberprüfungen von Adressierungen.

Eine wichtige Frage ist die Buchführung über gesendete und empfangene Dateien in Form eines Journals. Gefordert werden soll hier ein Empfangsjournal, in dem jede empfangene Datei mit Namen, Uhrzeit, Datum und Absender eingetragen wird. Zu den Journalfunktionen gehören das Lesen und das Löschen eines Journals.

Zudem soll der Benutzer während der Kommunikation durch Bildschirmmeldungen über den Ablauf der Übertragung informiert werden: Der Ziel-PC könnte besetzt oder gar nicht empfangsbereit sein und die Übertragung könnte stark gestört sein, so dass ein Abbruch erforderlich wird.

Der PC-Name, die physikalische Adresse und der Zustand der Empfangssperre sollen auf dem Bildschirm angezeigt werden. Die Empfangssperre verhindert das Überfluten mit den Dateien möglicher Kommunikationspartner. Die Station mit gesetzter Empfangssperre in den Empfangsmodus zu versetzen ist sinnvoll, weil dadurch die anderen Netzteilnehmer darüber informiert werden, dass die Station zwar am Netz angeschlossen ist, aber zeitweilig keine Dateien empfangen möchte.

Wichtig für den Benutzer ist noch, dass die Vorgänge "Einrichten der Kommunikationsparameter" und "Kommunizieren" gegeneinander verriegelt sind. Damit wird vermieden, dass durch ein Fehlverhalten des Bedieners während der Kommunikation die Parameter geändert werden können. Dies hätte eine massive Störung der Übertragung zur Folge.

1. 2. 2. Technische Leistungsmerkmale

Auf der Grundlage der bisherigen Festlegungen sollen folgende für die Entwicklung wichtigen Merkmale erfüllt werden: Benutzung der seriellen PC-Schnittstelle mit asynchroner Übertragung, Einstellbarkeit der Kommunikationsparameter Baudrate, Anzahl der Datenbits, Parität und Anzahl der Stopbits, die beim Start auf Defaultwerte gesetzt werden sollen, gesicherte Übertragung von Datenpaketen zwischen den Stationen des Netzes, Abfangen von Übertragungsstörungen auch bei nicht angeschlossener bzw. betriebsbereiter Partnerstation, Herstellen, Halten und Abbauen von temporären Datenverbindungen zwischen je zwei Benutzer-PC`s, Benutzerinformation über den Vermittlungsvorgang, frei wählbare, alphanumerische Namenswahl für die PC-Adressierung, Überprüfen und Melden von Besetztfällen, Übertragen der Dateien in sinnvollen Blöcken (zeilenweise), korrekte Übertragung von Dateien hinsichtlich Vollständigkeit, Bestätigung an den Benutzer, Wiederaufsetzen bei Übertragungsfehlern, und Löschen unvollständig übertragener Dateien, Vernetzung der PC's mit einem Bus und einem einfachen Zugriffsverfahren, Einstellung von Default-Werten für alle Kommunikationsparameter bei Programmstart.

1. 3. Bedienungsabläufe

Das gesamte Kommunikationssystem besteht aus einer Anzahl von PC's, die über die seriellen Schnittstellen mit Hilfe eines Schnittstellenvervielfachers miteinander zu verbinden sind. Dabei fungiert einer der PC's als Transitsystem. Hinsichtlich der Bedienungsabläufe können folgende Phasen unterschieden werden:

1. mechanische Installation,
2. Programm-Installation,
3. Einrichtung der Endsysteme und des Transitsystems,
4. Benutzung der Endsysteme zum Datei-Transfer.

Da in den beiden Gerätetypen Endsystem und Transitsystem sehr unterschiedliche Aufgaben zu erledigen sind, ist es sinnvoll, zwei verschiedene Programme zu entwickeln: eines für die Endsysteme und eines für das Transitsystem. Als nächstes werden die Bedienungsabläufe für die Endsysteme und für das Transitsystem getrennt betrachtet.

Endsystem

Jedes Endsystem kann wahlweise zu jedem anderen Dateien übertragen; gleichzeitiges Senden und Empfangen von Dateien ist aber nicht möglich. Damit hat jedes System einen Sende- und einen Empfangsmodus. Nach dem Start der Programme befinden sich diese zunächst im Bedienungsmodus. Die alternativen Möglichkeiten sind dann: Einrichten oder Kommunizieren. Im Falle der Kommunikation wird entweder der Empfangsmodus oder der Sendemodus eingeschaltet. Der Normalfall ist der Empfangsmodus, der die Station empfangsbereit macht.

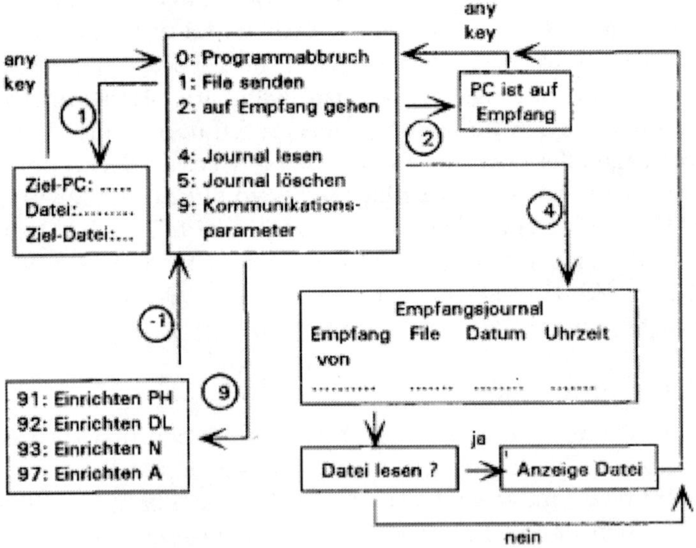

Bild 1.2. Bedienungsabläufe beim Endsystem

Soll eine Datei an ein bestimmtes Endsystem gesendet werden, so wird durch Drücken einer beliebigen Taste der Empfangsmodus verlassen und in den Bedienungsmodus übergegangen. Von dort aus wird z.B. mit einer bestimmten Taste (Menue-Punkt 1) das System in den Sende-Modus übergeführt. Das System fragt dann

1. den Namen der zu übertragenden Datei,
2. den Namen des Ziel-PC und
3. den Namen, unter dem die Datei in einem Verzeichnis des Ziel-PC abgelegt werden soll

ab und startet die Datei-Übertragung. Nach dem Ende der Übertragung wird das System durch Drücken einer beliebigen Taste wieder in den Bedienungsmodus versetzt. Von dort aus kann dann entweder eine erneute Übertragung begonnen oder in den Empfangsmodus (Menue-Punkt 2) übergegangen werden. Einen Überblick über die grundsätzlichen Abläufe verschafft Bild 1.2.

Das Einrichten (Menue-Punkt 9) der Endsysteme bezieht sich auf die Festlegung eines PC-Namens als logischer Adresse (**N**etwork Layer) und einer Zahl als physikalischer Adresse (**D**ata **L**ink Layer) für jedes Endsystem. Die logische Adresse ist erforderlich, weil mehr als zwei PC's miteinander verbunden werden sollen und eine Vermittlung mit dem Transitsystem durchgeführt wird. Das Übertragungsmedium ist ein V.24-Bussystem, das durch den Schnittstellenvervielfacher realisiert wird. Zur Organisation des Buszugriffs ist die Festlegung der physikalischen Adressen für die Endsysteme erforderlich. Beim Einrichten des Transitsystems werden diesem die logischen und physikalischen Adressen der Endsysteme mitgeteilt. Die Parameter der asynchronen Übertragung Baudrate, Anzahl der Datenbits, Anzahl der Stopbits, Parität werden beim Start der Programme auf Defaultwerte gesetzt und sind Gegenstand der Einrichtung der Bitübertragungsschicht (PHysical Layer).

Transitsystem

Von den beiden alternativen Zuständen "Kommunizieren" oder "Einrichten" erfordert hier nur der Zustand "Einrichten" eine Bedienung. Während der Kommunikation läuft das einmal gestartete Transitsystem automatisch. Bild 1.3 gibt einen Überblick über die Abläufe.

Nach dem Start des Systems mit der Taste 1 kann das System durch Drücken einer beliebigen Taste unterbrochen werden. Es kann dann (Menue-Punkt 2) eine Netz-Konfiguration eingegeben werden. Dabei werden dem Transitsystem die Namen der am Netz teilnehmenden PC's (logische Adressen) und die dazugehörigen physikalischen Adressen mitgeteilt.

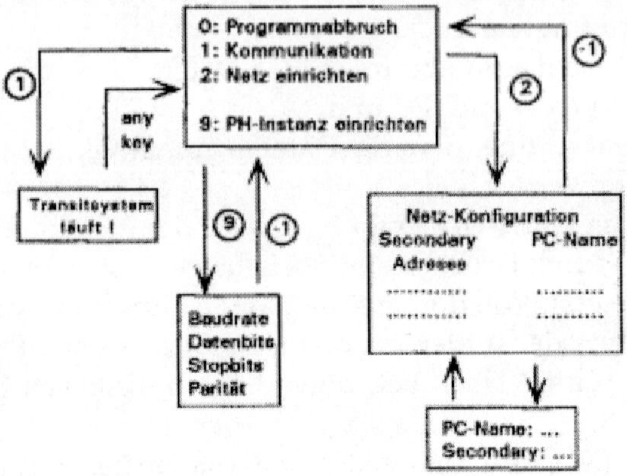

Bild 1.3. Bedienungsabläufe beim Transitsystem

Über den Menue-Punkt 9 erfolgt wie beim Endsystem die Einrichtung der Parameter der physikalischen Instanz.

1. 4. Prozess-Umgebung

Die Entwickler eines Kommunikationssystems haben die die Kommunikation ermöglichenden Prozesse zu realisieren. Daher ist es aus ihrer Sicht zunächst erforderlich, die Randbedingungen dieser Realisierung festzulegen.

1. Jede Station eines Kommunikationssystems benötigt ein Rechenwerk zur Realisierung seiner Funktionen. Grundlage für den hier zu entwickelnden Datei-Transfer ist das Rechner-System eines IBM-kompatiblen Personal Computers.
2. Zur Implementierung der Kommunikationssoftware wird das Betriebssystem MS-DOS, die Programmiersprache Pascal und das Entwicklungssystem eines Turbo Pascal Compilers zu Grunde gelegt.
3. Als Schnittstelle zum Übertragungs-Medium wird der UART-Baustein des Personal Computers verwendet.
4. Bei der Implementierung des PC-Datei-Transfers sollen die Grundsätze des OSI-Referenzmodells möglichst weitgehend beachtet werden. Dabei soll die durch das Modell ermöglichte Modularität voll zum Tragen kommen. So muss es möglich sein, die Instanzen einer Schicht durch evtl. leistungsfähigere zu ersetzen, ohne dass dies Rückwirkungen auf andere Schichten hat.

1. 5. Bestehende Kommunikationsdienste

Bei der Realisierung eines Systems, das alle Benutzer-Leistungsmerkmale aufweist, kann es wirtschaftlich sein, auf bereits realisierte Dienste aufzusetzen. Beispielhaft seien folgende für PC's verfügbare Dienste genannt: KERMIT. Dieser Dienst bietet eine gesicherte Punkt-zu-Punkt Bit-Übertragung an. TCP / IP. Hierbei handelt es sich um einen Transport-Dienst[3].

Der Zielsetzung dieses Buches entsprechend, möglichst alle Entwicklungsergebnisse offen zu legen, werden keine Standard-Dienste verwendet. Insbesondere sollen auch die Instanz der Sicherungsschicht und die Instanz der Bitübertragungsschicht bis auf den UART-Baustein in Software realisiert werden, obwohl bei leistungsstarken Systemen hier aus Gründen der Verarbeitungsgeschwindigkeit der Einsatz von Hardware-Bausteinen unbedingt erforderlich ist. Die Realisierung der unteren beiden Instanzen möglichst weitgehend in Software hat den Vorteil, dass ihre Implementierung für den Leser besonders gut sichtbar gemacht werden kann. Daher sollen hier an den Datei-Transfer keine Geschwindigkeitsanforderungen gestellt werden. In kommerziellen Systemen werden, um hohe Datenübertragungsgeschwindigkeiten zu erzielen, spezielle Kommunikationsbausteine eingesetzt, die die wesentlichen Funktionen dieser Ebenen in Hardware lösen.

3 Streng genommen beschreibt TCP/IP ein Transport-Protokoll.

2. Analyse der Ebenenfunktionen

Ausgehend von den in Abschn. 1 aufgestellten Leistungsmerkmalen sollen hier die Funktionen beschrieben werden, die zur Erbringung des File-Transfer-Dienstes notwendig sind. Wichtig ist eine Eingruppierung dieser Funktionen in das 7 Ebenen umfassende OSI-Referenzmodell. Dieses Modell, das in Bild 2.1 gezeigt ist, sieht eine hierarchisch gegliederte funktionelle Schichtung der Aufgaben eines Kommunikationssystems vor. Für jede Schicht ist festzulegen, welche Funktionen sie übernimmt, welche Verfahren sie zur Erfüllung dieser Funktionen benutzt und auf welche Dienste der nächst unteren Schicht sie sich dabei abstützen kann. Mit dieser Aufstellung gewinnt man einen ersten Überblick der später zu implementierenden Programmteile.

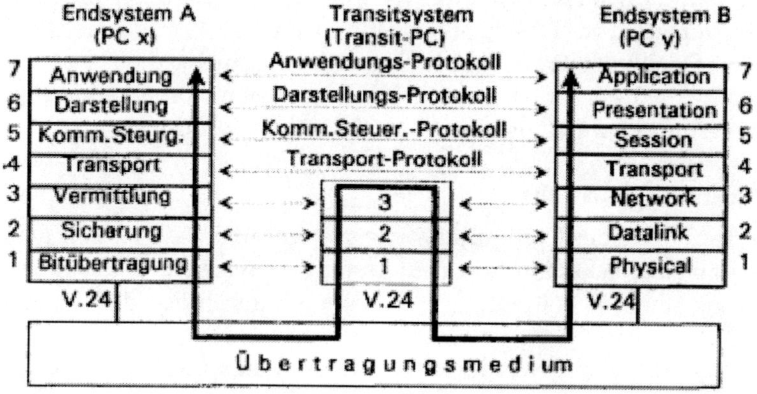

Bild 2.1. OSI-Referenzmodell mit Transitsystem und einem einheitlichen Übertragungsmedium

Diese stellen die Realisierung der Ebenen-Instanzen dar. Funktionen des internen Instanzenmanagements, der Dienstanforderung an SAP´s und der Behandlung von Dateneinheiten treten in allen Ebenen gleichermaßen auf. Sie werden deshalb in einem späteren Abschnitt bei der Implementierung beschrieben und sind in der folgenden Aufstellung nicht enthalten.

Dem Referenzmodell entsprechend ist die Anwendung die oberste Schicht, die deshalb im Modell auch keine Dienstzugangspunkte hat. Eine detaillierte Spezifikation des Gesamtsystems Datei-Transfer muss aber die Bedienung des Systems einschließen. Die Zugangspunkte zu diesem System sind die Tastatur und der Bildschirm. Über diese Zugangspunkte kann der Bediener mit dem System kommunizieren, d.h., ihm seine Wünsche mitteilen. Diese Kommunikation ist aber nicht Gegenstand des eigentlichen File Transfers und wird daher in einer oberhalb der Anwendung anzuordnenden Bedienungsebene spezifiziert. Um die Verbindung zwischen der Bedienungsebene und der Anwendungsschicht herzustellen, werden für die Anwendungsschicht Pseudo-Dienstzugangspunkte festgelegt.

Das Referenzmodell nach Bild 2.1 weist in den Endsystemen alle sieben Schichten und im Transitsystem nur die drei unteren Schichten aus. Dies entspricht auch dem häufigsten Fall. Grundsätzlich seien zu den Schichten des Modells noch einige Anmerkungen gemacht. In diesen Schichten werden alle Funktionen erfasst, die bei einem Kommunikationssystem auftreten können aber nicht müssen. So können in dem hier zu realisierenden System die Darstellungsschicht und die Transportschicht leer sein, weil die entsprechenden Funktionen nicht benötigt werden. Dies wird in den folgenden Abschnitten ausgeführt. Das Transitsystem benötigt nur die unteren drei Schichten. Denkbar wäre z.B. eine Darstellungsschicht; da es sich aber bei dem hier zu realisierenden Kommunikationssystem um einen homogenen Rechnerverbund handelt, ist diese Schicht nicht erforderlich.

2. 1. Bedienungsschicht

Bei der Bedienung des Kommunikationssystems über die Tastatur sind zwei Bereiche zu unterscheiden: die Bedienung des Systems hinsichtlich seiner Einrichtung und die Bedienung des Systems hinsichtlich des Datei-Transfers.

Durch das Einrichten werden dem System netzspezifische und übertragungsspezifische Parameter mitgeteilt. Diese Parameter hängen von der Art der Realisierung der Schichtenfunktionen ab. Somit müssen, um das Prinzip der Modularität zu gewährleisten, die einzelnen Instanzen ihre eigenen Einrichtprozesse besitzen. Es soll eine Führung des Bedieners an Hand von Menüs erfolgen. Das bedeutet, dass dem Bediener über den Bildschirm mitgeteilt wird, welche Eingaben jeweils als nächstes zu erfolgen haben. Hinsichtlich des Einrichtens müssen diese Mitteilungen aus den Schichten kommen, die die Einrichtparameter benötigen. Somit werden die einzelnen Menüs während des Einrichtens von den Einrichtprozessen der Instanzen geliefert. Die Schichten unterhalb der Anwendungsschicht sollen dem Prinzip der

Modularität unterliegen. In der Anwendungsschicht selbst zeigt sich der eigentliche Zweck des Kommunikationssystems, nämlich in diesem Fall der Datei-Transfer. Daher können die kommunikationsbezogenen Menüs und das Menü zur Einrichtung der Anwendungsinstanz in der Bedienungsschicht erzeugt werden. Unterhalb der Anwendungsschicht benötigen die Netzwerk- und die Sicherungsschicht netzspezifische Einrichtparameter und die physikalische Schicht übertragungsspezifische Einrichtparameter. Die Funktion des Lesen und Löschens des Journals ist keine Aufgabe des Einrichtens und gehört auch nicht zur Anwendungsinstanz; sie wird daher von der Bedienungsschicht übernommen. So entsteht hinsichtlich der vom Benutzer beim Endsystem vorzunehmenden Eingaben folgende Übersicht:

1. Einrichten:
   der Anwendungsschicht,
   der Netzwerkschicht,
   der Sicherungsschicht und
   der physikalischen Schicht,
2. Datei-Transfer (Datei senden):
   Name der zu übertragenden Datei,
   Name des Ziel-PC, zu dem die Datei übertragen werden soll,
   Datei-Name, unter dem die Datei im Ziel-PC abgelegt werdensoll,
3. Empfangsbereitschaft (auf Empfang gehen),
4. Journalauswertung:
   Journal lesen,
   Journal löschen.

Die Eingaben beim Transitsystem beziehen sich lediglich auf das Einrichten der drei Schichten des Systems. Nach dem Einrichten arbeitet das Transitsystem selbstverständlich vollautomatisch.

Zur Verdeutlichung sollen im Folgenden das Endsystem und das Transitsystem getrennt betrachtet werden. Das Endsystem kann sich im online-Modus (Senden oder Empfangen), im offline-Modus (Einrichten) befinden. Unmittelbar nach dem Einschalten liegt der offline-Modus vor. Hier können die Funktionen des Einrichtens, der Journalauswertung, des Übergangs auf die DOS-Ebene, des Übergangs in den Sende-Betrieb oder des Empfangs-Betrieb wahrgenommen werden. Beim Übergang in den Sende- oder Empfangs-Betrieb übergibt die Bedienungsschicht die Kontrolle über das System an den unterhalb liegenden File-Transfer-Dienst, der von der Bedienungsschicht dann nur noch ein Abbruch-Signal entgegennimmt. Bild 2.2 veranschaulicht die Situation.

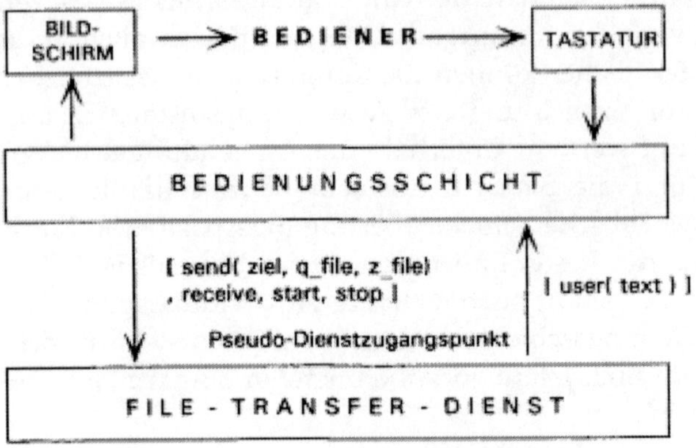

Bild 2.2. Bedienungsschicht mit unterlagertem File-Transfer-Dienst im Endsystem

Die Bedienungsschicht liegt zwischen dem Bediener und dem File-Transfer-Dienst. Durch geeignete Menueführung veranlasst sie den Bediener, in der Weise Tastatureingaben vorzunehmen, wie das System sie benötigt. Zwischen der Bedienungsschicht und dem File-Transfer-Dienst werden im Endsystem folgende Signale ausgetauscht:

1. Der Bedienungsblock übergibt dem File-Transfer-Dienst einen Sendeauftrag. Dieser benötigt 3 Parameter:
   a. den Namen der zu übertragenden Datei (q_file),
   b. den Namen des Ziel-PC, zu dem die Datei übertragen werden soll (ziel),
   c. den Namen, unter dem die übertragene Datei in dem Wartedirectory des Ziel-PC abgelegt werden soll (z_file).

   So ergibt sich das Signal *send(ziel, q_file,z_file)* .
2. Der Bedienungsblock veranlasst, den File-Transfer-Dienst mit dem Signal *receive* in Empfangsbereitschaft zu gehen.
3. Der Bedienungsblock veranlasst den File-Transfer-Dienst, der sich im on-line-Modus befindet, mit dem Signal *stop* die Kontrolle über das System an den Bedienungsblock zurückzugeben.
4. Der im online-Modus befindliche File-Transfer-Dienst übergibt dem Bedienungsblock mit dem Signal *user(text)* Meldungen über den Verlauf einer Datei-Übertragung.
5. Durch ein stop-Signal veranlasst der Bedienungsblock, den File-Transfer-Dienst, in den offline-Modus zu gehen und damit die Kontrolle an die Bedienungsschicht zurückzugeben.

Vom Prinzip her gilt Bild 2.2 auch für das Transitsystem. Ein Unterschied besteht lediglich hinsichtlich der Signale. Die kommunikationsbezogenen Eingaben und Signale beziehen sich nur auf das Starten des Transitsystems durch eine Tastatureingabe und das Stoppen durch das Drücken einer beliebigen Taste. Die wesentlichen Eingaben sind die Einrichtparameter, die vom Bedienungsblock an die Netzwerkinstanz weitergegeben werden.

2. 2. Anwendungsschicht

Die Anwendungsschicht stellt an einem Pseudo-Dienstzugangspunkt den eigentlichen File-Transfer-Dienst zur Verfügung. Dabei stützt sich diese Schicht auf den P-Dienst der Darstellungsschicht ab. Zur Erfüllung ihrer Aufgaben benötigt die Anwendungsschicht Funktionen, mit denen man Dateien öffnen, lesen, beschreiben, schließen und löschen kann. Aus programmtechnischen Gründen bietet es sich an, das Lesen und Schreiben und damit auch das Senden und Empfangen zeilenweise durchzuführen, wobei eine Zeile maximal 128 ASCII-Zeichen umfassen kann.

Für die Vollständigkeit der Dateiübertragung ist diese Schicht verantwortlich. Es müssen daher Funktionen vorhanden sein, die die Vollständigkeit überprüfen und bei unvollständiger Übertragung eine Wiederholung der Dateiübertragung veranlassen. Dieses lässt sich durch ein Aktivitätenmanagement in der Sitzungsschicht erreichen. Eine Aktivität umfasst hier das Übertragen einer kompletten Datei. Die Aktivität wird durch die Anwendungsschicht vor dem Übertragen der ersten Zeile eingeleitet und nach dem Übertragen der letzten Zeile beendet. Dies geschieht mittels einer geeigneten Dienstanforderung, die durch die Darstellungsschicht hindurch an die Sitzungsschicht weitergereicht wird. Die sendende und die empfangende Instanz der Anwendungsschicht zählen die von ihr übertragenen Datenblöcke (also Dateizeilen). Nach Beendigung der Aktivität kann durch Vergleich der Zählerstände die Vollständigkeit der Dateiübertragung festgestellt werden. Diese Vollständigkeit kann durch zwei Vorgänge gestört werden: ein Abbruch-Signal von dem Bedienungsblock oder eine trotz Fehlersicherung verbleibende dauerhafte Unterbrechung bei der Übertragung.

Im Falle einer Störung ist ein Wiederaufsetzmechanismus erforderlich, der zur Vollständigkeit der Übertragung führt und hier durch eine Wiederholung der Datei-Übertragung verwirklicht wird. Die Anwendungsschicht fängt also die Restschwäche der Sicherungsschicht ab.

Um die Überflutung eines PC mit fremden Daten abzuwehren, sieht die Anforderungsanalyse eine Empfangssperre vor. Wird zu einem PC mit gesetzter Empfangssperre eine Verbindung aufzubauen versucht, so ergeht die Meldung, dass der Empfang zeitweilig gesperrt ist. Diese Funktion ist in der Anwendungsschicht anzuordnen.

2. 3. Darstellungsschicht

In der Anforderungsanalyse wurde festgelegt, dass die PC`s des Kommunikationssystems PC-Datei-Transfer Rechner des gleichen Typs sind und alle mit dem gleichen Betriebssystem MS-DOS arbeiten. Die zu übertragenden Dateien bestehen aus ASCII-Zeichen, deren Codierung und Decodierung durch das Rechnerbetriebssystem vorgenommen wird. Damit liegt ein homogener Rechnerverbund vor. Für die Darstellungsebene werden daher keine Funktionen erforderlich. Sie ist leer, was bedeutet, dass sie alle Dienstanforderungen unverändert an die Sitzungsebene bzw. Dienstanzeigen aus der Sitzungsebene an die Anwendungsebene weiterreicht. Bezüglich der möglichen Aufgaben der Darstellungsschicht sei auf Abschn. 6 aus Band I verwiesen.

Obwohl die Schicht leer ist, soll sie im Abschn. 3 einer SDL-Spezifikation und in den folgenden Abschnitten einer Realisierung als leere Schicht unterzogen werden. Das auf dem hierarchisch gegliederten OSI-Dienst-Konzept beruhende Prinzip der Modularität ermöglicht den rückwirkungsfreien Austausch einer ganzen Schicht gegen eine leistungsfähigere. So bleibt dann auch die Möglichkeit offen, die noch leere P-Schicht auszutauschen.

2. 4. Sitzungsschicht

In der Sitzungsebene wird das Aktivitätenmanagement durchgeführt. Es besteht in der Übertragung von S_PDU`s, um die Dateiübertragung zwischen den beiden Anwendungsinstanzen zu synchronisieren, d.h. zu starten, zu beenden und falls unvollständige Dateien übertragen wurden, neu zu synchronisieren.

2. 5. Transportschicht

So wie die Sicherungsschicht die Bitfehler der Bitübertragungsschicht ausgleicht, soll die Transportschicht Unzulänglichkeiten des Kommunikationsnetzes ausgleichen. Diese können z.B. darin bestehen, dass bei einem paketvermittelnden Netz die Datenpakete am Zielort in veränderter Reihenfolge eintreffen, weil sie auf verschiedenen Wegen, d.h. über verschiedene Netzknoten zum Ziel gelenkt wurden. Aufgabe der Transportschicht ist es, die Sendereihenfolge am Empfangsort wiederherzustellen. Man bezeichnet diese Funktion als Sequenzieren.

Das Kommunikationsnetz kann nicht beliebig viele Datenpakete pro Zeiteinheit transportieren; es hat eine begrenzte Kapazität. Das kann sich bei Datenstationen mit hohem Datenaufkommen störend auswirken. Die Transportschicht gleicht die begrenzte Kapazität des Netzes durch eine Regulierung des Datenstroms in der sendenden Datenstation aus. Diese, für die Transportschicht typische Teilfunktion nennt man Flusskontrolle. Sollten mehrere Netze alternativ zur Auswahl stehen, so hat die Transportschicht die Aufgabe, ein geeignetes Netz auszuwählen (Select-Funktion).

Die Funktionen des Sequenzierens, der Flusskontrolle und des Selektierens treten in dem hier zu realisierenden Kommunikationssystem nicht auf. Daher ist die Transportebene im vorliegenden Fall leer. Auch ein Segmentieren und Zusammenstellen von Datenblöcken (T_SDU`s) ist nicht notwendig. Natürlich reicht die Schicht alle Dienstsignale an ihre benachbarten Ebenen weiter und soll deshalb, wie die Darstellungsschicht, einer formalen Spezifikation unterzogen werden.

2. 6. Vermittlungsschicht

Die Netzstruktur des PC-Kommunikationssystems wurde bereits mit Bild 1.1 festgelegt. In der OSI-Terminologie handelt es sich dabei um ein Kommunikationssystem, bestehend aus Endsystemen und einem Transitsystem, für das das erweiterte Schichtenmodell nach Bild 2.1 gilt. Das Transitsystem enthält Funktionen in den Schichten 1 bis 3 und kommuniziert quasi gleichzeitig mit allen Endsystemen mittels Protokollen dieser Ebenen. Der physikalische Datentransport geschieht immer über das Transitsystem durch all seine Ebenen. Das Übertragungsmedium verbindet das Transitsystem mit allen Endsystemen, hier mit dem Schnittstellenvervielfacher.

Für die Vermittlung wird das virtual-circuit-Prinzip gewählt, das sich für die Anwendung "Datei-Transfer" eignet. Dabei handelt es sich um eine verbindungsorientierte Paketvermittlung. Nur wenn also an einem der Endsysteme ein Datei-Transfer eingeleitet werden soll, stellt die Vermittlungsebene eine temporäre Verbindung zwischen den beteiligten Endsystemen an ihren N-Dienstzugangspunkten her, die hiernach wieder abgebaut wird.

Die Funktionen der Vermittlungsebene im Transitsystem sind unterschiedlich zu denen im Endsystem. Im Endsystem werden lediglich Funktionen zum Herstellen, Halten und Abbauen einer Datenverbindung benötigt. Das Transitsystem muss zur Verbindungsherstellung darüber hinaus die Netzkonfiguration mit den Endpunktadressen verwalten, um bei Verbindungsanforderungen (an nicht vorhandene Endsysteme) entsprechend reagieren zu können. Hierzu müssen in den Vermittlungsinstanzen des Transitsystems Konfigurationsfunktionen für das Netz enthalten sein. Hieraus ergeben sich Bedienfunktionen für das Transitsystem, die aus dem Einrichten, Verändern und Löschen einer Konfigurations-Tabelle bestehen. Ferner ist wichtig, dass das Transitsystem besetzte Endsysteme, die also bereits eine Verbindung unterhalten, erkennt, um dann ggf. mit einer Besetztmeldung an das anfordernde Endsystem reagieren zu können.

Die logische Adressierung (N-Adressen) der Endsysteme soll in alphanumerischer Schreibweise erfolgen. Da die Vermittlungsinstanz des Transitsystems quasi gleichzeitig zu allen Endsystem-Vermittlungsinstanzen Daten übertragen muss, ist eine Abbildungsfunktion zwischen diesen logischen Adressen und den physikalischen Adressen der abgehenden Leitungen des Übertragungsmediums vorzusehen. Diese Funktion wird immer dann benötigt, wenn die Netzwerk-Instanz an eine bestimmte Partnerinstanz (im Endsystem) PDU`s schicken will und dazu eine DATA-Anforderung an die Transit-Sicherungsinstanz stellen muss. Die Sicherungsebene sorgt dann mit ihrem LINK-Management dafür, dass diese PDU am richtigen Endsystem ankommt (siehe Abschn. 2.8).

2. 7. Übertragungsmedium

Das Verfahren des Link-Managements in der Sicherungsebene hängt von der Art des Übertragungsmediums ab. Deswegen soll hier zunächst der Schnittstellenvervielfacher anhand Bild 2.3 erläutert werden.

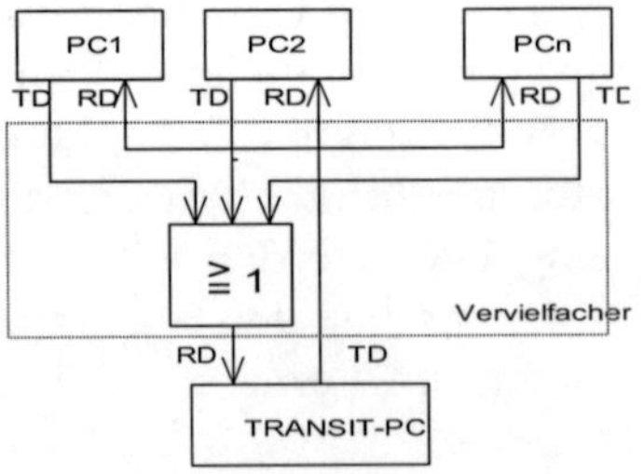

Bild 2.3. Funktionsweise des Schnittstellenvervielfachers

Jeder PC besitzt eine serielle Schnittstelle, verfügt damit über eine Sende- und eine Empfangsleitung und kann damit direkt nur mit einem anderen PC verbunden werden. Der Schnittstellenvervielfacher gestattet die indirekte, rückwirkungsfreie Verbindung aller RS 232 C-Schnittstellen in Form eines Busses.

Der Vervielfacher verbindet die Sendeleitung TD des Transitsystems parallel mit allen Empfangsleitungen RD der Endsysteme. Auf diese Weise empfangen die Endsysteme in ihrer Bitübertragungsschicht alle Daten des Transitsystems. Die Sendeleitungen TD der Endsysteme sind über eine logische oder-Verknüpfung entkoppelt auf die Empfangsleitung RD des Transitsystems gelegt. Die Bitübertragungsinstanz des Transitsystems kann damit Daten von allen Endsystemen empfangen. Damit stellt das Übertragungsmedium ein serielles, asynchrones Bussystem mit Schnittstellen entsprechend CCITT V.24 dar.

2. 8. Sicherungsschicht

Die nach dem OSI-Referenzmodell von der Sicherungsschicht zu übernehmenden Funktionen sind die Steuerung des Zugriffs auf das Übertragungsmedium durch ein Linkmanagement und die Korrektur der Übertragungsfehler durch ein Fehler-Sicherungsverfahren.

Das Linkmanagement sorgt für die geordnete Datenübertragung mehrerer Datenstationen, wenn diese zur Übertragung ein gemeinsames Medium benutzen. Dieser Fall liegt hier vor. Es soll das einfache *Poll/Select*-(Linkmanagement-) Verfahren eingesetzt werden, bei dem die Funktionen der Sicherungsinstanzen im Transit- und Endsystem unterschiedlich sind.

Bei diesem Verfahren ergänzt das Transitsystem jeden zu sendenden Datenblock mit der Zieladresse des Endsystems und erlaubt damit den Endsystemen nur die für sie bestimmten Datenblöcke zu *selektieren*. Umgekehrt dürfen Endsysteme nur Daten senden, wenn sie dazu vom Transitsystem durch einen adressierten *Poll*-Auftrag berechtigt werden. Durch ein umlaufendes Pollen steuert das Transitsystem den Zeitpunkt des Sendens aller Endsysteme, die ihre Datenblöcke solange zurückhalten müssen, bis sie gepollt werden. Es kann zu keiner Datenkollision auf der Empfangsleitung RD des Transitsystems kommen.

Bei diesem Medium-Zugriffsverfahren hat das Transitsystem Leitfunktionen; es wird daher auch Leitstation (engl. *Primary-Station*) genannt. Die Endsysteme sind Folgestationen (engl. *Secondary-Station*).

Für die Sicherung der Datenblöcke gegen Übertragungsstörungen eignet sich nach Band I ein einfaches, zeichenorientiertes Format, da hier nur ASCII-Zeichen zu übertragen sind. Die zu übertragenden Zeichen werden zu Blöcken zusammengefasst sowie um Blockbegrenzungszeichen und um eine Prüfsumme ergänzt, die dem Empfänger das Erkennen von Bitfehlern gestattet. Die Prüfsumme wird nach der *Longitudinal Redundancy Check (LRC)*-Methode über die Zeichen innerhalb der Begrenzungszeichen gebildet.

Als Sicherungsprotokoll soll das einfache *Send and Wait*-Protokoll mit positiver Quittung verwandt werden. Kurz beschrieben bedeutet dies: Die Empfangsinstanz quittiert jeden korrekt empfangenen Block. Die Sendeinstanz darf erst fortfahren zu senden, wenn der zuvor gesendete Block quittiert wurde. Bleibt innerhalb einer gewissen Zeit eine Quittung aus, so wiederholt die Sendeinstanz ihre Sendung.

Da für die Transportebene keine Segmentierung vorgesehen ist, hat ein Daten-Block *DL_SDU* (**S**ervice **D**ata **U**nit) der Sicherungsebene bei großer Blocklänge näherungsweise die gleiche Zeichenlänge wie ein Daten-Block *T_PDU* (**P**rotocol **D**ata **U**nit) der Transportebene und auch wie eine *A_PDU* der Anwendungsebene: maximal 128 Zeichen einer Datei-Zeile. Die Blocklängen unterscheiden sich nur durch die in den einzelnen Schichten ergänzten PCI`s (**P**rotocol **C**ontrol **I**nformation).

Üblicherweise wird in der Sicherungsschicht eine Flusskontrolle durchgeführt. Um das zu realisierende Kommunikationssystem nicht übermäßig zu komplizieren, wird auf Flusskontrollfunktionen verzichtet. Es muss dann allerdings sichergestellt sein, dass die Empfänger aller Teilsysteme den jeweiligen Sendern in der Verarbeitungsgeschwindigkeit überlegen sind. Dies ist bei der späteren Programmimplementierung und Einstellung einer hinreichend niedrigen Übertragungsgeschwindigkeit auf der seriellen Schnittstelle zu berücksichtigen.

2. 9. Bitübertragungsschicht

Die Funktionen der Bitübertragungsschicht werden weitgehend durch die Hardware des im PC eingebauten UART-Bausteins abgedeckt, der entsprechend der Anforderungsanalyse in der Bitübertragungsschicht einzusetzen ist. Der Baustein überträgt die ihm übergebenen Bits in Blöcken zu je 8 Bit und macht damit eine Byte-Übertragung; er erfüllt die Aufgaben einer Block- und einer Bit-Synchronisierung und erlaubt das Senden und Empfangen von Bytes.

Der UART-Baustein verlangt vor seiner Benutzung zum Senden und Empfangen eine Initialisierung seiner Register. Die für diesen Anwendungsfall erforderlichen Initialisierungsfunktionen Einstellung der Übertragungsgeschwindigkeit (Baudrate), Einstellung der Datenwortlänge, Einstellung der Anzahl Stopbits, Einstellung der Parität und Einstellung Interruptmodus sind der Bitübertragungsinstanz zuzurechnen.

Das Übertragungsmedium, auf das sich die Instanzen der Bitübertragungsschicht abstützen, wird gebildet durch den Schnittstellenvervielfacher und die Verbindungskabel der Endsysteme und des Transitsystems mit ihm. Bei der Software der Bitübertragungsinstanz kann davon ausgegangen werden, dass eine Verbindung zwischen den Instanzen besteht. Sollte dies nicht der Fall sein, so soll dies von der überlagerten Sicherungsschicht dadurch festgestellt werden, dass das wiederholte Senden eines Blockes nicht zur erfolgreichen Übertragung eines Blockes führt.

3. SDL-Spezifikation

In diesem Abschnitt wird aufbauend auf den Ergebnissen der Anforderungsanalyse und der Analyse der Ebenenfunktionen eine formale Spezifikation mit Hilfe der SDL-Methode durchgeführt. Diese Methode, die im Abschnitt 7.2 aus Band I ausführlich dargestellt wird, ist eine speziell für Kommunikationssysteme entwickelte graphische Spezifikations- und Beschreibungssprache (engl. **S**pecification and **D**escription **L**anguage).

Eine Zusammenstellung der SDL-Graphik-Symbole findet sich im Anhang. Als Ergebnis der SDL-Spezifikation entsteht eine Serie von SDL-Diagrammen, die im Abschn. 3.11 zusammengefasst dargestellt werden, weil sie eine geschlossene hierarchisch gegliederte Struktur bilden. Bei der Erstellung dieser Diagramme ist angesichts der Komplexität eines Kommunikationssystems ein geeignetes Software-Werkzeug unerlässlich. Das Werkzeug soll

1. eine Hilfe beim Editieren der Diagramme sein, indem es alle SDL-Symbole zur Verfügung stellt,
2. einen Syntax-Check enthalten, um Fehler schon in der Entstehungsphase abzufangen und
3. eine hierarchische Dateiverwaltung ermöglichen.

Die Diagramme dieses Bandes wurden mit dem Werkzeug SDT/PC 2.2 der Fa. TeleLOGIC aus Malmö erstellt.[4]

3. 1. Allgemeines

Vor Beginn der Spezifikation des Kommunikationssystems soll zum besseren Verständnis der folgenden Abschnitte auf einige allgemeine Gesichtspunkte eingegangen werden.

3. 1. 1. Merkmale

Besonders hervorzuheben ist, dass die Stärke der SDL-Spezifikation eines Kommunikationssystems in der Darstellung des strukturellen Aufbaus so-

4 Telelogic: SDL-Editor SDT-PC, Handbuch für SDL-Editor.; Telelogic: SDT-Reference Manual, Handbuch zum SDL-Editor.

wie des Automatenverhaltens seiner Instanzen liegt. Der strukturelle Aufbau wird dabei durch die hierarchische Schichtung und das Dienstekonzept des OSI-Referenzmodells vorgegeben. Vollkommen offen gelassen wird bei dieser Spezifikation die Frage der Implementierung. Die Umsetzung der SDL-Spezifikation nach einem bestimmten Realisierungskonzept in eine Implementierung wird in den Abschnitten 4 und 5 gezeigt.

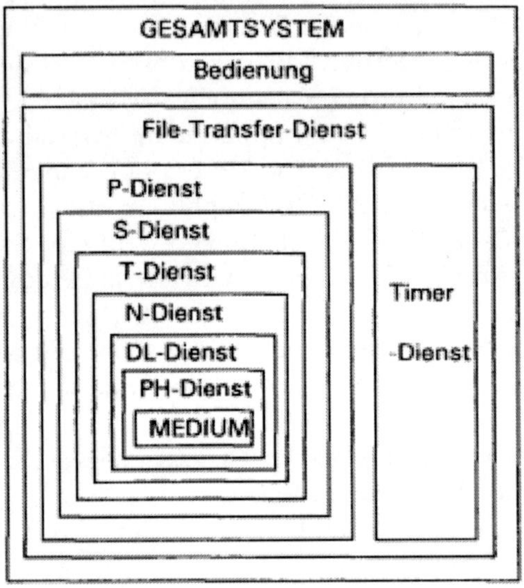

Bild 3.1. Hierarchische Dienst-Struktur des Gesamtsystems

Grundsätzlich kann die Spezifikation nach der SDL-Methode einen solchen Grad an Vollständigkeit erreichen, dass sich aus den mit Hilfe eines SDL-Editors erstellten Diagrammen durch einen Compiler ein Quellcode erzeugen lässt.[5] Hier soll jedoch die Spezifikationstiefe so weit eingeschränkt werden, dass sich der Umfang in Grenzen hält und noch eine gute Übersichtlichkeit gegeben ist. Eine vollständige Spezifikation erfordert die Ergänzung der Graphiksymbole der SDL-Diagramme durch eine programmiersprachenähnliche Syntax. Diese Ergänzung soll hier in Form einer Pascal-Notation vorgenommen werden, um dem Leser das Verständnis der SDL-Diagramme zu erleichtern.

---

5 Dies ist in der Praxis heute durch die auf dem Markt angebotenen SW-Werkzeuge der Fall.

3. 1. 2. Vorgehensweise

Am Anfang steht die SDL-Spezifikation des gesamten verteilten Kommunikationssystems mit Bedienungs-Schnittstellen, Einricht-Schnittstellen und Kommunikations-Schnittstellen.

Das Gesamtsystem, dessen hierarchische Struktur in Bild 3.1 dargestellt ist, enthält einen Bedienungsblock und einen Block File-Transfer-Dienst, der den eigentlichen Datei-Transfer ermöglicht. Der File-Transfer-Dienst wird geleistet von den Instanzen der Anwendungsschicht, die sich auf den P-Dienst der Darstellungsschicht abstützen. Der P-Dienst wiederum wird erbracht durch die Instanzen der Darstellungsschicht, die sich auf den S-Dienst abstützen. Durch fortgesetzte Anwendung dieses Verfahrens ergibt sich die folgende Einteilung dieses Abschnittes Spezifikation:

1. Gesamtsystem,
2. File-Transfer-Dienst,
3. Darstellungs-Dienst,
4. Sitzungs-Dienst,
5. Transport-Dienst,
6. Netzwerk-Dienst,
7. Sicherungs-Dienst,
8. Bitübertragungs-Dienst,
9. Timer-Dienst.

Auf allen Ebenen des File-Transfer-Dienstes ist ein zentraler Timer-Dienst erforderlich, dessen Spezifikation im letzten Abschnitt 3.10 behandelt wird. Auf den kommunikationsbezogenen Spezifikations-Ebenen wird nacheinander eine Dienst- sowie eine statische und dynamische Protokollspezifikation durchgeführt.

3. 1. 3. Verteiltes System

Ein Kommunikationssystem ist ein verteiltes System, dessen Subsysteme durch Telekommunikation miteinander verbunden sind. Dabei besteht ein verteiltes System aus einer gewissen Anzahl von autonomen miteinander kooperierenden Subsystemen an geographisch unterschiedlichen Standorten. Diese Subsysteme stellen die Datenstationen dar. Der Aspekt der räumlichen Verteilung eines Systems erfordert einige Anmerkungen, weil er in der SDL-Spezifikation in direkter Weise keinen Niederschlag findet.

Eine Kommunikationsschicht im Sinne des OSI-Referenzmodells erstreckt sich über alle Stationen des räumlich verteilten Systems und erfasst alle Instanzen einer Hierarchiestufe. Alle diese Instanzen stützen sich auf einen unterlagerten Dienst ab, der ebenfalls das ganze räumlich verteilte System umfasst. Dabei stellt dieser Dienst in jeder Datenstation Dienstzugangspunkte zur Verfügung. Bei dem hier zu spezifizierenden Kommunikationssystem gibt es zwei Typen von Stationen: der Typ Transitstation, von dem nur ein Exemplar erforderlich ist, und der Typ Endstation, von dem bis zu 15 Exemplaren zulässig sein sollen. In den SDL-Diagrammen werden daher nur die Instanzen und Dienstzugangspunkte jeweils eines Typs spezifiziert.

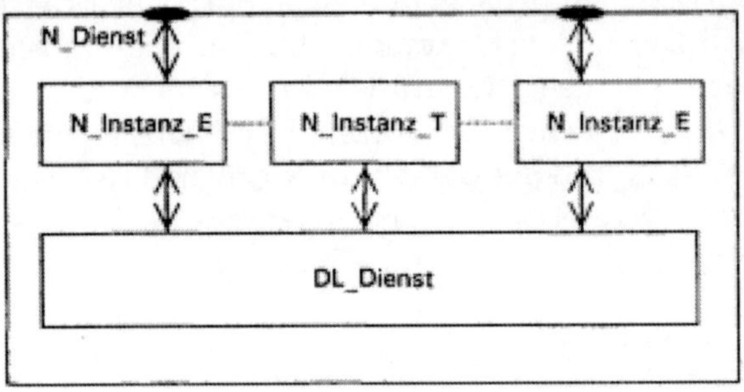

Bild 3.2. Redundante Darstellung bei der SDL-Spezifikation

Aus Gründen der Anschaulichkeit werden nun üblicherweise bei der Spezifikation z.B. des Netzwerkdienstes, wie in Bild 3.2 gezeigt, zwei Exemplare der Netzwerk-Instanz eines Endsystems und dazwischen die Netzwerkinstanz des Transitsystems gezeichnet. Diesen drei Instanzen ist der Sicherungsdienst unterlagert. Der Vorteil dieser redundanten Darstellung liegt darin, dass der Betrachter sowohl eine rufende als auch eine gerufene Station und die virtuellen Verbindungen zwischen den Instanzen vor Augen hat.

3. 1. 4. Aufbau der Instanz, Starten und Stoppen von Prozessen

Das Grundelement eines Kommunikationssystems ist, wie in Band I gezeigt, die Instanz. Die wesentlichen Aufgaben einer Instanz sind allgemein das zustandsabhängige Bearbeiten von Eingangssignalen und das "Verpacken" und "Entpacken" der PDU's von und zur Partnerinstanz. Hieraus ergibt sich, wie Bild 3.3 zeigt, ein allgemeines Prozessmodell. Eine Instanz einer beliebigen Schicht i wird typischerweise durch drei Prozesse dargestellt: ein Prozess *i_COM* beschreibt das zustandsabhängige Verhalten einer Instanz, ein Prozess *i_CODEX* dient dem Codieren und Decodieren von PDU's der i-Schicht von und zu Dienstdateneinheiten der i-1-Schicht (i-1-SDU's) und ein Prozess *i_Einricht*, mit dessen Hilfe bestimmte Einricht-Parameter in Form von Variablen für die Prozesse *i_COM* und *i_CODEX* programmiert werden können und auf die diese Prozesse während der Laufzeit zugreifen können.

Der Prozess *i_COM* kommuniziert mit seiner Umgebung einerseits über Dienstsignale des überlagerten i_SAPs und andererseits mittels der *i_PDUs*, die er, anstelle über die virtuelle Verbindung zur Partnerinstanz, real über die Route *i_PDU* mit dem Prozess *i_CODEX* austauscht. Dabei findet zu einem Codiervorgang im instanzeneigenen Prozess *i_CODEX* spiegelbildlich ein Dekodiervorgang im gleichnamigen Prozess der Partnerinstanz statt und die SDU's werden mit dem data-Dienst der unterlagerten Schicht letztendlich zur Partnerinstanz übertragen.

Der Prozess *i_COM* besitzt i.a. eine zusätzliche, direkte Route, im Bild *i-1_SAP 1*, zum unterlagerten SAP. Dies ist sinnvoll, weil hierüber direkt Dienste in Anspruch genommen werden können, die in irgendeiner der unterlagerten Instanzen realisiert sind, und die das Codieren bzw. Decodieren von PDUs nicht erforderlich machen.

Nur der Prozess *i_COM* kommuniziert mit einem entfernten Partner-Prozess. Nur er steuert das zeitlich logische Verhalten einer Instanz, z.B. bei Ausbleiben bestimmter, erwarteter PDUs der Partnerinstanz. Deswegen benötigt auch nur dieser Instanzen-Prozess eine Route zum Timer-Channel, hier die Route *i_TI*.

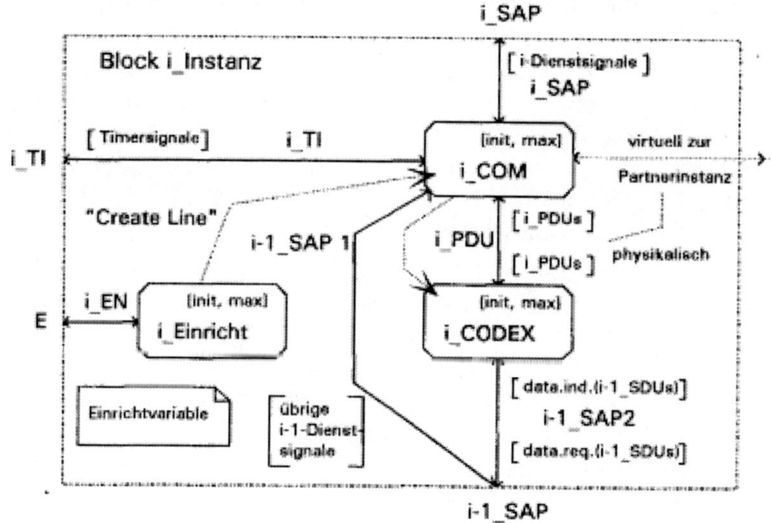

Bild 3.3. genereller Aufbau der Instanz und Prozessaufruf

Wichtig ist das Starten von Prozessen während der Laufzeit eines Systems. Zur Festlegung des Start-Mechanismus gibt es in SDL die zwei folgenden

Beschreibungsmittel:

1. ein Zahlenpaar *init, max* im Prozesssymbol. Dabei ist *init* eine Zahl, die die Anzahl der Prozessexemplare bei der Systeminitialisierung angibt und *max* eine Zahl, die die maximal zulässige Anzahl der Prozessexemplare während der Systemlaufzeit angibt.
2. eine Prozess-Create-Line, mit der festgelegt wird, welcher Prozesstyp Exemplare von welchem anderen Prozesstyp startet.

Die Einrichtprozesse des File-Transfer-Dienstes sollen bei der Systeminitialisierung gestartet werden. Während der Laufzeit des Systems starten dann die Einrichtprozesse die jeweiligen COM-Prozesse und diese die zu ihnen gehörigen CODEX-Prozesse. Prozesse werden, wenn sie nicht mehr benötigt werden, gestoppt, weil sie Rechenleistung erfordern. Die SDL-Prozess-Spezifikation sieht zur Festlegung dieses Vorgangs ein Stop-Symbol vor, das von einem bestimmten Zustand aus auf ein bestimmtes Signal hin erreicht wird.

3. 1. 5. Arbeitsweise der Einrichtprozesse

Abhängig von dem Funktionsumfang und dem Protokoll gibt es für die Instanzen eines Kommunikationssystems eine Reihe von Kommunikationsparametern, die die Arbeitsweise von COM- und CODEX-Prozess bestimmen. Solche Parameter sind z.B. die logischen Adressen der am Netz teilnehmenden PC's, die der Netzwerkinstanz des Transitsystems bekannt sein müssen, oder z.B. die Baudrate, die der physikalischen Instanz mitgeteilt werden muss. Für die Parameter werden in den Instanzen Variable vorgesehen, auf die COM- und CODEX-Prozess zugreifen können. Zwar können den Variablen feste Werte zugewiesen werden, vielfach ist es aber wünschenswert, die Werte von der Bedienung her einzustellen. Das Prinzip der Modularität, das ermöglicht, eine Schicht des Kommunikationssystems ohne weitere Änderungen auszutauschen, macht es dann notwendig, für das Einrichten einer Instanz einen besonderen Prozess innerhalb der Instanz vorzusehen. So kann es dann im Prinzip in jeder der 7 Instanzen einer Station einen solchen Prozess geben der im folgenden Einricht-Prozess genannt wird. Dieser Prozess nimmt nicht nur die Parameter von der Bedienung her entgegen, sondern er übernimmt auch die Menueführung bei der Bedienung, weil diese ja instanzenabhängig ist. Als weitere Aufgabe übernimmt jeder dieser Einrichtprozesse das Starten und Stoppen der zugehörigen COM-Prozesse sowie die gegenseitige Verriegelung von "Kommunizieren" und "Einrichten". Während der Kommunikation soll es nicht möglich sein, die Kommunikationsparameter der Instanz zu ändern. Ein besonderer Einricht-Channel verbindet den Bedienungsblock mit den einzelnen Instanzen, in denen eine Route den Einricht-Prozess mit dem Channel verbindet.

3. 1. 6. Hinweise zur Gliederung der SDL-Diagramme

Als Ergebnis der formalen Spezifikation des Kommunikationssystems "PC-Datei-Transfer" entsteht eine Serie von SDL-Diagrammen, die das Kommunikationssystem vollständig beschreiben. Da diese Diagramme ein hierarchisch gegliedertes System bilden, werden sie in Abschnitt 3.11 in konzentrierter Form zusammengefasst.

Hauptinhalt des Abschnitts SDL-Diagramme sind Entwicklung, Konstruktion und Beschreibung dieser Diagramme. Um dem Leser beim Studieren des Buches das Auffinden bestimmter Diagramme zu erleichtern, wurde folgendermaßen vorgegangen:

Die zu einer Schicht gehörenden Diagramme wurden in Unterabschnitten zusammengefasst. So entstehen die Unterabschnitte:

3. 11. 1. System Datei Transfer,
3. 11. 2. File Transfer Dienst,
3. 11. 3. P-Dienst,
3. 11. 4. S-Dienst,
3. 11. 5. T-Dienst,
3. 11. 6. N-Dienst,
3. 11. 7. DL-Dienst,
3. 11. 8. PH-Dienst,
3. 11. 9. Timer-Dienst.

Die jeweils erste Seite dieser Unterabschnitte enthält eine Übersicht über die darunter befindlichen SDL-Diagramme.

3. 2. Gesamt-System

Die SDL-Spezifikation des gesamten verteilten Kommunikationssystems beginnt auf der obersten Ebene, deren SDL-Diagramme im Abschnitt 3.11.1 zusammengefasst sind, mit der Festlegung einer oberhalb der Anwendung liegenden Bedienungsschicht. Man erhält dann auf der Systemebene das Diagramm System *Datei_Transfer* im Abschnitt 3.11.1 mit den beiden Blöcken *Bedienung_Endsystem* und *Bedienung_Transitsystem*. Darunter befindet sich der Block *File_Transfer_Dienst*, dessen Diagramm sich im Abschnitt 3.11.2 findet. Die Blöcke sind untereinander und mit der Außenwelt über Channel's verbunden.

Während die beiden Bedienungsblöcke Signale von der Tastatur empfangen und Signale an den Bildschirm ausgeben, erhält der Block *File_Transfer_Dienst* ein periodisches Zeitsignal, das für den zentralen Timerdienst des File-Transfer-Dienstes bestimmt ist, vom Betriebssystem. In gesamten Kommunikationssystem Datei-Transfer gibt es ein Transitsystem und jedoch in der Regel eine größere Anzahl Endsysteme; für das SDL-Diagramm System Datei_Transfer bedeutet dies, dass nur ein Block Bedienung_Endsystem erscheint, weil die Endsysteme identisch und nur Vertreter eines Typs sind.

Um zu kommunizieren, hat der Bediener bestimmte Tastatureingaben zum Senden und Empfangen von Dateien vorzunehmen. Neben den kommunikationsbezogenen Aufgaben gibt es die Einricht-Aufgaben, bei denen der Bediener als Operator des Systems fungiert. Diese Aufgaben sind schichtenspezifisch und werden somit durch Prozesse in den betreffenden Schichten wahrgenommen. Dabei haben die Bedienungsblöcke die neutrale Aufgabe, Tastatureingaben an die Einrichtprozesse und Textausgaben der Einrichtprozesse an den Bildschirm weiterzugeben.

Nach dem Starten des Kommunikationsprogramms eines Endsystems soll das in Bild 3.4 wiedergegebene Hauptmenue erscheinen.

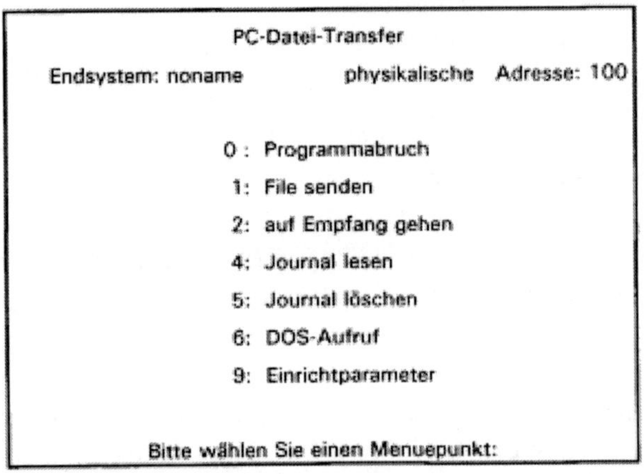

Bild 3.4. Hauptmenue des Endsystems

Die kommunikationsbezogenen Aufgaben des Blockes *Bedienung_Endsystem* bestehen darin, die zum Übertragen einer Datei *q_file* an den PC ziel erforderlichen Tastatureingaben zusammenzufassen und daraus einen Sendeauftrag *send(ziel,q_file,z_file)* an den File-Transfer-Dienst zu machen, wobei *z_file* der Datei-Name ist, unter dem die übertragene Datei im Wartedirectory des

PC's *ziel* abgelegt wird. Auf die Tastatureingabe 2 hin schickt der Block Bedienung_Endsystem ein Signal *receive* an den File-Transfer-Dienst, der damit in den Empfangszustand geht.

Nach dem Starten des Programms des Transitsystems soll das in Bild 3.5 gezeigte Hauptmenue erscheinen.

```
                PC-Datei-Transfer
                  Transitsystem

    0: Programmabruch
    1: Kommunikation starten
    2: Netzkonfiguration
    9: physik.Kommunikationsparameter

Bitte wählen Sie einen Menuepunkt:
```

Bild 3.5. Hauptmenue des Transitsystems

Die kommunikationsbezogene Aufgabe des Bedieners besteht hier lediglich im Starten des Programms über den Menuepunkt 1. Im Übrigen sind Einrichtaufgaben zu erledigen. Das Netz ist einzurichten und physikalische Kommunikationsparameter sind zu übergeben.

3. 2. 1. Endsystem-Bedienung

Die Spezifikation dieses Blockes erfolgt in zwei Abschnitten. In einer Block-Spezifikation wird der Aufbau des Blockes aus Prozessen festgelegt. Darauf folgt die Festlegung der Funktionsweise der Prozesse.

3. 2. 1. 1. Block-Spezifikation

Das SDL-Diagramm des Blocks *Bedienung_Endsystem* zeigt nur einen Prozess, der nur ein Exemplar besitzt, das beim Programmaufruf gestartet wird. In der Tabelle 3.1 sind die Routes und die auf ihnen fließenden Signale dargestellt.

Tabelle 3.1. Routes und Signale

Route	Richtung	Signale

user_in	von Tastatur_End	keyboard(text),keyboard(zahl), any_key
user_out	zu Bildschirm_End	display(text),display(zahl)
COM	von A_SAP	user(text)
	zu A_SAP	send(ziel,q_file,z_file) receive
E_Bed	von E_END	configout(text),configout(zahl)
	zu E_END	configin(text),configin(zahl), status, start, stop

Der Prozess hat die Aufgabe, Texte und Zahlen von der Tastatur entgegenzunehmen und zu interpretieren. Dabei unterscheidet er zwischen Eingaben, die sich auf die Kommunikation mit Hilfe des File-Transfer-Dienstes beziehen, und Eingaben, die zum Einrichten seiner Instanzen dienen.

3. 2. 1. 2. Prozess-Spezifikation

Der Prozess wird beschrieben durch ein sich über vier Seiten erstreckendes SDL-Diagramm. Dabei lehnt sich die Prozessspezifikation eng an die in den Abschn. 1.3 und 2.1 beschriebenen Bedienabläufe an. Zunächst seien einige Charakteristika des Prozesses beschrieben. Es können vier Bereiche unterschieden werden:

1. Senden und Empfangen von Files,
2. Empfangsjournal,
3. Einrichten der Instanzen,
4. Übergang auf die DOS-Ebene.

Das OSI-Konzept ermöglicht den Ersatz einer Schicht des Kommunikationssystems durch eine andere, mit einem anderen Protokoll arbeitende Schicht, sofern das Dienstangebot nicht verringert wird. Die Instanzen dieser Schicht benötigen dann andere Einrichtparameter. Dabei sollen keine Änderungen bei anderen Prozessen erforderlich werden. Für den Bedienungsprozess bedeutet dies, dass er während des Einrichtens die Kontrolle an die die Einrichtprozesse der Instanzen abgibt. Eine Änderung der Anwendungsinstanzen ist möglich, soweit die beiden Merkmale Halbduplex und Führung eines Empfangsjournals nicht verändert werden. Der Bereich 2 Lesen und Löschen des Empfangsjournals wird von dem Bedienprozess vollständig abgedeckt. Um einen Überblick über den Prozess zu geben, werden in Tabelle 3.2 die Zustände des Prozesses mit ihrer Bedeutung zusammengefasst.

Tabelle 3.2. Zustände und Timer des Process Bedienung_End

Zustand	Bedeutung	Timer
0: ready	Grundzustand	-
	File senden	
1: wait for Ziel-PC	warten auf Eingabe des Ziel-PC-Namens	-
3: wait for Quellfile	warten auf Eingabe des Quellfile-Namens	-
5: wait for Zielfile	warten auf Eingabe des Zielfile-Namens	-
6: wait send	warten auf Abbruch durch beliebige Taste	-
7: wait for any_key	warten auf Abbruch durch beliebige Taste	-
	Empfangen	
2: receive ready	PC ist auf Empfang	-
	Journal lesen und löschen	
44_1: wait	warten auf Y oder N	-
4: wait for Dateiname	warten auf Dateinamen	-
weiter	warten auf beliebige Taste	-
55_1: wait	warten auf Y oder N	-
	Kommunikationsparameter	
9: wait	warten auf 91, 92, 93, 97	-
90: wait for einricht	warten auf Signale von Tastatur oder Einrichtprz.	-

Nach dem Start gibt der Prozess das in Bild 3.4 gezeigte Menue auf den Bildschirm, ein status-Signal an den File-Transfer-Dienst und geht darauf in den Zustand 0:ready, in dem er die Status-Meldungen der Einricht-Prozesse der Instanzen und eine Ziffern-Eingabe von der Tastatur entgegennimmt. Bei einer Prozess-Realisierung nach dem Multitasking-Konzept ist damit zu rechnen, dass durch eine geeignete Zifferneingabe von der Tastatur eine Transition veranlasst wird, bevor alle Statusmeldungen eingegangen sind. Daher zählt der Prozess die eingehenden Status-Meldungen und wertet eine Tastatur-Eingabe erst dann aus, wenn alle Status-Meldungen vorliegen. Dies wird mit einem enabling-Signal erreicht.

Soll der File-Transfer-Dienst auf Empfang geschaltet werden, gibt der Prozess auf die Eingabe der Ziffer 2 hin ein start-Signal an die Einrichtprozesse der Instanzen, damit diese die COM-Prozesse ihrer Instanzen starten können, das Signal *receive* an den File-Transfer-Dienst und eine bestätigende Meldung auf den Bildschirm. Im Sendefall sammelt der Prozess auf die Tastatureingabe 1 hin vom Bediener die für die File-Übertragung erforderlichen

Angaben *ziel, q_file* und *z_file* und gibt das Signal *send(ziel, q_file, z_file)* an den File-Transfer-Dienst.

Während die Menuepunkte Journal lesen und Journal löschen vollständig vom Bedienprozess durchgeführt werden, beschränkt er sich bei dem Menuepunkt Kommunikationsparameter auf die Weitergabe von Tastatureingaben an die Einrichtprozesse und die Entgegennahme von Bildschirmmeldungen.

3. 2. 2. Transitsystem-Bedienung

Die Spezifikation dieses Blockes erfolgt in zwei Abschnitten. In einer Block-Spezifikation wird der Aufbau des Blockes aus Prozessen festgelegt. Darauf folgt die Festlegung der Funktionsweise der Prozesse.

3. 2. 2. 1. Block-Spezifikation

Das SDL-Diagramm des Blocks *Bedienung_Transitsystem* zeigt nur einen Prozess. In der Tabelle 3.3 sind die Routes und die auf ihnen fließenden Signale dargestellt.

Der Prozess hat die Aufgabe, Texte und Zahlen von der Tastatur entgegenzunehmen und zu interpretieren.

Tabelle 3.3. Routes und Signale

Route	Richtung	Signale
user_in	von Tastatur_Trans	keyboard(text),keyboard(zahl), any_key
user_out	zu Bildschirm_Trans	display(text),display(zahl)
E_Bed	von E_TRANS	configout(text),configout(zahl)
	zu E_TRANS	configin(text),configin(zahl), status

3. 2. 2. 2. Prozess-Spezifikation

Der Prozess wird beschrieben durch das sich über drei Seiten erstreckende SDL-Diagramm Process *Bedienung_Transit*. Die Prozessspezifikation lehnt sich eng an die in Abschn. 1.3 und 2.1 beschriebenen Bedienabläufe an. Zunächst seien einige Charakteristika des Prozesses beschrieben. Es können drei Bereiche unterschieden werden:

1. Starten der Kommunikation,
2. Netzkonfiguration,
3. Einrichten der Kommunikationsparameter.

Um einen Überblick über den Prozess zu erhalten, sind in Tabelle 3.4 die Zustände des Prozesses mit ihrer Bedeutung zusammengefasst.

Tabelle 3.4. Zustände und Timer des Prozesses Bedienung_Transit

Zustand	Bedeutung	Timer
0: ready	Grundzustand	-
2: wait for netz_status	Ist ein Netz eingerichtet ?	-
3: wait for any_key	beliebige Taste als Abbruchsignal	-
1: wait	mit beliebiger Taste in Grundzustand	-
22: wait for einricht	warten auf Netzdaten	-
99: wait for einricht	warten auf Kommunikationsparameter	-

Nach seinem Start gibt der Prozess das Hauptmenue nach Bild 3.5 auf den Bildschirm und begibt sich in den Grundzustand. Wird die Taste 1 gedrückt, erkundigt sich der Prozess mit dem Signal *netz_status* bei der Netzwerkinstanz, ob ein Netz eingerichtet ist und wartet im Zustand 2 auf die Antwort. Fällt sie positiv aus, wird ein start-Signal an die Einrichtprozesse aller Instanzen geschickt, die daraufhin die COM-Prozesse starten. Im Zustand 3 wartet der Prozess dann auf den Abbruch über eine beliebige Taste. Wird im Grundzustand die Taste 2 gedrückt, so gibt der Prozess diese Zahl mit dem Signal configin(zahl) über den Einricht-Channel an den Einrichtprozess der Netzwerkinstanz, der daraufhin ein Menue an den Bedienprozess sendet und Netzwerkdaten entgegennimmt. Der Bedienprozess befindet sich dann in einem Zustand 22, in dem er Tastatureingaben des Bedieners an die Netzwerkinstanz weitergibt und deren Textausgaben auf den Bildschirm bringt.

3. 3. File-Transfer-Dienst

Die SDL-Spezifikation des Blockes File-Transfer-Dienst, deren Diagramme sich im Abschnitt 3.11.2 finden, erfolgt in zwei Schritten:

1. Dienst-Spezifikation, die die Feinstruktur des Dienstes und die Signale beschreibt, und die
2. Protokoll-Spezifikation, die die Instanzen und ihr Zusammenwirken darstellt.

Dabei wird die Protokoll-Spezifikation in zwei Schritten durchgeführt:

1. statische Protokoll-Spezifikation, die die Feinstruktur einer Instanz und das Zusammenwirken ihrer Prozesse beschreibt.
2. dynamische Protokoll-Spezifikation, die das Ablaufverhalten der Prozesse der Instanz beschreibt.

3. 3. 1. Dienst-Spezifikation

Das SDL-Diagramm *Block File_Transfer_Dienst* dieser Spezifikation findet sich im Abschn. 3.11.2. Der Block File_Transfer_Dienst tauscht mit seiner Umgebung über die Channel A_SAP, E_END, E_TRANS Signale aus und empfängt über den channel *Zeitinterrupt* das Signal *timer_tic*. Die Spezifikation des Blockes beschreibt seine Feinstruktur. Wie in dem SDL-Diagramm Block File_Transfer_Dienst dargestellt, wird dieser Dienst als Gemeinschaftsleistung zweier Anwendungs-Instanzen erbracht, die sich dabei auf den P-Dienst abstützen.

Tabelle 3.5. Blöcke und Channel des File Transfer Dienstes

Block	Channel	Verbindung mit
A_Instanz	A_SAP	Bedienung_Endsystem
	P_SAP	P_Dienst
	A_TI	Timer
	E_END	Bedienung_Endsystem
Timer	A_TI	A_Instanz
	Zeitinterrupt	Betriebssystem
P_Dienst	P_SAP	A_Instanz
	E_END	Bedienung_Endsystem
	E_TRANS	Bedienung_Transitsystem

Bei ihrer Tätigkeit benötigen die Instanzen die Leistungen eines zentralen Timer-Dienstes, der im SDL-Diagramm durch die beiden Blöcke mit der Bezeichnung *Timer* dargestellt wird. In Tabelle 3.5 sind die Blöcke und channel zusammengefasst.

Tabelle 3.6. von der A-Instanz benutzte P-Teil-Dienste

Teil-Dienst	Primitiv	Parameter
connect	request	ziel
	indication	quelle
	response	posi / nega
	confirmation	posi / nega, grund
data	request	p_sdu
	indication	p_sdu
release	request	keine
	indication	keine
	response	posi / nega
	confirmation	posi / nega

activity_start	request	act_no_s, rec_no_s
	indication	act_no_s, rec_no_s
activity_end	request	act_no_s, rec_no_s
	indication	act_no_s, rec_no_s
	response	posi/nega,act_no_e
	confirmation	posi/nega,act_no_e
p_abort	-	grund
u_abort	-	-

Bei der Erfüllung ihrer Aufgaben nehmen die Anwendungsinstanzen am Dienstzugangspunkt P_SAP die Teil-Dienste des Presentation Service in Anspruch. An dieser Stelle sei nochmals daran erinnert, dass sich der hier erscheinende P-Dienst-Block aus den Ebenen 1 bis 6 zusammensetzt, deren Beschreibung den weiteren Abschnitten vorbehalten bleibt. Die P-Teil-Dienste sind in Tabelle 3.6 zusammengestellt und werden nun im Einzelnen erläutert.

p_onnect(ziel):
Dieser Teildienst stellt eine Verbindung zwischen den A-Instanzen an den P-SAP's her. Er benötigt dazu als Parameter den Namen des Ziel-PC's, zu dem eine Verbindung herzustellen ist. Erhält die A-Instanz von dem Bedienungsblock einen Sendeauftrag, so wird dieser Dienst zunächst in Anspruch genommen. Es muss ein bestätigter Dienst sein, weil die Partner-Instanz den Verbindungswunsch ablehnen kann.

p_data(p_sdu):
Dieser Teildienst dient zur Übertragung der Protokoll-Dateneinheiten der miteinander kommunizierenden A-Instanzen in Form von P_SDU's. Dieser Teildienst muss nicht bestätigt sein. Auf Grund der in der DL-Schicht vorhandenen Fehlersicherung kann davon ausgegangen werden, dass jeder gesendete Datenblock den Empfänger erreicht. Eine Bestätigung des Dienstes würde die Übertragungszeit unnötig verlängern.

release:
Dieser Teildienst dient zum Auslösen einer Instanzen-Verbindung nach Beendigung einer Übertragung. Der Dienst wird als bestätigter Dienst ausgeführt.

Die Dienste *connect, data* und *release* werden durch die Schichten hindurch weitergereicht und sind somit nicht schichtenspezifisch.

Die folgenden beiden Dienste werden nur durch die P-Schicht hindurchgereicht und dann in der S-Schicht erbracht. Sie sind damit ein Charakteristikum dieser Schicht.

activity_start(act_no_s, rec_no_s):
Dieser Teildienst dient zur Kennzeichnung des Beginns einer Dateiübertragung mit zwei Parametern, die die Nummer der gerade eingeleiteten Aktivität und die Start-Nummer der ersten zu übertragenden Dateizeile angeben. Die Aktivitätennummer wird erhöht, wenn eine Datei wiederholt übertragen werden muss. Indem die empfangende A-Instanz sowohl die Aktivitäten als auch die Zeilen mitzählt, wird verhindert, dass Dateiduplikate oder Duplikate von Zeilen beim Empfänger entstehen.
Der Dienst kann unbestätigt sein; denn er informiert den Empfänger nur darüber, dass er mit der Dateiübertragung beginnt, und mit welchen Start-Nummern er beginnen will.

activity_end(act_no_s, rec_no_s):
Dieser Teildienst dient zur Kennzeichnung des Endes einer Dateiübertragung mit der aktuellen Aktivitätennummer und der letzten gesendeten Datei-Zeilennummer als Parameter. Der Dienst muss bestätigt sein, weil im Falle des Abweichens der Zählerstände von sendender und empfangender A-Instanz die Übertragung wiederholt werden muss.

Zusätzlich zu diesen Diensten sind grundsätzlich an allen Ebenengrenzen die zwei Teildienste nutzbar, die einen unvorhergesehenen Störungsfall anzeigen, z.B. bei einem Zusammenbruch der Übertragungsstrecke:

p_abort(grund):
Mit diesem Teildienst zeigt ein unterlagerter Dienst der überlagerten Instanz den Abbruch aller Teildienste an. Als Parameter kann ein Grund übermittelt werden, um den Benutzer über die Ursachen zu informieren. Dieser Provider-Abort erscheint nur mit dem Dienstprimitiv indication.

u_abort:
Mit diesem Teildienst fordert eine Instanz den sofortigen Abbruch aller zuvor eingeleiteten Teildienste an. Dieser User-Abort erscheint nur mit dem Dienstprimitiv request.

3. 3. 2. Protokoll-Spezifikation

Unter dem Protokoll einer Schicht wird, wie ersten Band des Buches erläutert, die Beschreibung des Regelverzeichnisses der Kommunikation zweier Partnerinstanzen hinsichtlich der Syntax, der Semantik und der zeitlich logischen Abläufe verstanden. Die Spezifikation des Protokolls mit der SDL-Methode ergibt die Beschreibung dieses Regelverzeichnisses in graphischer Form.

3. 3. 2. 1. Statische Protokoll-Spezifikation

Das SDL-Diagramm dieser Spezifikation, das im Abschnitt 3.11.2 gezeigt ist, beschäftigt sich mit dem Aufbau und der Struktur der A-Instanz. Fasst man zunächst die Instanz als ein Ganzes auf, so sind die Schnittstellen bzw. Channel zur Umgebung zu betrachten. Der Channel A_SAP stellt den Dienstzugangspunkt dar, an dem der File-Transfer-Dienst verfügbar ist. Über den Channel P_SAP, der den Dienstzugangspunkt des Darstellungsdienstes bildet, nimmt die A-Instanz den P-Dienst in Anspruch. Der Channel A_TI stellt eine Verbindung zum zentralen Timerdienst her, weil zur Vermeidung von Deadlock's Zeitaufträge gegeben werden müssen und auf die in rückwärtiger Richtung mit *time_out*-Signalen geantwortet wird. Eine Möglichkeit des Einrichtens verschafft der Channel E_END; laut Anforderungsanalyse ist eine Empfangssperre vorgesehen.

Im Inneren des Blocks A_Instanz sind drei Prozesse erforderlich, die mit ihren Routes und Signalen in Tabelle 3.7 zusammengefasst sind.

Tabelle 3.7. Prozesse und Routes der A-Instanz

Prozess	Route	Verbindung mit
A_COM	A_SAP	Channel A_SAP
	A_PDU	A_CODEX
	A_TI	Channel A_TI
	P_SAP1	Channel P_SAP
A_CODEX	A_PDU	A_COM
	P_SAP2	Channel P_SAP
A_Einricht	A_EN	Channel E_END

Der Einrichtprozess wird beim Start des Systems sofort gestartet; es gibt nur ein Exemplar. Er startet bei Bedarf (wenn kommuniziert werden soll) einen COM-Prozess, der wiederum einen CODEX-Prozess startet.

Tabelle 3.8. Protokoll-Daten-Einheiten der A-Instanz

rotocol Data Unit	Parameter
ENQUIR	z_file
ACCEPT	z_file
REFUSE	grund
TRANSM	zeile

Zum Austausch von Informationen zwischen den A-Instanzen werden folgende PDU`s (s. Tabelle 3.8) mit sinnvollen Namen definiert:

1. *ENQUIR(z_file)*
   Mit dieser PDU fragt die Sendeinstanz die Empfangsinstanz, ob eine Dateiübertragung mit dem angegebenen Parameter des Ziel-Filenamens akzeptiert wird.
2. *ACCEPT(z_file)*
   Mit dieser PDU antwortet der Empfänger auf eine ENQUIR-PDU, wenn er die bevorstehende Dateiübertragung mit dem Ziel-Filenamen akzeptiert.
3. *REFUSE (grund)*
   Der Empfänger lehnt mit dieser PDU die Dateiübertragung ab und gibt dabei als Parameter den Ablehnungsgrund an. Dieser Grund kann dann auf der Sendeseite dem Benutzer angezeigt werden.
4. *TRANSM(zeile)*
   Mit dieser PDU wird der Partnerinstanz je eine Zeile der ASCII-Datei übertragen.

3. 3. 2. 2. Dynamische Protokoll-Spezifikation

Wurde bei der statischen Spezifikation der Aufbau der Instanz aus Prozessen und ihr Zusammenwirken beschrieben, so gilt es hier, den zeitlich-logischen Ablauf der Prozesse darzustellen. Als Ergebnis erhält man die SDL-Prozessdiagramme. Im folgenden werden Konstruktionsmerkmale und Entstehung der Diagramme für die Anwendungsinstanz erläutert.

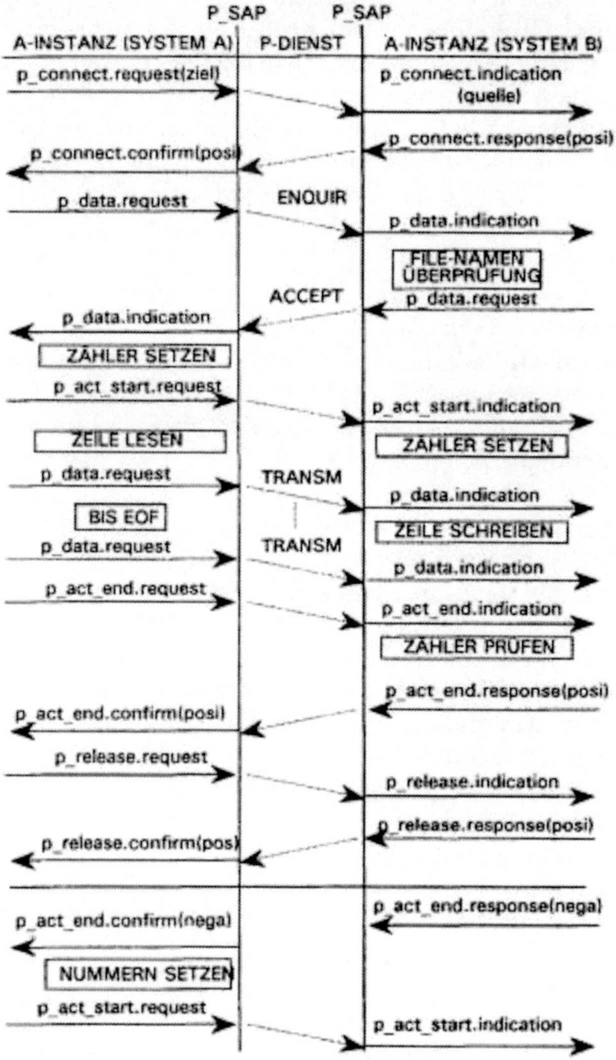

Bild 3.6. Zeitfolgediagramm der Dateiübertragung mit P-Diensten

Zeitfolgediagramm der Datei-Übertragung

Anhand des in Bild 3.6 gezeigten Zeitfolgediagramms soll der prinzipielle Ablauf der Dateiübertragung mit Hilfe des Aktivitätenmanagements und

Nutzung der P-Dienste erläutert werden.
Das Diagramm stellt im oberen Teil einen Ablauf für eine erfolgreiche Dateiübertragung in der Anwendungsschicht dar, zeigt insofern nicht vollständig alle möglichen Abläufe auf. Nur die A-PDU`s *ENQUIR*, *ACCEPT* und *TRANSM* treten in Erscheinung, da fast alle angeforderten Dienste auf die dem P-Dienst unterlagerten Dienste übertragen werden.
Die sendende A-Instanz muss vor der Übertragung eine Verbindung zur empfangenden A-Instanz mit

p_connect.request(ziel)

anforden. Diese wird ihr positiv durch

p_connect.confirmation(posi)

bestätigt. Danach wird mit der A_PDU *ENQUIR* der Name für die Ziel-Datei übertragen und durch eine PDU *ACCEPT* positiv bestätigt. Die sendende A-Instanz setzt dann ihren Aktivitätenzähler *act_no_s* und ihren Zeilenzähler *rec_no_s* auf definierte Anfangswerte

act_no_s := 1 rec_no_s := 0

und fordert am P_SAP den Teildienst

p_activity_start.request(act_no_s, rec_no_s)

an. Am P_SAP des Empfangssysstems B wird die unmittelbar bevorstehende Dateiübertragung dann mit

p_activity_start.indication(act_no_s, rec_no_s)

der A-Instanz angezeigt. Die Empfangsinstanz setzt nun ihre Empfangszähler für die Aktivitäten und die Anzahl empfangener Dateizeilen auf die von der Sendeinstanz übermittelten Startwerte:

act_no_e := act_no_s rec_no_e := rec_no_s

Der Dateiinhalt wird dann mit

p_data.request(zeile)

bei der sendenden A-Instanz und mit

p_data.indication(zeile)

bei der empfangenden A-Instanz unbestätigt übertragen. Die Sendeinstanz erhöht den Zähler *rec_no_s* bei jedem Anfordern, die empfangende Instanz ihren Zähler *rec_no_e* bei jeder Anzeige. Nach Übertragung der letzten Dateizeile, die durch das Zeichen EOF = End of FILE erkannt wird, beendet die Sendeinstanz die Übertragung am P_SAP mit dem Teildienst

p_activity_end.request(act_no_s, rec_no_s) .

In dieser Dienstanforderung ist der letzte Zeilen-Zählerstand *rec_no_s* enthalten. Aus der Anzeige

p_activity_end.indication(act_no_s, rec_no_s) .

erkennt die Empfangsinstanz die Beendigung und entnimmt ihr die Zählerstände *act_no_s* sowie *rec_no_s* . Sie vergleicht sie mit ihren Zählerständen *act_no_e* und *rec_no_e*. Gleichheit bedeutet eine vollständige Dateiübertragung. Ungleichheit deutet die Empfangsinstanz als Unvollständigkeit. Im positiven Fall antwortet sie an ihrem P_SAP mit

p_activity_end.response(posi, act_no_e) ,

was zur positiven Bestätigung

p_activity_end.confirmation(posi, act_no_e)

am P_SAP der Sendeinstanz führt. Danach kann die Verbindung abgebaut werden, eingeleitet durch die Sendeinstanz mit

p_release.request .

Im negativen Fall, im unteren Abbildungsteil dargestellt, antwortet die Empfangsinstanz am P_SAP mit

p_activity_end.response(nega, act_no_e) ,

was zur negativen Bestätigung

p_activity_end.confirmation(nega, act_no_e)

am P_SAP der Sendeinstanz führt. Die Sendeinstanz muss nun die Dateiübertragung wiederholen, indem sie eine neue Aktivität mit inkrementierter Aktivitätennummer `act_no_s` startet. Der Vorgang wiederholt sich solange, bis die Aktivität erfolgreich abgeschlossen wurde, oder eine Wiederholungsgrenze erreicht ist.

Tabelle 3.9. Zustände und Timer des Prozesses A_COM

Zustand	Bedeutung: warten auf	Timer
0: idle	Grundzustand	-
Zustände beim Senden		
1: wait for p_connect	Verbindung mit Partnerinstanz	T1
2: wait for ACCEPT	Annahme des Übertragungswunsches	T2
3: wait for p_release	Verbindungsauflösung	T3
4: wait for EOF	Fortsetzung bis EOF	-
6: wait for file confirm	Bestätigung activity_end mit Zählerstand	T6
Zustände beim Empfangen		
11: wait for file-receive	Verbindungsanforderung zur Übertragung	-
12: wait for ENQUIR	Zulässigkeitsanfrage	T12
13: wait for activity_start	Beginn nach Bestätigung der Zulässigkeit	T13
14: wait for file data	Beginn der Datenübertragung	-
15: wait for p_release	Verbindungsauflösung nach Übertragungsende	T15

Prozess A_COM:

Das zustands- und ereignisabhängige Verhalten der an der Kommunikation beteiligten A-Partnerinstanzen ist identisch. Es genügt daher, den Prozess für eine der Instanzen zu spezifizieren. Das entsprechende SDL-Diagramm findet sich im Abschn. 3.11.2. Nachfolgend sind die Zustände des Prozesses mit den relevanten Zeitaufträgen in der Tabelle 3.9 zusammengefasst. Die Dimensionierung erfolgt geschlossen für alle Ebenen in Abschn. 5.2.3.5. Nachdem der Prozess vom Einrichtprozess A_Einricht gestartet wurde, startet er selbst seinen CODEX-Prozess und geht in den Ruhezustand 0 über. Wie im Abschn. 3.11.2 zu sehen ist, kann der Prozess A_COM in allen Zuständen (außer im Zustand 4) durch ein stop-Signal vom Einricht_Prozess wieder gestoppt werden.

Den Ruhezustand 0 kann er nur durch die vom Bedienungsblock kommenden Eingangssignal *send(ziel,q_file,z_file)* oder *receive* verlassen. Das Signal *send(ziel,q_file,z_file)* veranlasst die Übertragung der durch den Parameter *q_file* bezeichneten Datei zu dem mit dem Parameter *ziel* gekennzeichneten PC, wo sie im Wartedirectory unter dem mit dem Parameter *z_file* festgelegten Namen abgelegt wird. Die Dateisendung läuft nach dem Eingeben der Parameter automatisch ab, bis wieder der Grundzustand 0 von dem Prozess eingenommen wird.

Durch das Signal *receive* geht der Prozess in den Zustand 11 über. In diesem ist er dauernd empfangsbereit für Dateiempfang, auch wiederholt für verschiedene Dateien unterschiedlicher Quell-PC`s. Nach dem Empfang einer Datei kehrt dazu immer der Zustand 11 ein. Der Zustand 11 kann durch das vom Einrichtprozess kommende Signal *stop* verlassen werden. Der Prozess wird dann gestoppt. Aber auch in jedem anderen Zustand lässt sich die Datenübertragung mit dem *stop*-Signal unterbrechen.

Im Folgenden werden zur Erläuterung des SDL-Diagramms für den Prozess A_COM zwei Folgen von Zustandsübergängen behandelt, die jeweils einen störungsfreien Sende- und Empfangsablauf beschreiben (main transitions):

Vorgänge beim Senden:

Das Senden beginnt mit der Anforderung *p_connect.request* an den P-Dienst. Dies ist ein SDL-Ausgangssignal. Der Prozess A_COM hat damit die Kontrolle an die P-Instanz abgegeben. Sie wartet auf eine Bestätigung, dass eine Verbindung zur Partnerinstanz im Ziel-PC hergestellt ist. Um sicherzustellen, dass die A-Instanz auch bei ausbleibender Bestätigung nicht undefiniert verharrt, setzt sie einen Timer mit der Zeit T1, bevor sie in den Zustand 1: *wait for p_connect* überwechselt. Diesen Zustand verlässt die A-Instanz wenn am P_SAP das Bestätigungssignal *p_connect.confirmation* positiv oder negativ eingeht. Wird positiv bestätigt, so kann die PDU *ENQUIR* über die bestehende P-Verbindung gesendet, ein Timer T2 gestartet und in den Zustand 2 übergegangen werden, in dem eine ACCEPT- oder REFUSE-PDU erwartet wird.

Bei negativer Betätigung im Zustand 1 oder bei abgelaufener Timerzeit T1 gibt der Prozess die Benutzermeldung "keine Verbindung" aus. Im Zustand 2: *wait for ACCEPT* sind wieder verschiedene Eingangssignale möglich, von denen bis auf die erwartete ACCEPT-PDU alle zum Abbau der P-Verbindung und letztendlich zum Grundzustand 0 zurückführen. Dies sind:

- REFUSE-PDU der Partnerinstanz,
- timeout(T2): Timer T2 abgelaufen,
- p_release.indication: Verbindungsabbauanzeige des P-Dienstes,
- ENQUIR-PDU der Partnerinstanz, wenn diese ebenfalls übertragen möchte, oder
- p_provider_abort.indication: sofortiger Abbruch der P-Dienste.

Die Konstruktion der möglichen Eingangssignale in einem bestimmten Zustand, das erkennt man hier im Zustand 2, erfolgt allgemein so, dass in allen Fällen ein definiertes Instanzenverhalten gewährleistet ist. Erscheint am P_SAP die ACCEPT-PDU, beginnt die A-Instanz mit dem bereits im Zeitfolgediagramm erläuterten Aktivitätenmanagement. Nach dem Anfordern von *p_activity_start.request* öffnet sie die Quelldatei zum Lesen, liest dann wiederholt genau eine Dateizeile und sendet sie mit einem *TRANSM(zeile)*. Vor bzw. nach einem Lesen prüft die Instanz das Ende (EOF) und einen ggf. erscheinenden *p_abort* im Zustand 4. Sind alle Zeilen übertragen, wird die Quelldatei geschlossen und in den Zustand 6: *wait for file.confirm* übergegangen, in dem auf die Bestätigung *p_activity_end.confirmation* gewartet wird. Bei negativer Bestätigung wird erneut mit *p_activity_start.request* (mit inkrementierter Aktivitätennummer) die Dateiübertragung gestartet. Ist dieses trotz mehrmaliger Wiederholung nicht erfolgreich, so entscheidet der Prozess mit der Abfrage act_no_s = max ?, ob die Verbindung abgebaut werden soll.

Vorgänge beim Empfangen (Ausgangszustand 11):

Mit der Verbindungsanzeige *p_connect.indication* am P_SAP meldet der P-Dienst einen Verbindungswunsch der A-Partnerinstanz an. Der Prozess A_COM antwortet mit *p_connect.confirmation(posi)* und geht in den Zustand 12 über, in dem er nun auf die ENQUIR-PDU wartet. Mit ihr erhält er den

Ziel-Filenamen und kann prüfen, ob er die Dateiübertragung zulässt. Zu beachten ist, dass bei einer Ablehnung mit der REFUSE-PDU nicht der Ausgangszustand 11, sondern 12 anzunehmen ist, da ja noch eine Verbindung der A-Instanzen besteht, die ordnungsgemäß durch die den P-Dienst abgebaut werden muss. Der P-Dienst hat die Verbindung mit seiner Anzeige verursacht. Das Abbauen der Verbindung geschieht, wenn im Zustand 12 die Dienstanzeige *p_release.indication* am P_SAP erscheint.

Das Aktivitätenmanagement vor Beginn der Dateiübertragung ist mit nun vertauschten Rollen der Partnerinstanzen ähnlich im Ablauf. Jetzt wird der A-Instanz der Aktivitätenstart durch den P-Dienst angezeigt (im Zustand 13), sie öffnet die Zieldatei zum Schreiben und zählt die empfangenen Dateizeilen bei jeder angezeigten Übertragung TRANSM(zeile) (im Zustand 14). Sie vergleicht nach der Dateiübertragung die Zählerstände rec_no_s und rec_no_e und formuliert die Antwort an den P-Dienst:

p_activity_end.response(posi/nega).

Grundsätzlich ist bei der Konstruktion in den Sende- und den Empfangspfaden des Diagramms darauf zu achten, dass in **jedem** Zustand der p_abort als Eingangssignal verarbeitet wird, dessen Ursachen und dessen Auftrittszeitpunkt dem Prozess A_COM a priori unbekannt sind. Der Prozess A_COM muss einen derartigen Fall berücksichtigen, da ihm sonst bei in Anspruch genommenen, unbestätigten P-Diensten Erfolg oder Misserfolg verborgen bleibt, oder er unnütz Dienste abfordert, die gar nicht mehr erbracht werden. Dieses Konstruktionsmerkmal gilt im Übrigen auch für die Instanzen der niederen Dienste.

Abschließend sei noch erwähnt, dass der Prozess A_COM eine Reihe von Signalen mit Mitteilungen an den Benutzer über den Fortschritt im Zuge der Zustandsübergänge aussendet (Signale *user(text)*). Dies ist nicht unbedingt erforderlich, gibt aber nützliche Hinweise über mögliche Störungsursachen bei auftretenden Fehlern.

Prozess A_CODEX:

Wenn die Anwendungsinstanzen mit Hilfe des connect-Dienstes eine Verbindung aufgebaut haben, können sie unter Inanspruchnahme des data-Dienstes Protokoll-Daten-Einheiten austauschen. Diese PDU's werden virtuell horizontal zwischen den Partner-Instanzen ausgetauscht; tatsächlich werden sie dem Prozess A_Codex übergeben, der sie zu einem Daten-Rahmen formatiert bzw. codiert und diesen als p_sdu dem p_data-Dienst übergibt. Umgekehrt wird ein als p_sdu vom unterlagerten data-Dienst dargebotener Datenrahmen vom Prozess A_CODEX "entformatiert" bzw. decodiert, um die PDU-Information und ihre Parameter dem Prozess A_COM zu übergeben. Das SDL-Diagramm des Prozesses A_CODEX findet sich im Abschn. 3.11.2.

Eine A-PDU wie z.B. *ENQUIR(z_file)* besteht aus der **P**rotocol **C**ontrol **I**nformation (A_PCI) *ENQUIR* und der **S**ervice **D**ata **U**nit (A_sdu) *z_file*. Dabei bedeutet die für Übertragung notwendige Rahmenbildung

1. die Festlegung einer Reihenfolge der Bestandteile der PDU,
2. die Festlegung der Grenze zwischen den Bestandteilen und
3. die Festlegung von Beginn und Ende des Rahmens.

Den Rahmenaufbau der hier gewählten A-PDU zeigt Bild 3.7. Dabei wird die Trennung zwischen den Feldern und die Markierung des Rahmenendes mit dem ASCII-Zeichen "+" vorgenommen. Alle Felder des Rahmens sollen vom Typ *string*

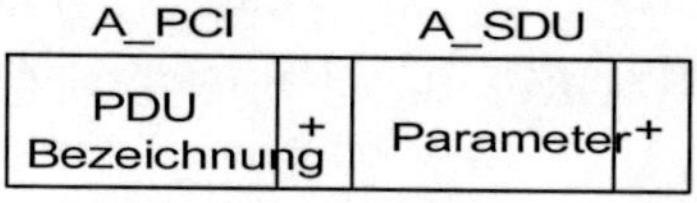

Bild 3.7. Format einer A_PDU

sein. So erhält man mit der Vereinbarung

```
var   z_file : string;
```

für den Parameter *z_file* der Protocol Data Unit *ENQUIR* den Rahmen-String

enquir + z_file +

Eine Ausnahme von dieser Formatierungsregel ist bei der PDU *TRANSM* zu machen. Hier muss das "+"- Zeichen zur Begrenzung im Rahmenaufbau entfallen. Dies ist wegen der gewünschten Transparenz des Protokolls notwendig, da alle ASCII-Zeichen erlaubt sein sollen.

Der Prozess A_CODEX, der in dem SDL-Diagramm Process A_CODEX dargestellt ist, wird von A_COM gestartet und besitzt nur einen Zustand, in dem er die vier A-PDU's und das Dienstsignal *p_data.indication(p_sdu)* kennt. Einlaufende A-PDU's werden codiert und als p_sdu mit dem Dienstsignal *p_data.request(p_sdu)* dem unterlagerten Dienst übergeben. Die SDU des Eingangssignals *p_data.indication (p_sdu)* wird decodiert bzw. in ihre Bestandteile zerlegt, die dem Prozess A_COM übergeben werden. In der Tabelle 3.10 sind die Ein- und Ausgangssignale des CODEX-Prozesses zusammengefasst.

Tabelle 3.10. Ein- und Ausgangssignale des Prozesses A_CODEX

<table>
<tr><th>Eingangssignale</th><th>Ausgangssignale</th></tr>
<tr><td>ENQUIR(z_file)</td><td rowspan="4">p_data.request(p_sdu)</td></tr>
<tr><td>ACCEPT(z_file)</td></tr>
<tr><td>REFUSE(grund)</td></tr>
<tr><td>TRANSM(zeile)</td></tr>
<tr><td rowspan="4">p_data.indication(p_sdu)</td><td>ENQUIR(z_file)</td></tr>
<tr><td>ACCEPT(z_file)</td></tr>
<tr><td>REFUSE(grund)</td></tr>
<tr><td>TRANSM(zeile)</td></tr>
</table>

Bei der späteren Realisierung des CODEX finden die Pascal-Prozedur *concat*, die die Bestandteile der PDU zu einem String-Rahmen zusammenfügt und die Prozedur *decodier*, die einen PDU-Rahmen in seine Bestandteile zerlegt, Anwendung.

Prozess A_Einricht:

Die Anwendungsinstanz verfügt nur über einen Einrichtparameter: die Empfangssperre. Neben dem Setzen dieses Parameters erfüllt der Einricht-Prozess, dessen SDL-Diagramm sich im Abschn. 3.11.2 findet, jedoch noch weitere Funktionen:

1. Starten des COM-Prozesses,
2. Verriegelung der Vorgänge Einrichten und Kommunizieren,
3. Ausgabe des Einrichtparameters auf ein status-Signal des Bedienungsprozesses, damit an der Bedienoberfläche angezeigt werden kann, ob die Empfangssperre gesetzt ist oder nicht.

Mit einer vom Bedienblock übergebenen Kennziffer 97 (Menüpunkt) wird das Einrichten der Anwendungsinstanz eingeleitet. Das Setzen des Einrichtparameters (Variable rsperre) ist in Form eines Umschalters realisiert: Die Empfangssperre ist entweder gesetzt oder nicht. Die Verriegelung zwischen Einrichten und Kommunizieren wird durch Einführung eines weiteren Zustandes realisiert, in dem der Prozess nur auf ein stop-Signal reagiert; eine Veränderung der Einrichtparameter während der Kommunikation ist also nicht möglich.

3. 4. Darstellungs-Dienst

Die Darstellungsebene ist leer. Alle P-Dienste werden somit vom unterlagerten S-Dienst erbracht; alle Dienstsignale werden in Sende- und Empfangsrichtung über die P-Ebene zwischen dem P_SAP und dem S_SAP weitergeleitet. Eine P-Dienstspezifikation könnte entfallen, da der P-Dienst identisch zum unterlagerten S-Dienst ist und letzterer im nächsten Abschnitt zu beschreiben ist. Aus formalen Gründen werden trotzdem eine Dienst- und eine Protokoll-Spezifikation vorgenommen. Die SDL-Diagramme zur Spezifikation des P-Dienstes finden sich im Abschnitt 3.11.3.

3. 4. 1. Dienst-Spezifikation

Die SDL-Spezifikation des P-Dienstes findet ihren Niederschlag in dem SDL-Diagramm Block P_Dienst des Abschn. 3.11.3. Der Block P_Dienst tauscht mit seiner Umgebung über die Channel P_SAP, E_END und E_TRANS Signale aus. Im Inneren besteht der Block aus den P-Instanzen, die sich auf den unterlagerten S-Dienst abstützen. Das von dem P-Dienst erbrachte Dienstangebot, auf das sich die A-Instanzen abstützen, wurde bereits im Abschnitt 3.3.1 beschrieben und ist in Tabelle 3.6 zusammengefasst. Die P-Instanzen leisten nun keinen Beitrag zu dem von ihnen zur Verfügung gestellten Dienstangebot. Daher müssen sie ihr Dienstangebot vollständig vom unterlagerten S-Dienst abfordern.

3. 4. 2. Protokoll-Spezifikation

Ein Protokoll im eigentlichen Sinne existiert natürlich nicht. Die SDL-Spezifikation zeigt den Aufbau der Instanz und das Automatenverhalten ihrer Prozesse.

3. 4. 2. 1. Statische Protokoll-Spezifikation

Das SDL-Diagramm der statischen Protokoll-Spezifikation findet sich im Abschnitt 3.11.3. Es zeigt den Aufbau und die Struktur der P-Instanz. Fasst man zunächst die Instanz als ein Ganzes auf, so sind die Schnittstellen bzw. Channel zur Umgebung mit ihren Signalen, die in Tabelle 3.11 zusammengefasst

Tabelle 3.11. Signalaustausch mit Umgebung

Channel	Eingang / Ausgang	Signalart
P_SAP	bidirektional	Signale des P-Dienstes
S_SAP	bidirektional	Signale des S-Dienstes
E_END	bidirektional	Einrichtsignale

sind, zu betrachten. Der Channel P_SAP stellt den Dienstzugangspunkt dar, an dem der P-Dienst verfügbar ist. Über den Channel S_SAP, der den Dienstzugangspunkt des Sitzungsdienstes bildet, nimmt die P-Instanz den Sitzungsdienst in Anspruch. der Channel E_END verschafft die Möglichkeit des Einrichtens.

Im Inneren des Blocks P_Instanz sind zwei Prozesse erforderlich, die mit ihren Routes und Signalen in Tabelle 3.12 zusammengefasst sind.

Tabelle 3.12. Prozesse und Routes der P-Instanz

Prozess	Route	Verbindung mit
P_COM	P_SAP	Channel P_SAP
	STOP_P_COM	P_Einricht
	S_SAP	Channel S_SAP
P_Einricht	STOP_P_COM	P_COM
	P_EN	Channel E_END

Besonders hervorzuheben ist, dass kein CODEX-Prozess erforderlich ist. Dies ist deshalb der Fall, weil keine PDU's zwischen den P-Instanzen ausgetauscht werden. Die einzige Tätigkeit dieser Instanzen besteht in dem Durchreichen von Diensten. Wichtig ist noch das Starten und Stoppen der Prozesse. Der Einricht-Prozess wird beim Einschalten des Endsystems gestartet (init=1). Ein von dem Bedienungsprozess ausgehendes start-Signal veranlasst den Einricht-Prozess, den COM_Prozess zu starten, was durch die create-line zwischen den Prozess-Symbolen festgelegt wird. Das Stoppen der Prozesse geht ebenfalls von dem Bedienungsprozess aus; das ankommende stop-Signal wird über die Route STOP_P_COM an den COM-Prozess weiter geleitet.

3. 4. 2. 2. Dynamische Protokoll-Spezifikation

Wurde bei der statischen Spezifikation der Aufbau der Instanz aus Prozessen und ihr Zusammenwirken beschrieben, so ist hier das Innere der Prozesse Gegenstand der Darstellung.

Prozess P_COM

Das SDL-Diagramm des Prozesses P_COM findet sich im Abschnitt 3.11.3. Die Instanz kennt nur einen (Grund-)Zustand, hier 1:busy, in dem sie Dienstsignale annimmt, sie weiterreicht und wieder in den Grundzustand zurückkehrt. Es existiert kein Protokoll der Partnerinstanzen, somit gibt es auch keine PDU`s.

Prozess P_Einricht

Das SDL-Diagramm des Prozesses P_Einricht findet sich im Abschnitt 3.11.3. Parameter des COM-Prozesses sind natürlich nicht einzurichten. Einzige Funktion des Einrichtprozesses besteht im Starten und Stoppen des COM-Prozesses.

3. 5. Sitzungs-Dienst

Die Sitzungsinstanzen zweier Endsysteme erbringen für die Benutzer, die P- (bzw. A-)Instanzen, das Aktivitätenmanagement. Alle anderen Dienste werden vom unterlagerten T-Dienst vollbracht.

3. 5. 1. Dienst-Spezifikation

Der Block S_Dienst tauscht mit seiner Umgebung über die Channel S_SAP, E_END, E_TRANS Signale aus und empfängt über den Channel Zeitinterrupt das Signal timer_tic. Die Spezifikation des Blockes beschreibt seine Feinstruktur.

Wie in dem SDL-Diagramm *Block S_Dienst* im Abschn. 3.11.4 dargestellt, wird dieser Dienst als Gemeinschaftsleistung zweier S_Instanzen erbracht, die sich dabei auf den T-Dienst der Transportschicht abstützen. bei ihrer Tätigkeit benötigen die Instanzen die Leistungen des zentralen Timerdienstes, der im SDL-Diagramm durch die beiden Blöcke Timer dargestellt wird. In Tabelle 3.13 sind die Blöcke und Channel zusammengefasst.

Tabelle 3.13. Blöcke und Channel des S-Dienstes

Block	Channel	Verbindung mit
S_Instanz	S_SAP	P_Instanz
	T_SAP	T_Dienst
	S_TI	Timer
	E_END	Bedienung_Endsystem
Timer	S_TI	S_Instanz
	Zeitinterrupt	Betriebssystem
T_Dienst	T_SAP	S_Instanz
	E_END	Bedienung_Endsystem
	E_TRANS	Bedienung_Transitsystem

Bei der Erfüllung ihrer Aufgaben nehmen die Sitzungsinstanzen am T_SAP die Teildienste des Transport-Dienstes in Anspruch. Diese Teildienste sind in Tabelle 3.14 zusammengestellt und

Tabelle 3.14. von der S-Instanz benutzte T-Teil-Dienste

Teil-Dienst	Primitiv	Parameter
connect	request	ziel
	indication	quelle
	response	posi/ nega
	confirmation	posi / nega, grund
data	request	t_sdu
	indication	t_sdu
release	request	keine
	indication	keine
	response	posi / nega
	confirmation	posi / nega
p_abort	-	grund
u_abort	-	-

werden nun im Einzelnen erläutert:

t_connect

Es handelt sich um einen bestätigten Teildienst. Er dient zum Herstellen einer Verbindung zwischen den T-SAP's. Die Inanspruchnahme mit dem Primitiv request erfolgt mit dem Parameter ziel, d.h., mit der logischen Adresse des Ziel-PC's.

t_data(t_sdu)

Dieser Teildienst ist unbestätigt. Er dient zur Übertragung von Dienst-Dateneinheiten der Transportschicht, die als Parameter des Dienstes erscheinen. Diese Dienst-Dateneinheiten sind verpackte PDU's, die die Sitzungsinstanzen austauschen.

t_release

Es handelt sich um einen bestätigten Teildienst. Er veranlasst die Auslösung einer Transportverbindung.

t_p_abort

Hiermit zeigt der Transport-Dienst der Sitzungsinstanz den sofortigen Abbruch aller laufenden Teildienste an. Als Parameter wird der Grund des Abbruchs übergeben.

t_u_abort

Mit diesem Teildienst teilt die Sitzungsinstanz dem Transportdienst den sofortigen Abbruch der Inanspruchnahme des Dienstes mit.

3. 5. 2. Protokoll-Spezifikation

Diese Spezifikation wird, wie bisher, in zwei Schritten durchgeführt. Nach der statischen Protokoll-Spezifikation, die den Aufbau der Instanz festlegt, erfolgt die dynamische Spezifikation, bei der die Prozessabläufe der Instanz beschrieben werden.

3. 5. 2. 1. Statische Protokoll-Spezifikation

Das SDL-Diagramm dieser Spezifikation, das man im Abschn. 3.11.4 findet, beschreibt den Aufbau und die Struktur der S-Instanz. Fasst man die Instanz zunächst als ein Ganzes auf, so sind die Schnittstellen bzw. Channel zur Umgebung, die in Tabelle 3.16 zusammengefasst sind,

Tabelle 3.15. Signalaustausch mit der Umgebung

Channel	Eingang / Ausgang	Signalart
S_SAP	bidirektional	Signale des S-Dienstes
T_SAP	bidirektional	Signale des T-Dienstes
S_TI	bidirektional	Zeitsignale
E_END	bidirektional	start, stop

zu betrachten. Der Channel S_SAP stellt den Dienstzugangspunkt dar, an dem der Sitzungs-Dienst verfügbar ist. Über den Channel T_SAP, der den Dienstzugangspunkt des Transportdienstes bildet, nimmt die S-Instanz den T-Dienst in Anspruch. Der Channel S_TI stellt eine Verbindung zum zentralen Timerdienst her, weil zur Vermeidung von Deadlock's Zeitaufträge gegeben werden müssen. Die Verbindung zum Einricht-Channel E_END schafft die Möglichkeit, die Prozesse der S-Instanz zu starten und zu stoppen. Sonstige Einrichtungen sind in der S-Instanz nicht nötig.

Im Inneren des Blocks S_Instanz sind drei Prozesse erforderlich, die mit ihren Routes und Signalen in Tabelle 3.15 zusammengefasst sind.

Tabelle 3.16. Prozesse und Routes der S-Instanz

Prozess	Route	Verbindung mit
S_COM	S_SAP	Channel S_SAP
	S_PDU	S_CODEX
	S_TI	Channel S_TI
	T_SAP1	Channel T_SAP
S_CODEX	S_PDU	S_COM
	T_SAP2	Channel T_SAP
S_Einricht	S_EN	Channel E_END

Wenn die Sitzungsinstanzen sich im Zustand einer Datenverbindung befinden, so können sie mit Hilfe des T_DATA-Dienstes ASCII-Daten austauschen. Das S-Protokoll hat folgende Aufgaben des Aktivitätenmanagements abzudecken: Übertragung normaler Daten der P-Instanz, die Empfängerinstanz muss über den Start und das Ende einer Aktivität unterrichtet werden und Übermittlung des Erfolgs oder Misserfolgs einer beendeten Aktivität.

Zum Austausch dieser Informationen der S-Instanzen untereinander werden die nachfolgenden in Tabelle 3.17 zusammengefassten S-PDU`s definiert:

1. *DATA(s_sdu).* Diese PDU befördert S_SDU`s zum S_SAP der Partnerinstanz und dient damit dem normalen Datentransfer von S_SAP zu S_SAP. Dabei darf die s_sdu maximal 128 ASCII-Zeichen enthalten.
2. *BEGIN(act_no_s, rec_no_s).* Mit dieser PDU teilt die Sendeinstanz der Empfangsinstanz den Start der Aktivität mit. Als Parameter ist der Sende-Zählerstand für die gerade gestartete Aktivität und für die Anzahl der während einer Aktivität gesendeten Zeilen enthalten.
3. *END(act_no_s, rec_no_s).* Mit dieser PDU teilt die Sendeinstanz der Empfangsinstanz das Ende der Aktivität mit. Als Parameter sind die End-Zählerstände enthalten.
4. *CLOSE(act_no_e)* Der Empfänger übermittelt mit dieser PDU dem Sender die erfolgreiche Beendigung der Aktivität auf der Empfangsseite mit seiner zuletzt bearbeiteten Aktivität.
5. *NOCLOSE(act_no_e).* Der Empfänger übermittelt mit dieser PDU dem Sender die erfolglose Beendigung der Aktivität auf der Empfangsseite.

Tabelle 3.17. Protokoll-Daten-Einheiten der S-Instanz

Protocol Data Unit	Parameter
DATA	s_sdu
BEGIN	act_no_s, rec_no_s
END	act_no_s, rec_no_s
CLOSE	act_no_e
NOCLOSE	act_no_e

Anzumerken ist, dass die Variablen *act_no_s, rec_no_s* und *act_no_e* als Zähler vom Typ integer sind. Werden sie jedoch zu Parametern einer PDU, so sind sie vorher einer Typumwandlung zu unterziehen; denn die PDU-Parameter sind vom Typ string.

3. 5. 2. 2. Dynamische Protokoll-Spezifikation

Wurde bei der statischen Spezifikation der Aufbau der Instanz aus Prozessen und ihr Zusammenwirken beschrieben, so gilt es hier, das Innere der Prozesse darzustellen. Als Ergebnis erhält man die SDL-Prozessdiagramme. Im Folgenden werden Konstruktionsmerkmale und Entstehung dieser Diagramme erläutert.

Prozess S_COM

Dieser Prozess, dessen SDL-Diagramm sich im Abschn. 3.11.4 findet, beschreibt das Automatenverhalten der Instanz. In Tabelle 3.18 sind die Zustände und Timer des Prozesses zusammengefasst.

Tabelle 3.18. Zustände und Timer des Processes S_COM

Zustand	Bedeutung: warten auf	Timer
1: busy	Grundzustand	-
2: activity send	Verbindung mit Partnerinstanz	-
3: wait for CLOSE	warten auf Beendigung der Aktivität	T3
4: active receive	warten auf Datenübertragung: empfangen	-
5: wait for response	warten auf Antwort	T5

Der Prozess befindet sich normalerweise im Grundzustand 1:busy, in dem eine Verbindung zur Partnerinstanz angenommen wird und in dem er P_PDU`s transportiert. Mit Ausnahme der Dienste, die das Aktivitätenmanagement betreffen und des data-Dienstes, werden alle Dienste in diesem Zustand direkt auf den Transportdienst weitergeleitet. Eine Anforderung der P-Instanz zur Übertragung ihrer P_PDU mit dem Signal

s_data.request(s_sdu)

überträgt die S-Instanz als s_sdu in ihrer **DATA**-PDU, indem sie am unterlagerten SAP den Teildienst

t_data.request(DATA+s_sdu)

anfordert. Wird eine **DATA**-PDU am unterlagerten T_SAP mit

t_data.indication(DATA+s_sdu)

empfangen, so packt die S-Instanz mit Hilfe des CODEX-Prozesses diese Daten aus und reicht sie mit dem Dienstsignal

s_data.indication(s_sdu)

an ihren S_SAP weiter. Nur durch die Dienstsignale des Aktivitätenmanagements verlässt der Prozess seinen Grundzustand. Er arbeitet dann im Halbduplex-Betrieb, kann dann für die Dauer der Aktivität nur senden oder nur empfangen.

Vorgänge beim Senden:
Die Aktivität wird am S_SAP durch

s_activity_start.request(act_no_e, rec_no_e)

angefordert, ein Dienstsignal, das von der A-Instanz ausging und über die P-Ebene weitergereicht wurde. Die Instanz sendet dann die *BEGIN*-PDU an ihre Partnerinstanz und geht in den Zustand 2:ACTIVITY SEND über. Diese PDU enthält Parameter und das Senden geschieht natürlich durch eine Anforderung des Teildienstes t_data am unterlagerten T_SAP mit

t_data.request(BEGIN+act_no_s+rec_no_s+).

Den Zustand 2 kann die Instanz nur durch einen Abbruch durch den T-Dienst oder Beendigung der Aktivität verlassen, die von der P-Instanz mit dem Teildienst

s_activity_end.request(act_no_s, rec_no_s)

anzufordern ist. Die S-Instanz schickt daraufhin ihre *END*-PDU zur Partnerinstanz. Da der Teildienst *activity_end* bestätigt ist, muss ein Timer T3 gesetzt werden, bevor der neue Zustand 3: Wait for CLOSE angenommen wird. Je nach Empfang der PDU`s *CLOSE* bzw. *NOCLOSE* bestätigt die S-Instanz dann an die P-Instanz:

s_activity_end.confirmation(posi/nega,act_no_e).

Vorgänge beim Empfangen:
Eine von der S-partnerinstanz empfangene *BEGIN*-PDU führt im Zustand 1 zur Anzeige am S_SAP :

s_activity_start.indication(act_no_s, rec_no_s)

und die Instanz nimmt den Zustand 4: ein. Mit der eingehenden *END*-PDU zeigt die Instanz am P_SAP das Ende der Aktivität an:

s_activity_end.indication(act_no_s, rec_no_s).

Sie geht damit in den Zustand 5: und wartet auf die Antwort der P-Instanz, letztlich auch der A-Instanz. Abhängig von dieser Antwort übermittelt die S-Instanz dann die *CLOSE*- oder *NOCLOSE*-PDU und geht in ihren Grundzustand 1: zurück.

Prozess S_CODEX

Wenn die Sitzungsinstanzen mit Hilfe des connect-Dienstes eine Verbindung aufgebaut haben, können sie unter Inanspruchnahme des data-Dienstes Protokoll-Daten-Einheiten austauschen. Diese PDU's werden virtuell horizontal zwischen den Partner-Instanzen ausgetauscht; tatsächlich werden sie dem Prozess S_CODEX übergeben, der sie zu einem Daten-Rahmen formatiert bzw. codiert und diesen als *t_sdu* dem t_data-Dienst übergibt. Umgekehrt wird ein als *t_sdu* vom unterlagerten data-Dienst dargebotener Datenrahmen vom Prozess S_CODEX entformatiert bzw. decodiert, um die PDU-Information und ihre Parameter dem Prozess S_COM zu übergeben. Das SDL-Diagramm des Prozesses S_CODEX findet sich im Abschnitt 3.11.4.

Eine S-PDU wie z.B. *BEGIN(act_no_s,rec_no_s)* besteht aus der **P**rotocol **C**ontrol **I**nformation (S_PCI) BEGIN und der **S**ervice **D**ata **U**nit (s_sdu) *act_no_s,rec_no_s*. Dabei bedeutet die für Übertragung notwendige Rahmenbildung

1. die Festlegung einer Reihenfolge der Bestandteile der PDU,
2. die Festlegung der Grenze zwischen den Bestandteilen und
3. die Festlegung von Beginn und Ende des Rahmens.

Den Rahmenaufbau einer S-PDU zeigt Bild 3.8. Dabei wird die Trennung zwischen den Feldern und die Markierung des Rahmenendes mit dem ASCII-Zeichen "+" vorgenommen. Eine Ausnahme hiervon bildet wieder die DATA-PDU, bei der hinter der s_sdu das "+"-Zeichen fehlt. Alle Felder des Rahmens sollen vom Typ string

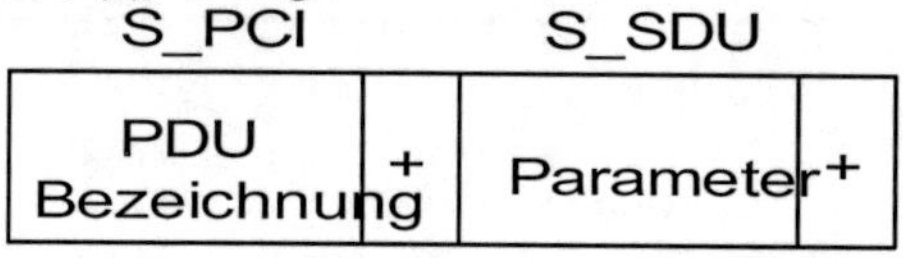

Bild 3.8. Format einer S_PDU

sein, damit sie bei der Decodierung einfach getrennt werden können. So erhält man mit der Vereinbarung

```
var   act_no_s, rec_no_s : string;
```

für die Parameter der Protocol Data Unit *BEGIN* den Rahmen-String

BEGIN+act_no_s+rec_no_s+

Hierbei ist noch anzumerken, dass die Zählerstände *act_no_s* und rec_no_s zunächst vom Typ integer sind und daher vor der PDU-Formatierung einer Umwandlung in den Typ string unterzogen werden müssen.

Der Prozess S_CODEX, der in dem SDL-Diagramm Process S_CODEX dargestellt ist, besitzt nur einen Zustand, in dem er die fünf S-PDU's und das

Dienstsignal *t_data.indication(t_sdu)* kennt. Einlaufende S-PDU's werden codiert und als t_sdu mit dem Dienstsignal *t_data.request(t_sdu)* dem unterlagerten Dienst übergeben. Die sdu des Eingangssignals *t_data.indication(t_sdu)* wird decodiert bzw. in ihre Bestandteile zerlegt, die dem Prozess S_COM übergeben werden. In der Tabelle 3.19 sind die Ein- und Ausgangssignale des CODEX-Prozesses zusammengefasst.

Bei der späteren Realisierung des CODEX finden die Pascal-Prozedur *concat*, die die Bestandteile der PDU zu einem Rahmen-String zusammenfügt und die Prozedur *decodier*, die einen PDU-Rahmen in seine Bestandteile zerlegt, Anwendung.

Tabelle 3.19. Ein- und Ausgangssignale des Prozesses S_CODEX

<table>
<tr><th>Eingangssignale</th><th>Ausgangssignale</th></tr>
<tr><td>DATA(s_sdu)</td><td rowspan="5">t_data.request(t_sdu)</td></tr>
<tr><td>BEGIN(act_no_s,rec_no_s)</td></tr>
<tr><td>END(act_no_s,rec_no_s)</td></tr>
<tr><td>CLOSE(act_no_e)</td></tr>
<tr><td>NOCLOSE(act_no_e)</td></tr>
<tr><td rowspan="5">t_data.indication(t_sdu)</td><td>DATA(s_sdu)</td></tr>
<tr><td>BEGIN(act_no_s,rec_no_s)</td></tr>
<tr><td>END(act_no_s,rec_no_s)</td></tr>
<tr><td>CLOSE(act_no_e)</td></tr>
<tr><td>NOCLOSE(act_no_e)</td></tr>
</table>

Prozess S_Einricht

Das SDL-Diagramm des Prozesses S_Einricht findet sich im Abschnitt 3.11.4. Parameter des COM-Prozesses sind nicht einzurichten. Einzige Funktion des Einrichtprozesses besteht im Starten und Stoppen des COM-Prozesses.

3. 6. Transport-Dienst

Die Transportebene ist leer. Alle T-Dienste werden somit vom unterlagerten N-Dienst erbracht; alle Dienstsignale werden in Sende- und Empfangsrichtung über die T-Ebene zwischen dem T_SAP und dem N_SAP weitergeleitet. Eine T-Dienstspezifikation könnte entfallen, da der T-Dienst identisch zum unterlagerten N-Dienst ist und letzterer im nächsten Abschnitt zu beschreiben ist. Aus formalen Gründen werden trotzdem eine Dienst- und eine Protokoll-Spezifikation vorgenommen. Die SDL-Diagramme zur Spezifikation des T-Dienstes finden sich im Abschnitt 3.11.5.

3. 6. 1. Dienst-Spezifikation

Die SDL-Spezifikation des T-Dienstes findet sich in dem SDL-Diagramm Block T_Dienst. Der Block T_Dienst tauscht mit seiner Umgebung über die Channel T_SAP, E_END und E_TRANS Signale aus. Im Inneren besteht der Block aus den T-Instanzen, die sich auf den unterlagerten N-Dienst abstützen. in Tabelle 3.20 sind die Blöcke und Channel des T-Dienstes zusammengefasst.

Tabelle 3.20. Blöcke und Channel des T-Dienstes

Block	Channel	Verbindung mit
T_Instanz	T_SAP	S-Instanz
T_Instanz	N_SAP	N_Dienst
T_Instanz	E_END	Bedienung_Endsystem
N_Dienst	N_SAP	T_Instanz
N_Dienst	E_END	Bedienung_Endsystem
N_Dienst	E_TRANS	Bedienung_Transitsystem

Das von dem T-Dienst erbrachte Dienstangebot, auf das sich die S-Instanzen abstützen, wurde bereits im Abschnitt 3.5.1 beschrieben und ist in Tabelle 3.14 zusammengefasst. Die T-Instanzen leisten nun keinen Beitrag zu dem von ihnen zur Verfügung gestellten Dienstangebot. Daher müssen sie ihr Dienstangebot vollständig vom unterlagerten N-Dienst abfordern.

3. 6. 2. Protokoll-Spezifikation

Ein Transport-Protokoll im eigentlichen Sinne existiert natürlich nicht. Die SDL-Spezifikation zeigt den Aufbau der Instanz und das Automatenverhalten ihrer Prozesse.

3. 6. 2. 1. Statische Protokoll-Spezifikation

Das SDL-Diagramm der statischen Protokoll-Spezifikation findet sich im Abschnitt 3.11.5. Es zeigt den Aufbau und die Struktur der T-Instanz, deren Schnittstellen bzw. Channel zur Umgebung mit ihren Signalen, die in Tabelle 3.21 zusammengefasst sind. Der Channel T_SAP stellt den Dienstzugangspunkt dar, an dem der T-Dienst verfügbar ist. Über den Channel N_SAP, der den Dienstzugangspunkt des Netzwerkdienstes bildet, nimmt die T-Instanz den Netzwerkdienst in Anspruch. Der Channel E_END verschafft die Möglichkeit des Einrichtens.

Tabelle 3.21 Signalaustausch mit Umgebung

Channel	Eingang / Ausgang	Signalart
T_SAP	bidirektional	Signale des T-Dienstes
N_SAP	bidirektional	Signale des N-Dienstes
E_END	bidirektional	Einrichtsignale

Im Inneren des Blocks T_Instanz sind zwei Prozesse erforderlich, die mit ihren Routes und Signalen in Tabelle 3.22 zusammengefasst sind.

Tabelle 3.22. Prozesse und Routes der T-Instanz

Prozess	Route	Verbindung mit
T_COM	T_SAP	Channel T_SAP
	STOP_T_COM	T_Einricht
	N_SAP	Channel N_SAP
T_Einricht	STOP_T_COM	T_COM
	T_EN	Channel E_END

Hervorzuheben ist, dass auch hier, wie bei der P-Instanz, kein CODEX-Prozess erforderlich ist, weil keine PDU's zwischen den T-Instanzen ausgetauscht werden. Die einzige Tätigkeit dieser Instanzen besteht in dem Durchreichen von Diensten.

Wichtig ist noch das Starten und Stoppen der Prozesse. Der Einricht-Prozess wird beim Einschalten des Endsystems gestartet. Ein von dem BedienungsProzess ausgehendes start-Signal veranlasst den Einricht-Prozess, den COM-Prozess zu starten, was durch die create-line zwischen den Prozess-Symbolen festgelegt wird. Das Stoppen der Prozesse geht ebenfalls von dem BedienungsProzess aus; Das ankommende stop-Signal wird über die Route STOP_T_COM an den COM-Prozess weitergeleitet.

3. 6. 2. 2. Dynamische Protokoll-Spezifikation

Wurde bei der statischen Spezifikation der Aufbau der Instanz aus Prozessen und ihr Zusammenwirken beschrieben, so ist hier das Innere der Prozesse Gegenstand der Darstellung.

Prozess T_COM

Das SDL-Diagramm des Prozesses T_COM findet sich im Abschnitt 3.11.5. Die Instanz kennt nur einen (Grund-)Zustand, hier 1:busy, in dem sie Dienstsignale annimt, sie weiterreicht und wieder in den Grundzustand zurückkehrt. Es existiert kein Protokoll der Partnerinstanzen, somit gibt es auch keine PDU`s.

Prozess T_Einricht

Das SDL-Diagramm des Prozesses T_Einricht findet sich im Abschnitt 3.11.5. Parameter des COM-Prozesses sind natürlich nicht einzurichten. Einzige Funktion des Einrichtprozesses besteht im Starten und Stoppen des COM-Prozesses.

3. 7. Vermittlungs-Dienst

Die Vermittlungsinstanzen der Endsysteme und des Transitsystems erbringen für die Benutzer, die T-Instanzen der Endsysteme, den connect-, den data- und den release-Dienst. Bezüglich des data-Dienstes stützen sie sich dabei auf dem Sicherungsdienst ab. Die SDL-Spezifikation des Vermittlungsdienstes findet sich Abschnitt 3.11.6 und hat einen Umfang von 19 Seiten.

3. 7. 1. Dienst-Spezifikation

Zunächst wird eine Dienst-Spezifikation durchgeführt, die festlegt, welche Teildienste angeboten werden und welche Dienste der unterlagerten DL-Schicht dabei in Anspruch genommen werden. Das entsprechende SDL-Diagramm Block N_Dienst findet sich im Abschnitt 3.11.6. Die Prozesse der N-Instanzen sind unterschiedlich in den Endsystemen und im Transitsystem und haben unterschiedliche Ein- Ausgabeschnittstellen. Insbesondere ist die Vermittlungsschicht die oberste Schicht des Transitsystems; somit hat die N-Instanz des Transitsystems keinen Dienstzugangspunkt.

In Tabelle 3.23 ist zusammengefasst, aus welchen Blöcken der Dienst besteht und wie diese Blöcke untereinander und mit der Außenwelt verbunden sind. Die Schnittstelle N_TI stellt die Verbindung zum allgemeinen Zeitgeber-Prozess Timer her.

Tabelle 3.23. Blöcke und Channel des N-Dienstes

Block	Channel	Verbindung mit
N_Instanz_E	N_SAP	T_Instanz
	DL_SAP_E	DL_Dienst
	N_TI	Timer
	E_END	Bedienung_Endsystem
N_Instanz_T	DL_SAP_T	DL_Dienst
	N_TI_T	Timer

	E_ADDR	DL_Dienst
	E_TRANS	Bedienung_Transitsystem
Timer	N_TI	N_Instanz_E
	N_TI_T	N_Instanz_T
	Zeitinterrupt	Betriebssystem
DL_Dienst	DL_SAP_E	N_Instanz_E
	DL_SAP_T	N_Instanz_T
	E_ADDR	N_Instanz_T
	E_END	Bedienung_Endsystem
	E_TRANS	Bedienung_Transitsystem

Tabelle 3.24. N-Teil-Dienste der Vermittlungsschicht

Teil-Dienst	Primitiv	Parameter
connect	request	ziel
	indication	quelle
	response	posi / nega
	confirmation	posi / nega, grund
data	request	n_sdu
	indication	n_sdu
release	request	keine
	indication	keine
	response	posi
	confirmation	posi / nega
p_abort	-	grund
u_abort	-	-

Die Transit-N-Instanz besitzt nur die Schnittstelle DL_SAP und die Timer-Schnittstelle N_TI. Das vom N-Dienst zu erbringende Angebot an Teildiensten ist in Tabelle 3.24 zusammengefasst. Es wird von der Transportschicht ohne Erhöhung des Dienstniveaus weitergereicht.

Die N-Transitinstanz und die N-Endinstanz erbringen ihre Teildienste mit Hilfe des unbestätigten data-Dienstes der Sicherungsebene und mit ihrem Vermittlungsprotokoll. Es wird angenommen, dass der dl-data-Dienst, der an den Dienstzugangspunkten DL_SAP_E und DL_SAP_T angeboten wird, immer (ohne besonderen Verbindungsaufbau) zur Verfügung steht. Fehlerhafte Ausnahmmen werden den N-Instanzen mit einem p_abort des Sicherungsdienstes angezeigt.

Die von der N-Endinstanz benutzten Teildienste der Sicherungsschicht sind in Tabelle 3.25 zusammengefasst.

Tabelle 3.25. von der N-Instanz des Endsystems benutzte DL-Teil-Dienste

Teil-Dienst	Primitiv	Parameter
data	request	dl_sdu
	indication	dl_sdu
p_abort	-	grund

Die DL-(Secondary)-Teildienste seien im Folgenden erläutert.

dl_e_data(dl_sdu)

Der data-Dienst ist unbestätigt. Er ermöglicht es der N-Instanz des Endsystems, Blöcke von ASCII-Zeichen an die N-Instanz des Transitsystems zu senden. Die Blöcke von ASCII-Zeichen sind eine dl_sdu.

dl_e_p_abort(grund)

Mit diesem Dienst wird der N-Instanz des Endsystems angezeigt, dass die Verbindung zum Transitsystem dauerhaft unterbrochen ist. Die Störungsgründe werden als Parameter übergeben.

Die N-Transitinstanz unterhält zu allen Endinstanzen quasi gleichzeitig eine Verbindung, denn sie muss das Verbindungsmanagement für alle Endsysteme erledigen. Der DL-Dienst sorgt mit seinem POLL and SELECT-Mechanismus für die Mehrfachnutzung des Übertragungsmediums. Damit die N-Transitinstanz gezielt Daten von und zu bestimmten N-Endinstanzen übermitteln kann, muss sie an ihrem DL_SAP_T erweiterte DL-Teildienste geboten bekommen, die eine Adressierung der Endsysteme erlauben. Diese DL-(Primary)-Teildienste sind in Tabelle 3.26 zusammengefasst.

Tabelle 3.26. von der N-Instanz des Transitsystems benutzte DL-Teil-Dienste

Teil-Dienst	Primitiv	Parameter
data	request	dl_sdu,sec_address
	indication	dl_sdu,sec_address
p_abort	-	grund,sec_address

Diese DL-Teildienste seien im folgenden erläutert.

dl_t_data(dl_sdu,sec_address)

Der data-Dienst ist unbestätigt. Er ermöglicht es der N-Instanz des Transitsystems, Blöcke von ASCII-Zeichen gezielt an die N-Instanz eines bestimmten Endsystems zu senden. Die Blöcke von ASCII-Zeichen sind eine dl_sdu. Als Parameter tritt die physikalische Adresse der Primary auf.

dl_t_p_abort(grund,sec_address)

Mit diesem Dienst wird der N-Instanz des Transitsystems angezeigt, dass die Verbindung zu einem Endsystem mit spezieller physikalischer Adresse dauerhaft unterbrochen ist. Die Störungsgründe werden als Parameter übergeben.

In den DL-Dienstsignalen ist als zusätzlicher Parameter die Secondary-Adresse enthalten. Diese Adresse ist die physikalische Linkadresse mit einem gültigen, willkürlich gewählten Wertebereich, z.B.:

33 <= sec_address <= 47 (also 15 Endsysteme)

Die sec_address = 100 soll zusätzlich erlaubt sein, wenn alle Endsysteme adressiert werden sollen (sog. "Rundspruch").

Es sei nochmals erwähnt, dass es Aufgabe der Transit-N-Instanz ist, logische Adressen, das sind die Namen der Endsysteme, mit den physikalischen Adressen der Endsysteme, das sind die Secondary-Adressen, zu verknüpfen. Die N-Transitinstanz muss aus ihren bestehenden Datenverbindungen die logischen Adressen auf physikalische Adressen abbilden, wenn sie die DL-Dienste in Anspruch nimmt. Diese Aufgabe entfällt beim Endsystem.

Die Prozesse der N-Partnerinstanzen sind unterschiedlich und werden in den beide folgenden Abschnitten gesondert spezifiziert.

3. 7. 2. Protokoll-Spezifikation

Diese Spezifikation wird wie bisher in zwei Schritten durchgeführt. Nach der statischen Protokoll-Spezifikation, die den Aufbau einer Instanz festlegt, erfolgt die dynamische Spezifikation, bei der die Abläufe einer Instanz beschrieben werden. Da bei der Spezifikation des Protokolls der Vermittlungsschicht zwei verschiedene Instanzen, die Endinstanz und die Transitinstanz, beteiligt sind, erfolgt die statische und die dynamische Spezifikation in zwei Schritten, in denen zunächst die Prozesse der Transitinstanz und dann die der Endinstanz beschrieben werden.

3. 7. 2. 1. Statische Protokoll-Spezifikation

Diese Spezifikation legt den Aufbau der beteiligten Instanzen aus Prozessen und das Zusammenwirken der Prozesse untereinander fest.

N-Instanz des Transitsystems

Diese Instanz nimmt neben allen anderen Instanzen des Kommunikationssystems eine Sonderstellung ein. Die anderen Instanzen enthalten in der Regel einen COM-Prozess, einen CODEX-Prozess und einen Einricht-Prozess. Entsprechend der Anforderungsanalyse soll die N-Transitinstanz quasi gleichzeitig mehrere voneinander unabhängige Verbindungen zwischen

Teilnehmern des Netzwerks ermöglichen. Dies erfordert, dass für jede Verbindung ein besonderes Exemplar des COM-Prozesses gestartet wird. Damit entsteht eine Reihe neuer Aufgaben, für die ein neuer Prozess erforderlich wird. Dieser Manager-Prozess übernimmt das Starten und Stoppen der Exemplare des COM-Prozesses und das Adressieren der PDUs von den Instanzen der Endsysteme zu den Prozess-Exemplaren sowie auch in umgekehrter Richtung.

Der Aufbau der N-Instanz des Transitsystems ist in dem SDL-Diagramm Block N_Instanz_T im Abschnitt 3.11.6 festgelegt. Tabelle 3.27 fasst die Channel der N_Instanz_T zur Umgebung zusammen. Über den Channel DL_SAP_T nimmt die Instanz die Teildienste dl_t_data und dl_t_p_abort des unterlagerten DL-Dienstes in Anspruch.

Tabelle 3.27. Signalaustausch mit Umgebung

Channel	Eingang / Ausgang	Signalart
DL_SAP_T	bidirectional	DL-Dienst-Signale
N_TI_T	bidirectional	Zeitsignale
E_ADDR	unidirectional	Secondary-Adressen
E_TRANS	bidirectional	Einrichtsignale

Der COM-Prozess der Instanz benötigt bei seiner Arbeit die Dienste des zentralen Timers, mit dem er über den Channel N_TI_T Signale austauscht. Vor Beginn einer Kommunikation muss die N-Transitinstanz eingerichtet werden. Bei diesem Vorgang werden ihr vom Bediener die Namen der am Netz teilnehmenden PC's und die Secondary-Adressen, über die die PC's erreicht werden können, mitgeteilt. Diese Informationen gelangen über den Channel E_TRANS an die Instanz, die sie in eine Konfigurationstabelle mit dem Namen endpoint_array einträgt. Eine Liste der Secondary-Adressen benötigt aber auch die DL-Transitinstanz. Diese Liste erhält sie über die Route E_AD_N und den Channel E_ADDR von der N-Transitinstanz. Eine Vorstellung von der Konfigurationstabelle wurde bereits im Abschn. 1.3 (Bedienungsabläufe) und dort in Bild 1.3 entwickelt.

Die N-Transitinstanz soll eine verbindungsorientierte Paketvermittlung realisieren. Die Instanz leistet dies durch Austausch von PDU's mit den N-Instanzen der Endsysteme. Insgesamt besteht diese Instanz aus vier Prozessen:

1. COM-Prozess, 2. MANAGER-Prozess, 3. CODEX-Prozess und 4. Einricht-Prozess.

Mit dem Starten des Kommunikationsprogramms wird auch der Einricht-Prozess gestartet. Auf ein start-Signal des Bedienungsprozesses hin startet der EinrichtProzess den Manager-Prozess. Dessen Aufgabe besteht darin, für jede zustandekommende Verbindung einen COM-Prozess zu starten und diesen bei Beendigung der Verbindung zu stoppen.

Aufgabe des Manager-Prozesses ist die Einrichtung und Verwaltung von mehreren Exemplaren des COM-Prozesses. Für jede einzelne N-Verbindung, von denen es ja in einem Vermittlungsnetz zu einer Zeit mehrere geben kann, wird ein COM-Prozess gestartet, der das zustandsabhängige Verhalten der N-Transitinstanz beschreibt. Die Verbindungen für verschiedene Endsysteme befinden sich i. a. in verschiedenen Zuständen, weshalb es mehrere Exemplare des COM-Prozesses geben muss, wie im Abschnitt 3.11.6 zu sehen ist, insgesamt maximal 15 Exemplare für 15 Verbindungen. Der Manager-Prozess organisiert die COM-Prozesse und teilt ihnen gezielt die N-PDUs der Endsysteme zu. Die N-Instanzen der Endsysteme werden mit logischen Adressen, die Teilstrecken zu den Endsystemen aber mit physikalischen Adressen angesprochen. Es ist deswegen auch eine Aufgabe des Manager-Prozesses, eine Zuordnung zwischen logischen und physikalischen Adressen vorzunehmen. Diese Zusammenhänge mögen an Hand von Bild 3.9 verdeutlicht werden.

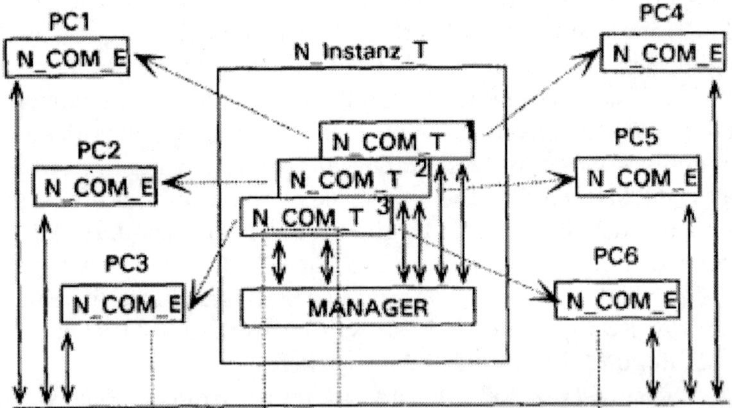

Bild 3.9. Verwaltung mehrer Verbindungen durch den Manager-Prozess

Nachdem der Manager-Prozess selbst ins Leben gerufen wurde, startet er zunächst den CODEX-Prozess, dessen Verpackungs- und Entpackungsaufgaben das Senden und Empfangen von PDU's ermöglicht.

Für das Vermittlungsprotokoll werden die nachfolgenden N_PDU`s vereinbart. Zu beachten ist, dass das Protokoll zwischen der Transitinstanz und einer Endinstanz gilt, demzufolge PDU`s niemals direkt zwischen zwei Endinstanzen ausgetauscht werden, sondern immer über die N-Instanz des Transitsystems geleitet werden. Die erforderlichen PDU's sind in Tabelle 3.28 zusammengefasst.

Tabelle 3.28. Protokoll-Daten-Einheiten der N-Instanzen

Protocol Data Unit	Bedeutung	Parameter	
		N_COM_T - MANAGER	MANAGER - N_CODEX_T
CNRQ	**C**on**N**ect**R**e**Q**uest	keine	source,destination,sec_address
CNAC	**C**on**N**ect**AC**cept	keine	source,destination,sec_address
CNRF	**C**on**N**ect**R**e**F**use	grund	grund,sec_address
DTR	**D**ata**TR**ansfer	n_sdu	n_sdu,sec_address
DCRQ	**D**is**C**onnect**R**e**Q**uest	keine	sec_address
DCAC	**D**is**C**onnect**AC**cept	keine	sec_address
DCRF	**D**is**C**onnect**R**e**F**use	grund	sec_address
CLR	**CL**ea**R**	grund	grund,sec_address

Dabei gibt es PDU's, die zwischen COM-Prozess und MANAGER-Prozess ausgetauscht werden, und nahezu gleiche PDU's, die zwischen MANAGER-Prozess und CODEX-Prozess fließen. Die PDU's unterscheiden sich lediglich hinsichtlich ihrer Adress-Parameter.

Zwischen Manager und den COM-Exemplaren treten keine Adressen mehr auf, weil ja das einzelne Exemplar des COM-Prozesses für das Verbindungsmanagement zweier ganz bestimmter Endsysteme eingerichtet wurde und somit eine Adressübertragung entfallen kann. Jede PDU wird in Abhängigkeit von der Adresse gezielt auf die zugehörige Route N_PDU_A oder N_PDU_B zum betreffenden COM-Exemplar geroutet.

Im Folgenden sollen die PDU's im einzelnen erläutert werden.

1. *CNRQ (ConNnectReQuest)*
   Diese PDU übermittelt einen Verbindungswunsch zwischen N-Partnerinstanzen. Die Parameter *source* und *destination* bestehen jeweils aus maximal 10 alphanumerischen ASCII-Zeichen und repräsentieren logische Adressen der Endsysteme.

2. *CNAC (CoNnectACcept)*
   Mit dieser PDU teilt eine Instanz mit, dass sie eine Verbindung angenommen hat. Wenn eine Endinstanz diese PDU erhalten hat, geht sie

davon aus,
dass eine Datenverbindung zur anderen Endinstanz (über die Transitinstanz) besteht.

3. *CNRF (CoNnectReFuse)*
   Mit dieser PDU lehnt eine Instanz das Herstellen einer Verbindung ab. Als Parameter wird zusätzlich der Ablehnungsgrund (max. 256 alphanumer. ASCII-Zeichen) übermittelt.

4. *DTR (DataTRansfer)*
   Diese PDU ermöglicht den normalen Datentransfer zwischen den N_SAP`s der Endinstanzen über eine Verbindung, die die N-Transitinstanz kontrolliert. (n_sdu = max. 256 alphanum. ASCII-Zeichen).

5. *DCRQ(DisConnectReQuest)*
   Diese PDU übermittelt einen Verbindungsabbauwunsch, wenn zuvor eine Verbindung aufgebaut wurde. Eine bestehende Datenverbindung kann von beiden Endinstanzen abgebaut werden, unabhängig davon, durch welche Instanz sie aufgebaut wurde. Quell- und Ziel-Parameter können entfallen (siehe hierzu die in Anpruch genommenen DL-Dienste).

6. *DCAC(DisConnectACcept)*
   Diese PDU übermittelt, als Antwort auf DCRQ, dass eine Verbindung abgebaut wurde.

7. *DCRF(DisConnectReFuse)*
   Diese PDU übermittelt, als Antwort auf DCRQ, dass eine Verbindung nicht abgebaut werden kann. Als Parameter ist der Ablehnungsgrund angegeben.

8. *CLR(CLeaR)*
   Diese PDU wird einseitig gerichtet von der Transitinstanz an eine Endinstanz geschickt. Sie wird benutzt, um im Zuge des Verbindungsaufbaus bei Fehlern in einer der beteiligten Endsysteme ein Rücksetzen im jeweils anderen Endsystem zu veranlassen. Der Fehlergrund wird als Parameter mit übertragen.

N-Instanz des Endsystems

Der Aufbau der N-Instanz des Endsystems ist in dem SDL-Diagramm *Block N_Instanz_E* im Abschnitt 3.11.6 festgelegt. Tabelle 3.29 stellt die Channel zur Umgebung zusammen.

Tabelle 3.29. Signalaustausch mit Umgebung

Channel	Eingang / Ausgang	Signalart
N_SAP	bidirectional	N-Dienst-Signale
DL_SAP_E	bidirectional	DL-Dienst-Signale
N_TI	bidirectional	Zeitsignale
E_END	bidirectional	Einrichtsignale

Über die beiden Channel DL_SAP_E nimmt die Instanz die Teildienste *dl_e_data* und *dl_e_p_abort* des unterlagerten DL-Dienstes in Anspruch. Der COM-Prozess der Instanz benötigt bei seiner Arbeit die Dienste des zentralen Timers, mit dem er über den Channel N_TI Signale austauscht. Vor Beginn einer Kommunikation muss die N-Endinstanz eingerichtet werden. Bei diesem Vorgang wird ihr vom Bediener der Name des PC's , über den der PC vom Transitsystem aus erreicht werden kann, mitgeteilt. Dies ist die logische Adresse des Endsystems. Die Information gelangt über den Channel E_END in die Instanz und wird in der Variablen *pc_name* gespeichert. Ihre Dienste stellt die N-Instanz des Endsystems der überlagerten Transportinstanz über den Channel N_SAP zur Verfügung.

Insgesamt besteht die N-Instanz des Endsystems aus drei Prozessen:
1. COM-Prozess, 2. CODEX-Prozess und 3. Einricht-Prozess.

Mit dem Starten des Kommunikationsprogramms wird auch der Einricht-Prozess gestartet. Auf ein start-Signal des Bedienungsprozesses hin startet der EinrichtProzess den COM-Prozess. Nachdem dieser ins Leben gerufen wurde, startet er den CODEX-Prozess, dessen Verpackungs- und Entpackungsaufgaben das Senden und Empfangen von PDU's ermöglicht. Die Prozesse und Routes, die Prozesse untereinander und mit den angrenzenden Channels verbinden, sind in Tabelle 3.30 zusammengefasst.

Tabelle3.30. Prozesse und Routes der N-Instanz des Endsystems

Prozess	Route	Verbindung mit
N_COM_E	N_SAP	T_Instanz
	N_PDU_E	N_CODEX_E
	STOP_N_COM_E	N_Einricht_E
	N_TI	Timer
	STOP_N_CODEX_E	N_CODEX_E
	DL_SAP1_E	DL_Instanz_E
N_CODEX_E	N_PDU_E	N_COM_E
	DL_SAP2_E	DL_Instanz_E
	STOP_N_CODEX_E	N_COM_E

N_Einricht_E	N_EN	Bedienung_Endsystem
	STOP_N_COM_E	N_COM_E

Die erforderlichen PDU's sind in Tabelle 3.31 zusammengefasst und sind bis auf die darin enthaltenen physikalischen Adressparameter identisch mit denen der Transit-N-Instanz (vgl.Tabelle 3.28). Insofern braucht ihre Bedeutung nicht noch einmal erläutert zu werden.

Tabelle 3.31. Protokoll-Daten-Einheiten der N-Instanz des Endsystems

Protocol Data Unit	**Bedeutung**	**Parameter**	
		Endinstanz zur Transitinstanz	**Transitinstanz zur Endinstanz**
CNRQ	**C**on**N**ect**R**e**Q**uest	source,destination	source,destination
CNAC	**C**on**N**ect**AC**cept	source,destination	source,destination
CNRF	**C**on**N**ect**R**e**F**use	source,destination	grund
DTR	**D**ata**TR**ansfer	n_sdu	n_sdu
DCRQ	**D**is**C**onnect**R**e**Q**uest	-	keine
DCAC	**D**is**C**onnect**AC**cept	-	keine
DCRF	**D**is**C**onnect**R**e**F**use	nicht vorhanden	keine
CLR	**CL**ea**R**	nicht vorhanden	grund

3. 7. 2. 2. Dynamische Protokoll-Spezifikation

Die dynamische Protokollspezifikation berücksichtigt hier das unterschiedliche Verhalten der beteiligten Instanzen: die N-Instanz des Endsystems und die N-Instanz des Transitsystems.

Als Ergebnis erhält man unterschiedliche SDL-Prozessdiagramme. Im Folgenden werden Konstruktionsmerkmale und Entstehung dieser Diagramme erläutert.

Dabei sind Zeitfolgediagramme als Vorstufe bei der Entwicklung der SDL-Prozessdiagramme besonders geeignet.

Zeitfolgediagramme

Das Diagramm nach Bild 3.10 zeigt den Aufbau einer Verbindung zwischen den Stationen A und B, die ihren Ausgang bei der Station A, der rufenden Station nimmt. Der Verbindungswunsch geht von der Transportinstanz A aus, die den N-Dienst mit dem Dienstsignal

n_connect.request(ziel)

in Anspruch nimmt. Der Parameter *ziel* ist dabei der Name des PCs, zu dem eine Verbindung aufgebaut werden soll. Die N_Instanz_E schickt daraufhin eine PDU

CNRQ(source,destination)

zur Transitinstanz. Dabei enthält der Parameter *source* den Namen der Station A und der Parameter *destination* den Namen der Station B, zu der eine Verbindung aufgebaut werden soll[6].

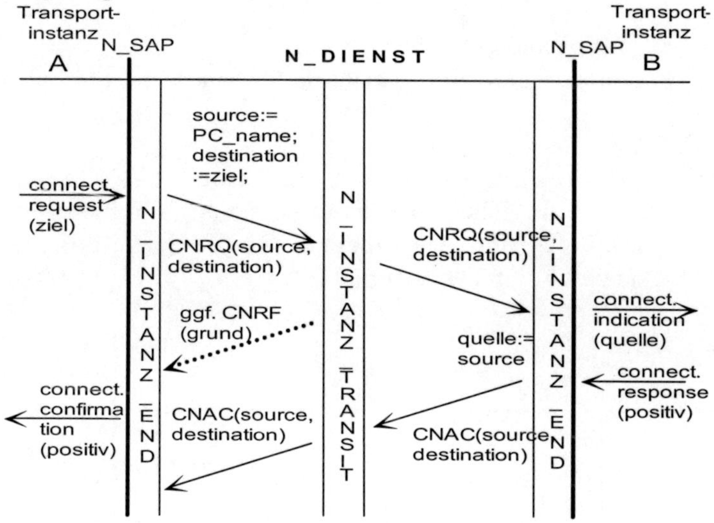

Bild 3.10. Verbindungsaufbau von Station A nach Station B

Das Dienstsignal der Transportinstanz enthält den Namen der Station A nicht; er wird von der N_Instanz_E als Parameter zugefügt. Die N-Instanz des Transitsystems N_Instanz_T wertet die ihr von der Station A zugesandte PDU mit ihren beiden Parametern aus. Sollte die Verbindung nicht möglich sein, weil die Station B z.B. mit einer weiteren Station verbunden wäre und somit ein Besetztfall vorläge, so würde dies mit einer refuse-PDU

CNRF(grund)

der Station A mitgeteilt, wobei als Parameter der Ablehnungsgrund übergeben würde (gestrichelte PDU im Zeitfolgediagramm). Es wird jedoch davon ausgegangen, dass der Verbindungswunsch erfüllt werden kann. Die Transitinstanz N_Instanz_T sendet eine PDU

CNRQ(source,destination)

zur Station B, deren N-Instanz den Verbindungswunsch der Station A der überlagerten Transportinstanz mit dem Dienstsignal

n_connect.indication(quelle)

---

6 In systemtheoretischer Hinsicht sind diese Namen logische Adressen, d.h. Adressen von N-Dienstzugangspunkten.

anzeigt. Dabei ist der Parameter *quelle* der mit dem Parameter *source* der PDU übergebene Name der Station A. Es werde nun angenommen, dass die Transportinstanz die Anzeige des Verbindungswunsches mit dem Dienstsignal

n_connect.response(positiv)

positiv beantwortet. Daraufhin schickt die N-Instanz der Station B eine accept-PDU

CNAC(source, destination)

zur N-Instanz des Transitsystems, die dann ebenfalls die N-Instanz der Station A mit einer CNAC-PDU von der Annahme des Verbindungswunsches unterrichtet. Der vollzogene Aufbau der Verbindung wird der überlagerten Transportinstanz mit dem Dienstsignal

n_connect.confirmation(positiv)

bestätigt.

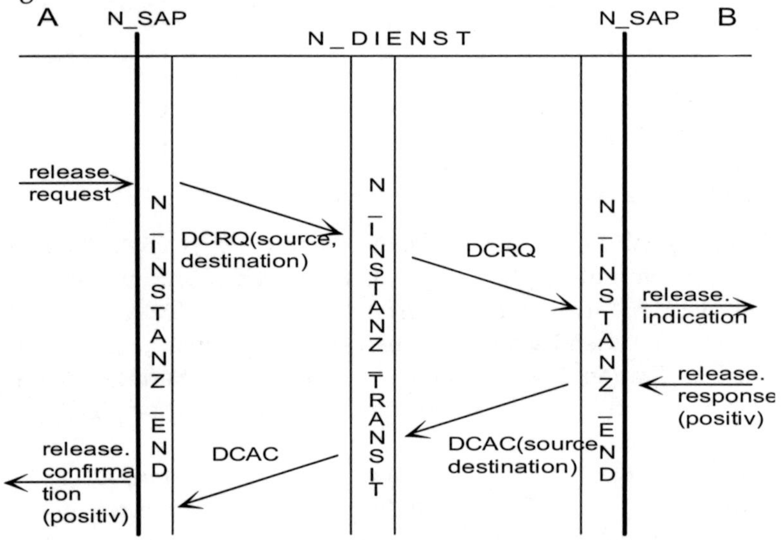

Bild 3.11. Verbindungsabbau von Station A aus

Als nächstes sei der Abbau einer bestehenden Verbindung anhand des Zeitfolgediagramms nach Bild 3.11 beschrieben. Will die Transportinstanz der Station A die Verbindung abbauen, weil eine Übertragung beendet ist, so nimmt sie mit dem Dienstsignal

release.request

den release-Teildienst in Anspruch. Die N-Instanz der Station A sendet daraufhin eine PDU

DCRQ(source,destination)

zur Transitinstanz, die diese PDU ohne Parameter der N-Instanz der Station B übermittelt. Die Adress-Parameter der zur Transitinstanz gesandten PDU werden vom Manager-Prozess der Instanz ausgewertet, der anhand einer Verbindungstabelle die Adresse der Station B ermittelt, mit der die Station A verbunden ist. Die Einträge dieser Verbindungstabelle enthalten für jede Verbindung die logischen Adressen der verbundenen Teilnehmer. Die N-Instanz der Station B zeigt nun ihrer überlagerten Transportinstanz den Verbindungsabbauwunsch der Station A mit dem Dienstsignal

release.indication

an. Es sei nun angenommen, dass dieser Wunsch auf der Station B akzeptiert wird. Dann antwortet die Transportinstanz mit dem Dienstsignal

release.response(positiv),

worauf die N-Instanz eine PDU

DCAC(source,destination)

zur N-Transitinstanz sendet, die diese ohne Parameter an die N-Instanz der Station A weiterschickt, nachdem sie deren Adresse anhand der Verbindungstabelle ermittelt und die Verbindung in ihrer Tabelle gelöscht hat. Die Transportinstanz der Station A wird dann von ihrer N-Instanz mit dem Dienstsignal

release.confirmation(positiv)

von dem vollzogenen Abbau der Verbindung informiert.

Geht der Verbindungsabbauwunsch von der Transportinstanz der Station B aus, so ergeben sich Vorgänge, wie sie in dem Zeitfolgediagramm nach Bild 3.12 dargestellt sind.

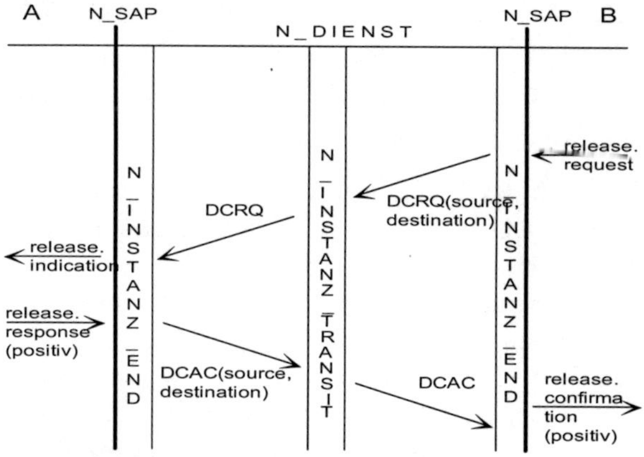

Bild 3.12. Verbindungsabbau von Station B aus

Die in den Zeitfolgediagrammen gezeigten Abläufe entstehen durch das Zusammenwirken der N-Instanzen des End- und des Transitsystems. Somit ist als nächstes die Arbeitsweise dieser beiden Instanzen zu beschreiben.

N-Instanz des Transitsystems

Im Folgenden gilt es, die vier Prozesse dieser Instanz im Einzelnen zu beschreiben. Am Anfang soll dabei der Manager-Prozess stehen, der eine besonders wichtige Rolle in Bezug auf das Adressieren spielt.

Prozess MANAGER

Das SDL-Diagramm dieses Prozesses, das 6 Seiten umfasst, findet sich im Abschnitt 3.11.6. Die Aufgabe des Prozesses besteht in der verbindungsbezogenen Verwaltung der einzelnen Exemplare des Prozesses N_COM_T, dessen SDL-Diagramm man im Abschnitt 3.11.6 findet. Grundlage dieser Verwaltung sind zwei Tabellen:

1. die Verbindungstabelle *verbindungs_array,*
2. und die Netz-Konfigurationstabelle *endpoint_array.*

Die Verbindungstabelle enthält die logischen Adressen, d.h. die PC-Namen, der miteinander verbundenen Teilnehmer und die Nummer des Exemplars des COM-Prozesses, der den Ablauf der Verbindung steuert (s. Bild 3.13).

Exemplar-Nr des Prozesses N_COM_T	Station A	Station B
1	Venus	Merkur
2	Erde	Mars
3	....	....
4	....	....

Bild 3.13. Verbindungstabelle

Dabei wird an 1. Stelle als A-Teilnehmer die Station eingetragen, von der der Verbindungswunsch ausgeht (rufende Station), und an 2. Stelle als B-Teilnehmer die Station, mit der die Station A verbunden werden möchte (gerufene Station). In der Konfigurationstabelle sind die am Netz teilnehmenden Stationen mit ihren Namen und den dazugehörigen physikalischen Adressen eingetragen. Diese Tabelle ermöglicht es dem Manager-Prozess, von einem bestimmten Exemplar des COM-Prozesses ausgehende PDU's mit einer Secondary-Adresse zu versehen, so dass sie das richtige Endsystem erreichen, und entsprechend einlaufende PDU's den Prozess-Exemplaren zuzuordnen.

Bei Einlaufen eines Verbindungswunsches in Form einer PDU

CNRQ(source,destination, sec_address)

prüft der Manager-Prozess (s. Page 1) zunächst

1. ob die mit den Parametern source und destination benannten PC's in seiner Konfigurationstabelle vorhanden sind,
2. ob die Verbindungstabelle noch weitere Eintragungen zulässt und
3. ob der Teilnehmer B besetzt ist, d.h., ob er bereits in einem der Einträge in der Verbindungstabelle steht.

Nur bei positivem Ergebnis der Prüfungen 1. und 2. so wie negativem Ergebnis von Punkt 3. wird ein weiteres Exemplar des Prozesses N_COM_T ins Leben gerufen. Im anderen Fall sendet der Manager-Prozess eine PDU

CNRF(sec_address)

an die Station, von der der Verbindungswunsch ausgeht. Dabei findet der Prozess die Secondary-Adresse in der Konfigurationstabelle bei dem PC-Namen, der mit dem Parameter source der CNRQ-PDU übergeben wurde. Charakteristisch für den Manager-Prozess ist, dass er eine Verarbeitung der Adressen übernimmt. Der Prozess ist über die Route N_PDU_T mit dem Prozess N_CODEX_T und über die beiden Routes N_PDU_A und N_PDU_B mit dem Prozess N_COM_T verbunden. Die zwischen MANAGER- und COM-Prozess fließenden PDU's enthalten keinerlei Adressinformation mehr. Dabei ist wichtig, dass der COM-Prozess über zwei Routes PDU's sendet und empfängt. Die Route N_PDU_A verbindet den COM_Prozess mit dem A-Teilnehmer, von dem ein Verbindungswunsch ausgeht, und die Route N_PDU_B mit dem B-Teilnehmer, zu dem eine Verbindung aufgebaut werden soll.

Die Pages 2 und 3 des SDL-Diagramms zeigen, wie der Manager-Prozess die ihm von dem CODEX-Prozess übergebenen PDUs auf die einzelnen Prozessexemplare verteilt. Grundlage dafür ist eine Adressierung der Exemplare mit Hilfe der Prozessnummer *prnr*, die in der 1. Spalte der Verbindungstabelle steht. Erhält der Manager-Prozess z.B. die PDU CNAC(source,destination,sec_address) so ermittelt er zunächst an Hand der Konfigurationstabelle endpoint_array zu der Secondary-Adresse sec_address die entsprechende logische Adresse, d.h. den PC-Namen. Als nächstes hat der Prozess die Nummer des zuständigen Prozess-Exemplars festzustellen. Da die PDU von dem gerufenen Teilnehmer, dem B-Teilnehmer, kommt, wird der ermittelte PC-Name in der 3. Spalte der Verbindungstabelle (s. Bild 3.13) aufgesucht und die dazugehörige Prozess-Nummer festgestellt. Die PDU wird diesem Exemplar des COM-Prozesses über die Route N_PDU_B übermittelt.

Auf den Pages 4 und 5 des SDL-Diagramms wird gezeigt, wie der Manager-Prozess zu den von einem bestimmten Exemplar des COM-Prozesses kommenden PDUs die Parameter ermittelt und diese so vervollständigten PDUs dem CODEX-Prozess übergibt. Erhält der Manager-Prozess z.B. über die Route N_PDU_B eine PDU CNRQ, so wird zunächst die Nummer des COM-Prozess-Exemplars ermittelt. Darauf stellt der Prozess an Hand der Verbindungstabelle zu dieser Nummer die logischen Adressen des A- und des B-Teilnehmers (*source, destination*) fest. Mit Hilfe der Konfigurationstabelle kann dann die zu dem B-Teilnehmer gehörige Secondary-Adresse *sec_address* ermittelt werden.

Der Manager-Prozess ist über die Route TI_MGR mit den Exemplaren des COM-Prozesses und über die Route N_TI_T mit dem Timer-Prozess verbunden. Damit übernimmt er die Verteilung der vom Timer-Prozess kommenden timeout-Signale auf die Exemplare des COM-Prozesses. Spezifiziert wird dies auf der Page 6 des SDL-Diagramms. Der Parameter T eines *timeout*-Signals enthält zwei Angaben: die Zeitauftragsnummer und die Prozessnummer. Daher zerlegt der Manager-Prozess den Parameter T in diese beiden Bestandteile und sendet das *timeout*-Signal mit der ermittelten Zeitauftragsnummer an das COM-Prozess-Exemplar mit der festgestellten Nummer. In umgekehrter Richtung werden set_time- und reset_time-Signale, die mit einer Zeitauftragsnummer von einem bestimmten Prozessexemplar kommen, bevor sie an den zentralen Timer-Prozess weitergeleitet werden, mit einem neuen Parameter versehen. Dieser besteht dann aus zwei Bestandteilen: der Zeitauftragsnummer und der Prozessnummer.

Prozess N_COM_T

Der Ablauf ist im Abschnittt 3.11.6 **Fehler! Textmarke nicht definiert.** zu sehen. Nach dem Einleiten des Kommunikationsbetriebs geht der Prozess in den Zustand 0:idle über, wartet dann auf Verbindungsanforderungen der angeschlossenen Endsysteme oder auf ein stop-Signal von dem Manager-Prozess. Der Prozess N_COM_T verlässt den Verbindungs-Zustand 0: mit dem auf der Route N_PDU_A eintreffenden Signal

CNRQ .

Er sendet dann

CNRQ

über Route N_PDU_B an den Zielteilnehmer, setzt dann den Timer T1 und

geht in den Verbindungs-Zustand 1:wait for connect über.
Den Zustand 1 verlässt der Prozess, wenn weitere Signale eintreffen. Ein *timeout(T1)*-Signal für die A-B-Verbindung führt zur Ablehnung des Verbindungswunsches mit der PDU

CNRF

über die Route N_PDU_A. Ein über die Route N_PDU_B eintreffendes Signal

CNAC

führt zur Benachrichtigung mit der PDU

CNAC

über die Route N_PDU_A, womit der Prozess den Verbindungszustand *2:connected* für die Endsysteme A und B einnimmt. Nur in diesem Zustand können das A- und das B- System ihre PDU`s übertragen. Eine über die Route N_PDU_A einlaufende PDU

DTR (n_pdu)

wird von dem Prozess sofort über die Route N_PDU_B weitergeleitet.
Der Verbindungsabbau über den Zustand 3 vollzieht sich ähnlich wie der Aufbau, soll deswegen nicht weiter erläutert werden.

Prozess N_CODEX_T

Das SDL-Diagramm dieses Prozesses findet sich im Abschnitt 3.11.6. Der Prozess hat die Aufgabe, ihm vom COM-Prozess übergebene PDUs zu einem Datenrahmen zu formatieren bzw. zu codieren und diesen als dl_t_sdu dem unterlagerten dl-data-Dienst zu übergeben. Umgekehrt soll er die vom dl_data-Dienst als dl_sdu dargebotenen Datenrahmen entformatieren bzw. decodieren, um die PDU-Information und ihre Parameter dem Prozess N_COM_T zu übergeben.

Den Rahmenaufbau einer N-PDU zeigt Bild 3.14. Dabei wird die Trennung zwischen den Feldern und die Markierung des Rahmenendes mit dem ASCII-Zeichen "+" vorgenommen. Eine Ausnahme hiervon bildet die DTR-PDU, bei der hinter der s_sdu das "+"-Zeichen fehlt. Alle Felder des Rahmens sollen vom Typ string

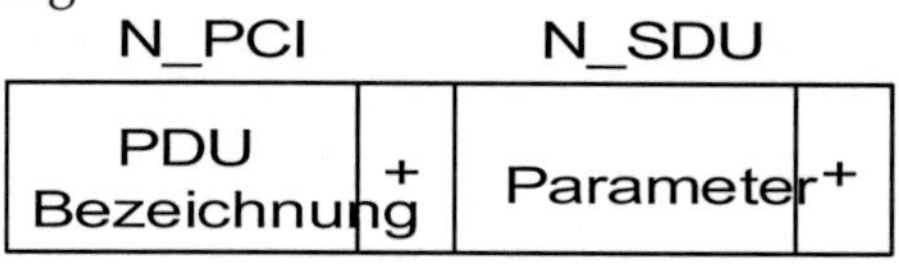

Bild 3.14. Format einer N_PDU

sein, damit sie bei der Decodierung einfach getrennt werden können. Eine

Besonderheit ist, dass die PDUs nicht nur mit ihren Parametern, sondern auch mit einer Secondary-Adresse übergeben werden. Diese Adresse berührt die "Verpackungs"- und "Entpackungs"-Aufgaben des CODEX-Prozesses nicht; sie ist lediglich für das Linkmanagement der Sicherungsschicht erforderlich.

Prozess N_Einricht_T

Das SDL-Diagramm dieses Prozesses findet sich im Abschnitt 3.11.6. Insgesamt erfüllt der Prozess folgende Aufgaben:

1. Starten des Manager-Prozesses, der dann bei Bedarf Exemplare des COM-Prozesses und den CODEX-Prozess startet,
2. Verriegelung der Vorgänge Einrichten und Kommunizieren,
3. Mitteilung an den BedienProzess auf das Signal *netz_status* hin, ob ein Netz eingerichtet ist oder nicht,
4. Ausgabe der Konfigurationstabelle (endpoint_array),
5. Entgegennahme der Tastatureingaben zur Netzkonfiguration.

Der Prozess wird nach dem Aufruf des Programms gestartet, löscht die Konfigurationstabelle und geht dann in den Zustand 0:ready. Außer auf die Signale *start* und *netz_status* reagiert er in diesem Zustand auf die ihm vom BedienProzess übergebene Tastatureingabe 2. Der Prozess gibt dann die Konfigurationstabelle und ein Menue für weitere Eingaben aus, um darauf in den Zustand 2:*wait for einricht* zu gehen. In diesem Zustand ist ein Starten des Manager-Prozesses nicht möglich. Es können lediglich Eingaben von Secondary-Adressen und PC-Namen für die Konfigurationstabelle entgegengenommen werden.

N-Instanz des Endsystems

Im Folgenden gilt es, die drei Prozesse dieser Instanz im einzelnen zu beschreiben.

Prozess N_COM_E

Das SDL-Diagramm des Prozesses findet man im Abschnitt 3.11.6. Grundzustand des Prozesses ist *0:idle*. Verbindungsanforderungen können in diesem Zustand von der überlagerten T-Instanz mit

n_connect.request(ziel)

oder von der N-Transit-Instanz mit der PDU

CNRQ (source,destination)

eingeleitet werden. Im ersten Fall wartet der Prozess dann im Zustand 1 auf die Bestätigungs-PDU CNAC. Nach ihrem Eintreffen von der N-Transit-Instanz mit dem Signal

n_connect.indication(quelle,posi)

wird der Auftrag positiv an die T-Instanz bestätigt und danach der Zustand *2:connected* angenommen. Im zweiten Fall wird eine Verbindung bei der T-Instanz angezeigt:

n_connect.indication(quelle)

und im Zustand 8 auf eine Bestätigung der T-Instanz (letztendlich der A-Instanz) gewartet. Hier braucht kein Timer gesetzt zu werden, da die Bestätigung aus dem eigenen Endsystem erwartet wird. Erscheint das Signal

n_connect.response(posi)

so schickt die Instanz an die N-Transitinstanz ihre CNAC-PDU und geht in den Zustand 2 über. Nur im Zustand 2 ist der Transfer von DTR-PDU`s zur entfernten N-Endinstanz möglich. Der Empfang einer CLR-PDU führt in allen Zuständen (außer im Zustand 0) zum Abbruch der Verbindung. Dieser Abbbruch wird der T-Instanz sofort mitgeteilt und die N-Instanz geht in den Grundzustand 0 zurück.

Prozess N_CODEX_E

Das SDL-Diagramm dieses Prozesses findet man im Abschnitt 3.11.6. Der Prozess stimmt weitgehend mit dem Prozess N_CODEX_T überein. Ein Unterschied liegt darin, dass keine Secondary-Adressen übergeben werden. Auf eine weitergehende Beschreibung kann daher verzichtet werden.

Prozess N_Einricht_E

Das SDL-Diagramm dieses Prozesses findet man im Abschnitt 3.11.6. Der Prozess erfüllt folgende Aufgaben:

1. Starten des COM-Prozesses, der dann bei Bedarf den CODEX-Prozess startet,
2. Verriegelung der Vorgänge Einrichten und Kommunizieren,
3. Ausgabe des PC-Namens an den BedienProzess auf das Signal *status* hin,
4. Entgegennahme des PC-Namens über die Tastatur.

Der Prozess wird beim Programmaufruf gestartet. Er setzt dann den Default-Wert für den PC-Namen und geht in den Grundzustand 0:busy. Nach einem start-Signal vom BedienProzess startet er den COM-Prozess und geht in den Zustand 0_0:wait for stop, in dem eine Einrichtung nicht möglich ist. Im Zustand 0 reagiert er auf die Tastatureingabe 93 und geht nach Ausgabe des PC-Namens in den Zustand 1:wait for text. In diesem Zustand kann er einen neuen PC-Namen entgegennehmen.

3. 8. Sicherungs-Dienst

Die Sicherungsinstanzen der Endsysteme und des Transitsystems erbringen für die Benutzer, die N-Instanzen der Endsysteme und des Transitsystems, den data- und den abort-Dienst. Bezüglich des data-Dienstes stützen sie sich dabei auf den Bitübertragungsdienst ab. Die SDL-Spezifikation des Sicherungsdienstes findet sich in Abschnitt 3.11.7 und hat einen Umfang von 17 Seiten.

Mit dem DATA-Dienst können Datenblöcke bis zu einer Maximallänge von 256 ASCII-Zeichen gesichert zwischen dem Endsystem und dem Transitsystem übertragen werden. Die Sicherungsinstanzen benutzen den Bitübertragungsdienst, der das ungesicherte Übertragen von Bytes erlaubt (mit Hilfe des UART-Bausteins). Alle von den Sicherungsinstanzen zu sendenden ASCII-Zeichen müssen dazu als Byte codiert werden, bzw. alle empfangenen Bytes in ASCII-Zeichen decodiert werden.

3. 8. 1. Dienst-Spezifikation

Zunächst wird eine Dienst-Spezifikation durchgeführt, die festlegt, welche Teildienste angeboten werden und welche Dienste der unterlagerten PH-Schicht dabei in Anspruch genommen werden. Das entsprechende SDL-Diagramm Block DL_Dienst findet sich im Abschnitt 3.11.7. Die Prozesse der DL-Instanzen sind unterschiedlich in den Endsystemen und im Transitsystem und haben unterschiedliche Ein- und Ausgabeschnittstellen. Die Schnittstelle DL_TI stellt die Verbindung zum allgemeinen Zeitgeber-Prozess Timer her.

3. 8. 2. Protokoll-Spezifikation

Diese Spezifikation wird wie bisher in zwei Schritten durchgeführt. Nach der statischen Protokoll-Spezifikation, die den Aufbau einer Instanz festlegt, erfolgt die dynamische Spezifikation, bei der die Abläufe einer Instanz beschrieben werden. Da bei der Spezifikation des Protokolls der Sicherungsschicht zwei verschiedene Instanzen, die Endinstanz und die Transitinstanz, beteiligt sind, erfolgt die statische und die dynamische Spezifikation in zwei Schritten, in denen zunächst die Prozesse der Transitinstanz und dann die der Endinstanz beschrieben werden.

3. 8. 2. 1. Statische Protokoll-Spezifikation

Diese Spezifikation legt den Aufbau der beteiligten Instanzen aus Prozessen und das Zusammenwirken der Prozesse untereinander fest.

DL-Instanz des Transitsystems

Der Aufbau der DL-Instanz des Transitsystems ist in dem SDL-Diagramm Block DL_Instanz_T im Abschnitt 3.11.7 festgelegt. Folgende Channel verbinden die Instanz mit ihrer Umgebung (s. Tabelle 3.32):

Tabelle 3.32. Signalaustausch mit Umgebung

Channel	Eingang / Ausgang	Signalart
DL_SAP_T	bidirektional	DL-Dienstsignale
PH_SAP_T	bidirektional	PH-Dienst-Signale
DL_TI_T	bidirektional	Zeitsignale
E_ADDR	unidirektional	Secondary-Adressen
E_TRANS	bidirektional	Einrichtsignale

Über den Channel PH_SAP_T nimmt die Instanz den Bitübertragungsdienst in Anspruch und bietet über den Channel DL_SAP_T ihren DL-Dienst an. Der Signalaustausch mit dem zentralen Timer erfolgt über den Channel DL_TI_T. Die DL-Transit-Instanz benötigt für ihre Arbeit eine Tabelle der Secondary-Adressen der am Netz teilnehmenden Endsysteme. Diese Adressen fließen ihr über den Channel E_ADDR von der überlagerten N-Transit-Instanz zu, die sie beim Einrichten des Netzes mitgeteilt bekommt.

Die Adressen werden mit den dazugehörigen PC-Namen in einer Konfigurationstabelle gespeichert, für die ein *endpoint_array[1..15]* vereinbart wird.

Über den Channel E_TRANS fließt der Instanz ein start-Signal zu, um das Starten des COM-Prozesses zu veranlassen, sowie im Falle des Programmabbruchs ein stop-Signal zu, um die Prozesse der Instanz zu stoppen.

Die Prozesse und Routes, die die Prozesse untereinander und mit den angrenzenden Channels verbinden, sind in Tabelle 3.33 zusammengefasst.

Tabelle 3.33. Prozesse und Routes der DL-Instanz des Transitsystems

Prozess	Route	Verbindung mit
DL_COM_T	DL_SAP_T	DL_SAP_T
	DL_PDU_T	DL_CODEX_T
	DL_TI_T	DL_TI_T
	STOP_DL_COM_T	DL_Einricht_T

	STOP_DL_CODEX_T	DL_CODEX_T
DL_CODEX_T	DL_PDU_T	DL_COM_T
	STOP_DL_CODEX_T	DL_COM_T
	PH_SAP_T	PH_SAP_T
DL_Einricht_T	STOP_DL_COM_T	DL_COM_T
	DL_TRAN	E_TRANS
	E_AD_DL	E_ADDR

Für das Sicherungsprotokoll werden die nachfolgenden DL_PDU`s vereinbart. Zu beachten ist, dass das Protokoll zwischen der Transitinstanz und einer Endinstanz gilt. Die erforderlichen PDU's sind in Tabelle 3.34 zusammengefasst.

Es wird ein einfaches Send and Wait Protokoll eingesetzt. Die Fehlersicherung geschieht nach dem LRC-Verfahren. Als Link-Kontrolle findet der einfache Poll- and Select-Mechanismus Anwendung. Die Konstruktionsmerkmale dieser Protokolle wurden ausführlich in Band I behandelt.

Tabelle 3.34. Protokoll-Daten-Einheiten der DL-Instanzen

Protocol Data Unit	Bedeutung	Richtung	Parameter
SELECT	SELECTierung einer Secondary	Primary an Secondary	sec_address
POLL	Erteilung der Sendeerlaubnis		sec_address
STX	STart of teXt : Text-Übertragung	beide Richtungen	dl_t_sdu, sec_address,frame_no
EOT	End Of Transmission		sec_address
ACK	ACKnowledge		sec_address

Nachfolgend werden die zwischen Transit- und Endinstanz ausgetauschten PDU's beschrieben.

1. *POLL(sec_address)*
   Mit dieser PDU erteilt die Primary der Secondary Sendeerlaubnis (Pollen)
2. *SELECT(sec_address)*
   Mit dieser PDU fragt die Primary bei einer Secondary an, ob diese bereit ist, einen Textrahmen zu empfangen.
3. *EOT(sec_address)*
   wird von Primary und Secondary gesendet, um mitzuteilen, dass nichts mehr zu senden ist.
4. *ACK(sec_address)*
   zur positiven Quittung einer Anfrage oder eines korrekt übertragenen

Textrahmens

5. *STX(sec_address,dl_sdu,frame_no)*
zur Übertragung eines Textrahmens (Start of Text). FRAME_NO ist ein Rahmen-Wiederholzähler(modulo 8). Er wird erhöht, wenn Textrahmen wiederholt zu übertragen sind.

DL-Instanz des Endsystems
Der Aufbau der DL-Instanz des Endsystems ist in dem SDL-Diagramm Block DL_Instanz_E im Abschnitt 3.11.7 festgelegt. Der Aufbau ist weitgehend identisch mit dem der DL-Instanz des Transitsystems. Die Unterschiede beziehen sich auf folgende Punkte:

1. Die Route E_AD_DL beim Transitsystem, die eine Verbindung zum EinrichtProzess der Netzwerkinstanz herstellt, hat hier keine Entsprechung.
2. Unter den PDU-Parametern gibt es keine Secondary-Adressen.

3. 8. 2. 2. Dynamische Protokoll-Spezifikation
Primary und Secondary sollen möglichst einfach gestaltet werden. Aus diesem Grund soll auf Warteschlangen, die eine Reihe von Sendeblöcken der N-Instanzen zwischenspeichern, verzichtet werden. Deswegen sendet eine gepollte Secondary immer nur maximal einen Textblock und gibt dann die Kontrolle an die Primary zurück.

DL-Instanz des Transitsystems
Bei der dynamischen Protokollspezifikation gilt es, die drei Prozesse der Instanz

DL_COM_T,

DL_CODEX_T,

DL_Einricht_T

in ihrem Ablauf zu beschreiben.

Prozess DL_COM_T
Das SDL-Diagramm dieses Prozesses findet man im Abschnitt 3.11.7.

Um einen Überblick zu gewinnen, sind in Tabelle 3.35 die Zustände und Timer des Prozesses DL_COM_T zusammengefasst. Der Prozess ist im wesentlichen verantwortlich für die Abläufe des POLL/SELECT-Verfahrens.

Tabelle 3.35. Zustände und Timer des Prozesses DL_COM_T

Zustand	Bedeutung	Timer
1: idle	Grundzustand	T1
2: wait for ACK	warten auf ACK nach SELECT	T2
3: wait for Block ACK	warten auf ACK, nachdem Block gesendet.	T3
8: wait for Block	warten auf Block nach POLL	T8

Vorgänge beim Pollen:

Nach dem Start des Transitsystems wird ein Timer T1 gesetzt und die Instanz geht in den Grundzustand 1:idle. Sofern kein Sende-Auftrag der N-Instanz vorliegt, wird mit Auslaufen der Zeit T1 die nächste Secondary gepollt. Im darauffolgenden Zustand 8 können drei Ereignisse eintreten:

1. Die gepollte Secondary antwortet nicht innerhalb der Zeit T8, ein Indiz für die Primary, die Strecke zur betreffenden Secondary als gestört anzusehen und demzufolge mit dem Dienstsignal p_abort der N-Instanz anzuzeigen.
2. Die gepollte Secondary antwortet sofort mit EOT, d.h. sie ist betriebsbereit, hat keinen zu übertragenden Textrahmen.

In diesen beiden Fällen wird die Poll-Adresse erhöht und erneut der Timer T1 gestartet, nach dessen Ablauf im Zustand 1 die nächste Secondary gepollt wird usw.

3. Die gepollte Secondary antwortet mit STX, also sendet einen Textrahmen. Hier wird geprüft, ob er die richtige Sendefolgenummer beinhaltet[7]. Er wird dann mit dem Dienstsignal

   dl_t_data.indication(sec_adress,dl_sdu)

an die Netzwerkinstanz abgeliefert und mit der PDU ACK bestätigt. Die Instanz verbleibt im Zustand 8 und wartet auf weitere Rahmen. Entweder sind das ein EOT oder der von der Secondary wiederholt gesendete Textrahmen, falls die Secondary das ACK nicht empfangen hat.

Vorgänge beim Select:

Die Primary bekommt ihre Sendeaufträge von der N-Transitinstanz mit dem Dienstsignal

---

7 Die Prüfung, ob der Rahmen frei von Bitfehlern ist, findet im CODEX-Prozess statt.

dl_t_data.request(sec_address,dl_sdu)

Dieser Auftrag führt zum gezielten Selektieren einer Secondary, bei der die Primary mit der SELECT-PDU Empfangsbereitschaft anfragt. Bestätigt die Secondary mit ACK, so wird der Textrahmen gesendet und ein Timer T3 gesetzt. Wird der gesendete Textrahmen nicht innerhalb T3 von der Secondary bestätigt, so wiederholt die Primary den Textrahmen. Dieser Vorgang soll sich maximal 4 mal wiederholen, bevor das p_abort-Signal an die N-Instanz gegeben wird. Trifft die Bestätigung ACK ein, sendet die Primary ein EOT und geht in ihren Grundzustand zurück.

Prozess DL_CODEX_T

Die SDL-Spezifikation dieses Prozesses findet sich auf drei Seiten. Der Prozess ist über eine Route PH_SAP_T mit dem SAP des Bitübertragungsdienst und über die Route DL_PDU_T mit dem COM-Prozess der Instanz verbunden. Die DL-Instanz des Transitsystems ist durch die Inanspruchnahme des data-Dienstes der Bitübertragungsschicht ohne Verbindungsaufbau ständig mit der DL-Instanz des Endsystems verbunden, weil die PH-Instanzen immer im Zustande der Verbindung sind.

Die virtuell horizontal von dem Prozess DL_COM_T an den Partner-Prozess DL_COM_E gesandten PDU's werden tatsächlich dem Prozess DL_CODEX_T übergeben, der sie zu einem Daten-Rahmen formatiert bzw. codiert, in einzelne Dienstdateneinheiten zerlegt und diese als ph_sdu's dem ph_data-Dienst übergibt. Umgekehrt werden vom unterlagerten ph_data-Dienst dargebotene ph_sdu's zu einem vollständigen Datenrahmen akkumuliert und vom Prozess DL_CODEX_T entformatiert bzw. decodiert, um die PDU-Information und ihre Parameter dem Prozess DL_COM_T zu übergeben.

Die Standardaufgabe eines CODEX-Prozesses besteht in der Verpackung einer vom COM-Prozess kommenden PDU durch Rahmenbildung und Weitergabe an die unterlagerte Instanz sowie in dem Auspacken eines von der unterlagerten Instanz kommenden Rahmens und dessen Weitergabe an den COM-Prozess. Zusätzlich leistet der CODEX-Prozess der Sicherungsschicht noch

1. die Akkumulation der ph_sdu's zu einem vollständigen Rahmen in dem array receive_buffer und in Gegenrichtung die Zerlegung eines Rahmens in eine Folge von ph_sdu's sowie
2. die Berechnung des LRC-Prüfbytes beim Absenden einer PDU und die Durchführung des LRC-Checks beim Empfang einer PDU.

Dabei bedeutet die für Übertragung notwendige Rahmenbildung

1. die Festlegung einer Reihenfolge der Bestandteile der PDU,
2. die Festlegung der Grenze zwischen den Bestandteilen und
3. die Festlegung von Beginn und Ende des Rahmens.

Bei den fünf PDU's, die zur Abwicklung des Protokolls zwischen den DL-Instanzen, benötigt werden, lassen sich die Meldungs-PDU's POLL, SELECT, EOT, ACK und die Informations-PDU STX unterscheiden. Die Tabelle 3.36 zeigt den Rahmenaufbau bei der Codierung der PDU's.

Alle PDU`s beginnen mit einem **S**tart **O**f **H**eader-Zeichen SOH, an dem der Empfänger den Rahmenstart erkennen kann (Funktion der Rahmensynchronisierung). Ihm folgt die (physikalische) Link-Adresse zur Adressierung einer Secondary sowohl als Quelle als auch als Ziel. Die PDU-Art wird mit dem dritten Zeichen codiert. Schließlich folgt ein **E**nd of **T**e**X**t-Zeichen ETX, was das Ende des Rahmens markiert. Informations-PDU`s sind naturgemäß etwas anders aufgebaut, da sie ja eine Information variabler Länge und Zusatzinformation zur Fehlersicherung befördern müssen.

Tabelle 3.36. Rahmenbildung bei der Codierung der PDU's

PDU		AUFBAU des RAHMENS						
			Adressfeld					
POLL		SOH	sec_address	ENQ	ETX			
SELECT		SOH	sec_address	DC1	ETX			
EOT		SOH	sec_address	EOT	ETX			
ACK		SOH	sec_address	ACK	ETX			
STX		SOH	sec_address	STX	frame_no	Information	ETX	LRC

Die DL-Instanz benutzt den unterlagerten PH-Dienst, dessen Dienstangebot nur in dem unbestätigten Teildienst data besteht und der mit dem Diensignal

ph_data.request(ph_sdu)

zur Übertragung der PDU-Rahmen in Anspruch genommen wird. Die Dienstdateneinheit ph_sdu ist hierbei ein Byte. Ein DL-PDU-Rahmen besteht mindestens aus vier Bytes. Der Prozess DL-CODEX muss den PH-Dienst also mehrfach anfordern, um eine komplette PDU zu übertragen. In Empfangsrichtung zeigt der PH-Dienst mehrfach eine ph_sdu als Byte an, bevor der DL-CODEX eine komplette PDU erkennt.

Die Rahmensteuerzeichen und die Zeichen der DL-PDU`S sind gemäß der ASCII-Tabelle codiert. Eine Zusammenstellung zeigt Tabelle 3.37.

Tabelle 3.37. Rahmenzeichen und Codierung gemäß ASCII-Tabelle

Zeichen	ASCII-hexadezimal	ASCII-dezimal
SOH	#01	1

STX	#02	2
ETX	#03	3
EOT	#04	4
ENQ	#05	5
ACK	#06	6
DC1	#11	17

Der Informations-Rahmen der STX-PDU hat einen anderen Aufbau als die Rahmen der Meldungs-PDU's. Es treten zusätzlich die Bytes frame_no und LRC auf. frame_no ist ein Rahmen-Wiederholzähler(modulo 8). Er wird erhöht, wenn Textrahmen wiederholt zu übertragen sind. Der Textrahmen kann bis zu 256 Bytes aufnehmen (zwischen frame_no und ETX). Das LRC-Prüfbyte wird über alle Bytes innerhalb des Bereiches STX...ETX gebildet. Das Prüfbyte ergibt sich aus der EXKLUSIV-ODER-Funktion aller Textbytes(ungerade Parität). Sollte zufällig LRC = SOH sein, so wird LRC = ASCII- 21 (Hex) gesetzt, damit nicht fälschlicherweise ein Rahmenstart vorgetäuscht wird.

Die Meldungsrahmen werden nicht gesichert. Dies ist auch nicht notwendig, da sie konstante Rahmenlänge, konstantes Format sowie eine begrenzte Syntax haben. Ferner lässt das Protokoll in bestimmten Instanzenzuständen nur bestimmte Meldungen zu. Eine Fehlinterpretation des Empfängers ist daher sehr unwahrscheinlich.

Im Folgenden wird auf einige Einzelheiten des SDL-Diagramms eingegangen. Man kann einen Empfangs- und einen Sendeteil unterscheiden. Der Empfangsteil findet sich auf Page 1 des Diagramms. Einzelne Bytes, die dem Prozess mit dem Signal

ph_t_data.indication(ph_t_sdu)

übergeben werden, akkumuliert er in seinem *receive_buffer* zu einem vollständigen Rahmen, der dann der Prozedur *frame_receive* übergeben wird. Das SDL-Diagramm dieser Prozedur findet sich im Abschnitt 3.11.7. Der Rahmen wird hier "entpackt". Es werden die dem COM-Prozess zu übergebenden PDUs dem Rahmen entnommen. Im Falle einer STX-PDU wird ebenfalls der LRC-Check vorgenommen.

Im Sendeteil des Prozesses auf Page 2 und Page 3 "verpackt" der Prozess die ihm vom COM-Prozess übergebenen PDUs zu vollständigen Rahmen, die er byteweise der Bitübertragungsinstanz übergibt. Bei der STX-PDU (page 3) hat er dabei zusätzlich die Aufgabe, das LRC-Byte zu bilden.

Prozess DL_Einricht_T

Dieser Prozess, dessen SDL-Diagramm sich im Abschnitt 3.11.7 findet, wird beim Starten des Programms ins Leben gerufen. Insgesamt hat der Prozess folgende Aufgaben zu erfüllen:

1. Setzen der default-Parameter,
2. Aktualisieren der Tabelle der Secondary-Adressen,
3. Starten und Stoppen des COM-Prozesses,
4. Verriegelung der Vorgänge Einrichten und Kommunizieren.

Dem Prozess fließen über den Channel E_TRANS und die Route DL_TRAN vom BedienungsProzess die Signale start und stop und von der N-Instanz über den Channel E_ADDR und die Route E_AD_DL das Signal *list(act_sec)* zu. Der Prozess kann dem Prozess DL_COM_T über die Route STOP_DL_COM_T ein stop-Signal senden. Der Prozessablauf ist im Abschnitt 3.11.7 zu sehen.

Nach dem Starten setzt der Prozess den Default-Parameter Wiederholungszähler für das wiederholte Übertragen eines Text-Rahmens auf max_dl_retry_count := 4 und geht in den Zustand 0:ready. Von hier aus kann er gestoppt werden, seine Tabelle der Secondary-Adressen aktualisieren und den Prozess DL_COM T starten, worauf er in den Zustand 1:*wait for stop* geht. In diesem Zustand kann er den COM-Prozess wieder stoppen.

DL-Instanz des Endsystems

Bei der dynamischen Protokoll-Spezifikation gilt es, die drei Prozesse dieser Instanz

DL_COM_E,
DL_CODEX_E,
DL_Einricht_E

in ihrem Ablauf zu beschreiben. Überwiegend gilt hier auch das für die entsprechenden Prozesse der Transitinstanz ausgeführte.

Prozess DL_COM_E

Das SDL-Diagramm dieses Prozesses findet man auf zwei Seiten im Abschnitt 3.11.7. Um einen Überblick zu gewinnen, sind in Tabelle 3.39 die Zustände und Timer des Prozesses DL_COM_E zusammengefasst.

Tabelle 3.39. Zustände und Timer des Prozesses DL_COM_E

Zustand	Bedeutung	Timer
1: idle	Grundzustand	T1
2: wait for POLL	warten auf POLL nach dl_data.request	T2
3: wait for Block ACK	warten auf ACK, nachdem Block gesendet.	T3
8: wait for Block	warten auf Block nach SELECT	T8

Nach dem Programmstart wird der Timer T1 gesetzt. Wird die Secondary nun im Zustand 1 nicht innerhalb der Zeit T1 gepollt, so wertet sie das als Streckenunterbrechung zur Primary, meldet dann ein p_abort an die N-Instanz.

Den Zustand 1 verlässt die Secondary, wenn sie Datenblöcke senden soll (dl_data.request) oder wenn sie von der Primary selektiert wird. Zu beachten ist, das das Senden nicht sofort beginnen darf (siehe Zustand 2), sondern erst nachdem die Secondary mit ENQ gepollt wird.

Das eigentliche Senden und Empfangen von Textrahmen verläuft wie bei der Primary, braucht hier also nicht nochmals erläutert zu werden.

Prozess DL_CODEX_E

Die SDL-Spezifikation dieses Prozesses findet sich auf drei Seiten im Abschnitt 3.11.7. Sie ist weitgehend identisch mit der Spezifikation des Prozesses DL_CODEX_T, auf die hier verwiesen werden soll.

Prozess DL_Einricht_E

Dieser Prozess, dessen SDL-Diagramm sich auf zwei Seiten im Abschnitt 3.11.7 findet, wird beim Starten des Programms ins Leben gerufen. Insgesamt hat der Prozess folgende Aufgaben zu erfüllen:

1. Setzen der default-Parameter,
2. Einrichten der Kommunikationsparameter,
3. Starten und Stoppen des COM-Prozesses,
4. Verriegelung der Vorgänge Einrichten und Kommunizieren.

In dem Punkt 2 unterscheidet sich der Prozess von dem entsprechenden Prozess der Transitinstanz, dem die physikalischen Adressen von der Netzwerkinstanz übergeben wurden. Im Zustand 0 reagiert der Prozess auf die Eingabe einer 97 auf der Tastatur. Diese Eingabe wird ihm von dem BedienProzess zugeführt, worauf er in den Zustand 92 geht. In diesem Zustand nimmt er die physikalische Adresse und die maximale Anzahl der Wiederholungen entgegen.

3. 9. Bitübertragungs-Dienst

Die Spezifikation dieses Dienstes soll in gleicher Weise durchgeführt werden, wie dies bei den oberen Diensten geschehen ist, obwohl er so einfach ist, dass der Spezifikationsaufwand übertrieben erscheint. Es kann aber durchaus lehrreich sein, auf diese fast trivialen Verhältnisse die bisherige Terminologie anzuwenden. Die SDL-Diagramme der Spezifikation finden sich im Abschnitt 3.11.8.

3. 9. 1. Dienst-Spezifikation

Das SDL-Diagramm Block PH_Dienst im Abschnitt 3.11.8 zeigt die Spezifikation dieses Dienstes. Der Block enthält die Instanzen der Endsysteme und des Transitsystems, die an ihren Dienstzugangspunkten den PH-Dienst erbringen und sich dabei auf das Übertragungsmedium abstützen. Die PH-Instanzen der Bitübertragungsschicht sind in ihrem Aufbau identisch; ihre Einricht-Prozesse werden beim Transitsystem von einem anderen Channel versorgt als bei den Endsystemen.

Der Bitübertragungsdienst besteht aus den Bitübertragungsinstanzen und dem unterlagerten Medium. Dabei haben die Bitübertragungsinstanzen u. a. die Aufgabe, die Kommunikationssignale in physikalisch-elektrische Signale des Mediums umzuformen und dieses so verfügbar zu machen. Der Bitübertragungsdienst stellt an den Dienstzugangspunkten nur eine unbestätigten data-Dienst zur Verfügung; daher treten an den PH_SAP-Channel's nur data-Signale mit den Dienstprimitiven request und indication auf. Es fehlen Dienste zum Verbindungsauf- und abbau. Dabei wird davon ausgegangen, dass eine Verbindung bereits besteht; sollte dies nicht der Fall sein, tritt eine entsprechen Reaktion der DL-Instanz auf.

3. 9. 2. Protokoll-Spezifikation

Diese Spezifikation wird wieder auf zwei Ebenen durchgeführt: die Festlegung des Aufbaus der Instanz aus Prozessen und darauf aufbauend die Funktionsweise der Prozesse.

3. 9. 2. 1. Statische Protokoll-Spezifikation

Das SDL-Diagramm Block PH_Instanz_E im Abschnitt 3.11.8 zeigt, wie sich die PH-Instanz eines Endsystems aus den Prozessen PH_COM_E, PH_CODEX_E und PH_Einricht_E zusammensetzt. Wichtig ist, dass ein UART-Baustein als Realisierungsgrundlage für die PH-Instanz verwendet werden soll. Dieser Baustein verarbeitet den zu übertragenen Bitstrom in Blöcken zu je 8 Bit. Damit ergibt sich ein Spezifikum des Bitübertragungsdienstes: Die Blocklänge der ph-sdu's, die mit Hilfe des data-Dienstes befördert werden können, ist auf 8 Bit beschränkt. Dieser Situation hat die überlagerte DL-Instanz Rechnung getragen, indem der DL-Codex nach der Bildung des DL-PDU-Rahmens diesen in Blöcke zu je 8 Bit zerlegt, um sie mit dem Signal *ph_data.request* als ph-sdu dem Bitübertragungsdienst zur Übertragung zu übergeben.

Bei bestehender Verbindung kommuniziert die PH-Instanz mit Hilfe von PDU's mit ihrer Partner-Instanz. Dabei wird die PDU dem CODEX übergeben, der die Verpackung der PDU in Form einer Rahmen-Bildung und eine Zerlegung in Teilblöcke zur Anpassung an die unterlagerte Schicht übernimmt. Erforderlich ist hier nur eine Übertragungs-PDU: *ZEICHEN(ph_sdu)*, wobei die ph-sdu ein Byte der zu übertragenden DL-PDU ist. Der PH_CODEX verpackt die PH-PDU, indem er einen PDU-Rahmen bildet. Bei der asynchronen Übertragung besteht dieser aus einzelnen bits, nämlich Startbit, Datenbits, ggfs. Parität und Stopbit. Die bits werden in geeigneter Signaldarstellung dem Medium übergeben. Während die Prozesse PH_COM und PH_Einricht vollständig durch Software zu realisieren sind, übernimmt der UART-Baustein alle Aufgaben des CODEX.

3. 9. 2. 2. dynamische Protokoll-Spezifikation

Bei dieser Spezifikation gilt es die Arbeitsweise der einzelnen Prozesse der Instanz festzulegen. Da die PH-Instanzen in dem Endsystem und im Transitsystem vollständig gleich sind, genügt es, die Spezifikation am Beispiel der Endsysteminstanz zu erläutern.

PH_COM_E und PH_COM_T

In dem SDL-Diagramm des Prozesses PH_COM_E im Abschnitt 3.11.8 gibt es nur einen Zustand, in dem zwei mögliche Eingangssignale auftreten können: das Dienst-Signal *ph_data.request(ph_sdu)*, mit dem die überlagerte DL-Instanz den data-Dienst des PH-Dienstes anfordert und die PH-PDU *Zeichen(ph_sdu)*, mit der die Partner-Instanz eine ph_sdu übermittelt. Auf eine einlaufende Dienstanforderung *ph_data.request(ph_sdu)* hin schickt der Prozess eine *ZEICHEN(ph_sdu)* an seine Partner_Instanz, in dem er sie seinem CODEX übergibt. Einer einlaufenden *ZEICHEN(ph_sdu)* der Partner_Instanz wird die ph_sdu entnommen und mit *ph_data.indication(ph_sdu)* der überlagerten DL-Instanz übergeben.

PH_CODEX und PH_CODEX_T:

Die Aufgaben des CODEX sind

1. Codierung einer vom COM-Prozess übergebenen PDU: Bildung des PDU-Rahmens mit Ergänzung durch Steuerinformation,
2. Decodierung eines PDU-Rahmens der Partner-Instanz und Übergabe der Einzelinformationen an den COM-Prozess.

Diese Aufgaben werden vollständig vom UART-Baustein übernommen, weshalb auf eine SDL-Spezifikation verzichtet wird. Ein vom COM-Prozess übergebenes Byte wird zu einem Rahmen verarbeitet, indem Steuerinformation in Form eines Start- und eines Stop-Bit hinzugefügt wird. Dieser Rahmen wird danach in einzelne Bits segmentiert, die seriell dem Medium übergeben werden.

PH_Einricht_E und PH_Einricht_T:

Der Einricht-Prozess der PH-Instanz wird spezifiziert durch das SDL-Diagramm Process PH_Einricht_E im Abschnitt 3.11.8. Nach dem Start des Prozesses wird zunächst eine Initialisierungsprozedur durchlaufen, die für die UART-Parameter *comnr, baudrate, paritaet, datenbit* und *stopbit* die Default-Werte setzt. Den darauf folgenden Wartezustand kann der Prozess nur auf das Signal 91 hin verlassen. Das Signal wird von der Tastatur an den Bedienungs-Prozess gegeben, der es über den Einricht-Channel an die PH-Instanz weiterleitet und damit die Kontrolle an den PH-Einricht-Prozess übergibt.

3. 9. 3. Übertragungsmedium

Die Instanzen der Bitübertragungsschicht stützen sich bei ihrer Dienstleistung auf das Übertragungsmedium ab. Dieses Medium stellt nun innerhalb des hierarchisch gegliederten OSI-Dienstkonzepts keinen Kommunikationsdienst mehr dar und ist somit auch nicht Gegenstand der SDL-Spezifikation. Der Vollständigkeit halber wird das für das Projektbeispiel PC-Datei-Transfer verwendete Übertragungsmedium spezifiziert. Statt mit SDL-Symbolen erfolgt eine Spezifikation anhand der bool'schen Algebra. Wie im SDL-Diagramm Block Medium im Abschnitt 3.11.8 dargestellt, besteht das Medium neben den Verbindungsleitungen aus dem Schnittstellenvervielfacher, dessen Funktion festzulegen ist. Die Sendeleitungen (Channel) TD_E der Endsysteme sind rückwirkungsfrei mit der Empfangsleitung (Channel) des Transitsystems zu verbinden und die Sendeleitung TD_T des Transitsystems ist rückwirkungsfrei den Empfangsleitungen RD_E aller Endsysteme zuzuführen. Auf den Leitungen fließen binäre Signale. Ordnet man die Signalwerte high und low den Werten true und false von bool'schen Variablen zu, so ergibt sich das Ausgangssignal auf der Leitung RD_T durch eine exclusiv-oder-Verknüpfung der Signale auf den Leitungen TD_E. Dies ist die Funktion des zu realisierenden Schnittstellenvervielfachers. In Pascal-Notation erhält man dann mit der Vereinbarung

```
var
rd_t: boolean;
td_e1, td_e2, td_e3, ... td_en : boolean;
```

für das Signal auf dem Channel RD_T

```
rd_t := td_e1 or td_e2 or td_e3 or ... td_en;
```

Vereinbart man

```
var
td_t: boolean;
rd_e1, rd_e2, rd_e3, ... rd_en : boolean;
```

so ergeben sich die Signale auf den Channel RD_E aus

```
rd_e1 := td_t;
rd_e2 := td_t;
rd_e3 := td_t;
 .................
rd_en := td_t;
```

3. 10. Zentraler Timer-Dienst

Häufig ist es erforderlich, dass der COM-Prozess einer Instanz nach Ablauf einer bestimmten Zeit in einen neuen Zustand übergehen soll. Beispielsweise könnte eine Störung oder Unterbrechung im normalen SignalFluss dazu führen, dass der COM-Prozess unzulässig lange oder gar immer in einem Zustand verharren würde, wenn erwartete Signale ausbleiben. Eine derartige Blockierung würde auftreten, wenn sich der COM-Prozess im Zustand "Warten auf Antwort" befindet und eine Antwort aufgrund einer Störung im Übertragungsweg gänzlich ausbleibt.

Eine Instanz muss deshalb über einen Zeitüberwachungsmechanismus verfügen, der immer dann, wenn erwartete Signale ausbleiben, eine alternative Transition bewirkt. Der Zeitüberwachungsmechanismus wird in Kommunikationssystemen in Form eines Zeitgebers (engl. Timer) realisiert. Der Timer ist ein Uhrzeit-Automat innerhalb eines End- oder Transitsystems, der zentral von den Kommunikationsinstanzen desselben Gerätes genutzt wird. Er nimmt von den COM-Prozessen der Instanzen Zeitauftragssignale entgegen, verwaltet die laufende Zeit und kann die Instanzen nach Ablauf dieser Zeiten benachrichtigen. Der Timer kann als eine weitere Instanz innerhalb eines Kommunikationssystems betrachtet werden, der über spezielle Timer-

Dienstzugangspunkte von den übrigen Instanzen erreichbar ist und mit dem die Instanzen Zeitsignale austauschen.

Die Diagramme der SDL-Spezifikation des Timers finden sich im Abschnitt 3.11.9 auf sechs Seiten. Die Spezifikation wird auf drei Ebenen durchgeführt. Nach einer Blockspezifikation des gesamten Timers wird das Innere des Blocks, der nur einen Prozess enthält, festgelegt. Bei der Spezifikation des Prozesses werden vier Prozeduren deklariert, die auf der Prozedurebene durch SDL-Diagramme festgelegt werden. Die Konstruktion des Timers wird so durchgeführt, dass er sowohl im End- als auch im Transitsystem verwendet werden kann.

3. 10. 1. Block-Spezifikation

Das SDL-Diagramm Block Timer dieser Spezifikation findet sich im Abschnitt 3.11.9. Der Block enthält nur einen Prozess Timer, der über Routes mit den angrenzenden Channels verbunden ist.

Der Timer-Prozess wird bei dem Start des Programms ins Leben gerufen. Vor der Beendigung des Programms erhält der Prozess vom Bedienungs-Prozess ein stop-Signal, worauf der TimerProzess gestoppt wird.

Der allen Instanzen einer Station zur Verfügung stehende zentrale Timerdienst besteht darin, dass er Zeitaufträge in Form eines Zeitsignals *set_time(x,y)* von einem COM-Prozess entgegennimmt und nach einer durch die Parameter des Zeitsignals festgelegten Zeit mit einem Signal *timeout(y)* beantwortet, sofern nicht vorher ein Signal *reset_time* mit gleichen Parametern eintrifft. Dabei bedeutet der Parameter x die auftraggebende Instanz und der Parameter y im Falle des Endsystems die Nummer des Zustandes, in den der COM-Prozess nach Aussenden des Zeitsignals geht. Handelt es sich um den Timer-Dienst des Transitsystems, so besteht der Parameter y aus zwei Feldern. Das erste Feld kennzeichnet wieder die Nummer des Zustandes, der nach dem Aussenden des Zeitsignals eingenommen wird, und das zweite Feld die Nummer des Prozess-Exemplars. Mit den Signalen *reset_time* und *reset_old_times*, zu denen die Parameter x und y gehören, werden erteilte Zeitaufträge widerrufen, und zwar mit *reset_time(x,y)* der Auftrag y von der Instanz x und mit *reset_old_times(x,y)* alle zurückliegenden Aufträge bis y.

Grundlage der Diensterbringung des Timers ist das über die Route Zeitinterrupt dem Timer-Prozess zufließende Signal *timer_tic*. Dieses periodische Signal, das der Timer zur Zeitmessung verwendet, wird vom Betriebssystem zur Verfügung gestellt.

Zeitsignale zur Vermeidung von "deadlocks" werden grundsätzlich dann an den Timer gesendet, wenn eine PDU zur Partnerinstanz geschickt wird und die Instanz auf eine Antwort wartet, deren Eintreffen in Frage gestellt ist. Der Zeitauftrag erfolgt dabei immer unmittelbar nach Aussenden der PDU.

3. 10. 2. Prozess-Spezifikation

Das SDL-Diagramm der Spezifikation des Timer-Prozesses findet sich im Abschnitt 3.11.9. Der Prozess besitzt nur einen Grundzustand, in dem er auf die vier Eingangssignale

set_time(x,y) ,
reset_time(x,y) ,
reset_old_times(x,y) ,
timer_tic

jeweils eine Prozedur durchläuft und wieder in den Grundzustand zurückkehrt. Die entscheidenden Verarbeitungsleistungen sind also in diesen Prozeduren zu spezifizieren. Zuvor ist jedoch das Verfahren der Diensterbringung festzulegen. Der Timer-Prozess arbeitet auf der Grundlage zweier Tabellen:

der Zeitauftragstabelle *timer_array* und

die Tabelle der Timerauftragszeiten.

Mit dem Signal *set_time* einlaufende Zeitaufträge werden auf den nächsten freien Platz in einer Zeitauftragstabelle, wie sie Bild 3.15 zeigt, eingetragen.

Nr. des Eintrags	Flag	Instanz	Timer-Nummer	Relativzeit
1.	x	DL	3	60
2.	x	A	6	10
3.				
....	...	....	....	....

Bild 3.15. Beispiel einer Zeitauftragstabelle

Die Eintragung enthält neben der auftraggebenden Instanz, die Zeitauftragsnummer und eine dazugehörige Zeit, nach deren Ablauf an die Instanz ein *timeout*-Signal zu senden ist. Diese Zeit, die charakteristisch für das Protokoll einer Instanz ist, könnte z.B. durch den Einricht-Vorgang für alle Zeitsignale einer Instanz in der Instanz gespeichert werden. Hier werden diese Zeiten in einer Tabelle der Timerauftragszeiten dem Timer zur Verfügung gestellt. Grundlage für die Zeitmessung ist das Signal *timer_tic*, das den Timer 18,2 mal in der Sekunde erreicht. Die Tabelle der Timerauftragszeiten enthält die zu den Zeitaufträgen gehörenden Zeiten in Sekunden. Bei Einlaufen eines Zeitauftrags entnimmt der Timer der Tabelle die entsprechende Zeit und multipliziert sie mit 18,2. Der ganzzahlige Wert dieses Produkts wird dann als Relativzeit zu dem Zeitauftrag in die Tabelle eingetragen. Wird dann bei jedem *timer_tic* die Relativzeit dekrementiert, ist bei Erreichen des Wertes Null die Zeit abgelaufen und ein *timeout*-Signal zu senden.

Auf der Grundlage dieses Verfahrens können jetzt die einzelnen Prozeduren des Timer-Prozesses beschrieben werden.

Prozedur set_time

Das SDL-Diagramm dieser Prozedur findet sich im Abschnitt 3.11.9. Zu Begin der Prozedur werden die Parameter x und y ausgewertet. Der Parameter x enthält die auftraggebende Instanz und das erste Feld des Parameters y die Zeitauftragsnummer. In der Tabelle der Timerauftragszeiten wird dann die zu diesen beiden Angaben gehörende Weckzeit c in Sekunden ermittelt. Durch Multiplikation mit dem Faktor 18,2 und Bildung des ganzzahligen Wertes entsteht daraus die Relativzeit. In der Zeitauftragstabelle wird dann der nächste freie Platz gesucht, der Parameter x mit dem Instanzennamen, der Parameter y mit der Zeitauftragsnummer und im Falle der N-Instanz des Transitsystems die Prozess-Nummer zusammen mit der Relativzeit eingetragen.

Prozeduren reset_time und reset_old_times

Das SDL-Diagramm der Prozedur reset_time findet sich im Abschnitt 3.11.9. Beim Erscheinen eines Signal *reset_time(x,y)* durchsucht die Prozedur die Zeitauftragstabelle nach dem Eintrag mit den Parametern x und y und deklariert diesen Eintrag als frei und damit als nicht vorhanden, so dass er beim nächsten *set_time*-Signal überschrieben werden kann. Die Prozedur *reset_old_times*, deren SDL-Diagramm sich im Abschnitt 3.11.9 findet, löscht alle Zeitaufträge, die nicht mehr aktuell sind. Dies sind die Aufträge, deren Nummern kleiner sind als die Nummer im ersten Feld des Parameters y des *reset_old_times*-Signals. Zum Löschen wird die Prozedur *reset_time* aufgerufen.

Prozedur watch_time

Das SDL-Diagramm dieser Prozedur findet sich im Abschnitt 3.11.9. Beim Durchlaufen dieser Prozedur werden alle Einträge in der Zeitauftragstabelle um 1 dekrementiert. Wird dabei bei einem Eintrag der Wert null erreicht, dann ist die Zeit für diesen Auftrag abgelaufen. Die Prozedur schickt der auftraggebenden Instanz dieses Eintrags ein *timeout(T)*-Signal, wobei der Parameter T die Zeitauftragsnummer darstellt,

3. 11. SDL-Diagramme

Um dem Leser beim Studieren des Buches das Auffinden bestimmter Diagramme zu erleichtern, wurde folgendermaßen vorgegangen:

Die zu einer Schicht gehörenden Diagramme wurden in Unterabschnitten zusammengefasst. So entstehen die Unterabschnitte

3. 11. 1. System Datei Transfer,
3. 11. 2. File Transfer Dienst,
3. 11. 3. P-Dienst,
3. 11. 4. S-Dienst,
3. 11. 5. T-Dienst,
3. 11. 6. N-Dienst,
3. 11. 7. DL-Dienst,
3. 11. 8. PH-Dienst,
3. 11. 9. Timer-Dienst.

Die jeweils erste Seite dieser Unterabschnitte enthält eine Übersicht überdie darunter befindlichen SDL-Diagramme.

3. 11. 1. System Datei Transfer

Dieser Abschnitt enthält die Diagramme

Block System Datei_Transfer
Page 1
Block Bedienung_Endsystem
Page 1
Prozess Bedienung_End
Page 1
Page 2
Page 3
Page 4

Block Bedienung_Transitsystem
Page 1
Process Bedienung_Transit
Page 1
Page 2
Page 3

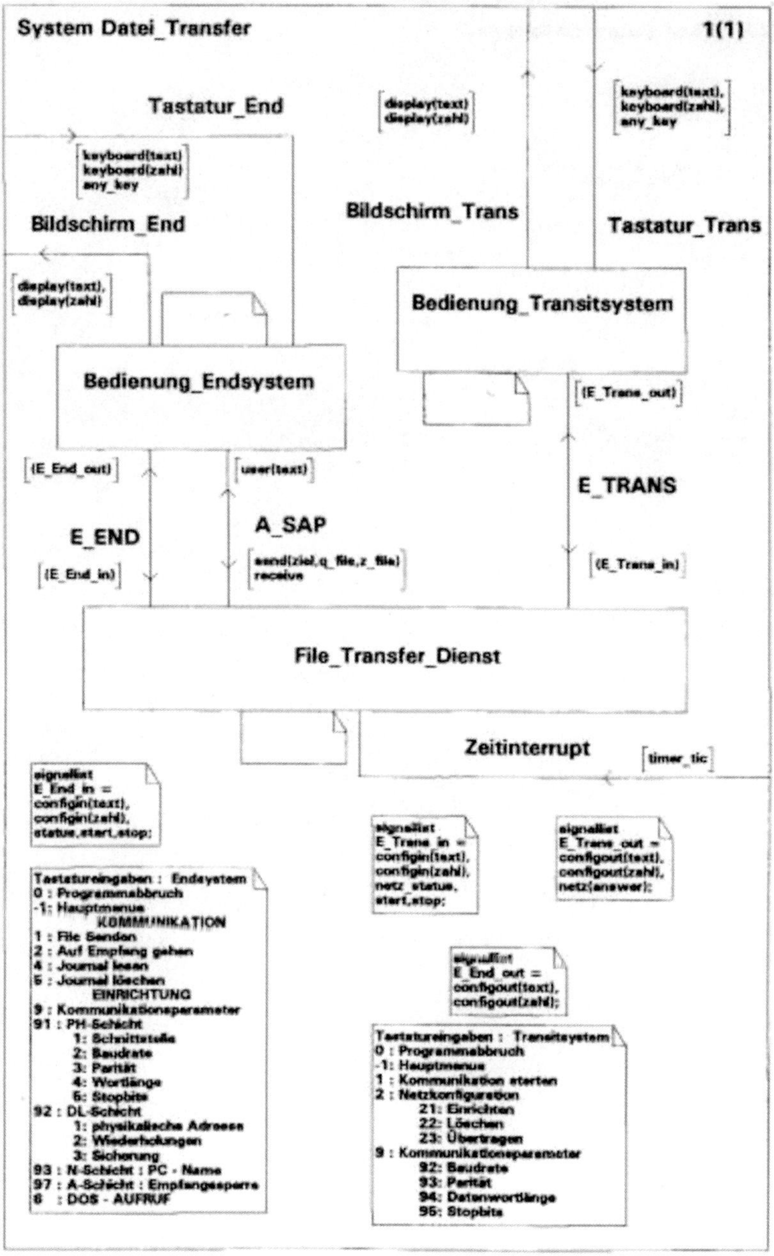
System Datei_Transfer
1(1)
Tastatur_End
keyboard(text)
keyboard(zahl)
any_key
Bildschirm_End
display(text),
display(zahl)
display(text)
display(zahl)
Bildschirm_Trans
keyboard(text),
keyboard(zahl),
any_key
Tastatur_Trans
Bedienung_Transitsystem
Bedienung_Endsystem
(E_Trans_out)
(E_End_out)
user(text)
E_TRANS
E_END
A_SAP
(E_End_in)
send(ziel,q_file,z_file)
receive
(E_Trans_in)
File_Transfer_Dienst
Zeitinterrupt
timer_tic
signallist
E_End_in =
configin(text),
configin(zahl),
status,start,stop;
signallist
E_Trans_in =
configin(text),
configin(zahl),
netz_status,
start,stop;
signallist
E_Trans_out =
configout(text),
configout(zahl),
netz(answer);
signallist
E_End_out =
configout(text),
configout(zahl);
Tastatureingaben : Endsystem
0 : Programmabbruch
-1: Hauptmenue
KOMMUNIKATION
1 : File Senden
2 : Auf Empfang gehen
4 : Journal lesen
5 : Journal löschen
EINRICHTUNG
9 : Kommunikationsparameter
91 : PH-Schicht
1: Schnittstelle
2: Baudrate
3: Parität
4: Wortlänge
5: Stopbits
92 : DL-Schicht
1: physikalische Adresse
2: Wiederholungen
3: Sicherung
93 : N-Schicht : PC - Name
97 : A-Schicht : Empfangssperre
8 : DOS - AUFRUF
Tastatureingaben : Transitsystem
0 : Programmabbruch
-1: Hauptmenue
1 : Kommunikation starten
2 : Netzkonfiguration
21: Einrichten
22: Löschen
23: Übertragen
9 : Kommunikationsparameter
92: Baudrate
93: Parität
94: Datenwortlänge
95: Stopbits

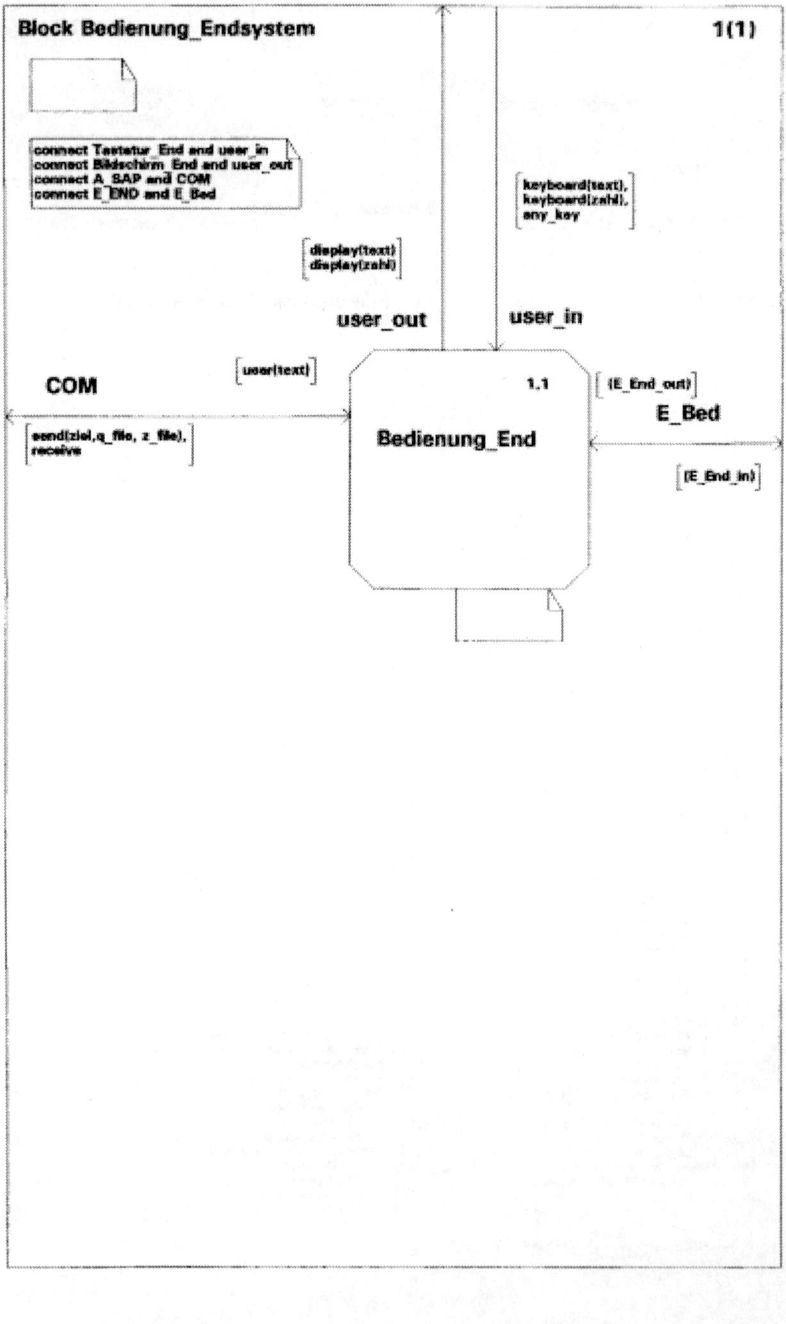
Block Bedienung_Endsystem
1(1)
connect Tastatur_End and user_in
connect Bildschirm_End and user_out
connect A_SAP and COM
connect E_END and E_Bed
keyboard(text),
keyboard(zahl),
any_key
display(text)
display(zahl)
user_out
user_in
user(text)
COM
1.1
(E_End_out)
E_Bed
Bedienung_End
send(ziel,q_file, z_file),
receive
(E_End_in)

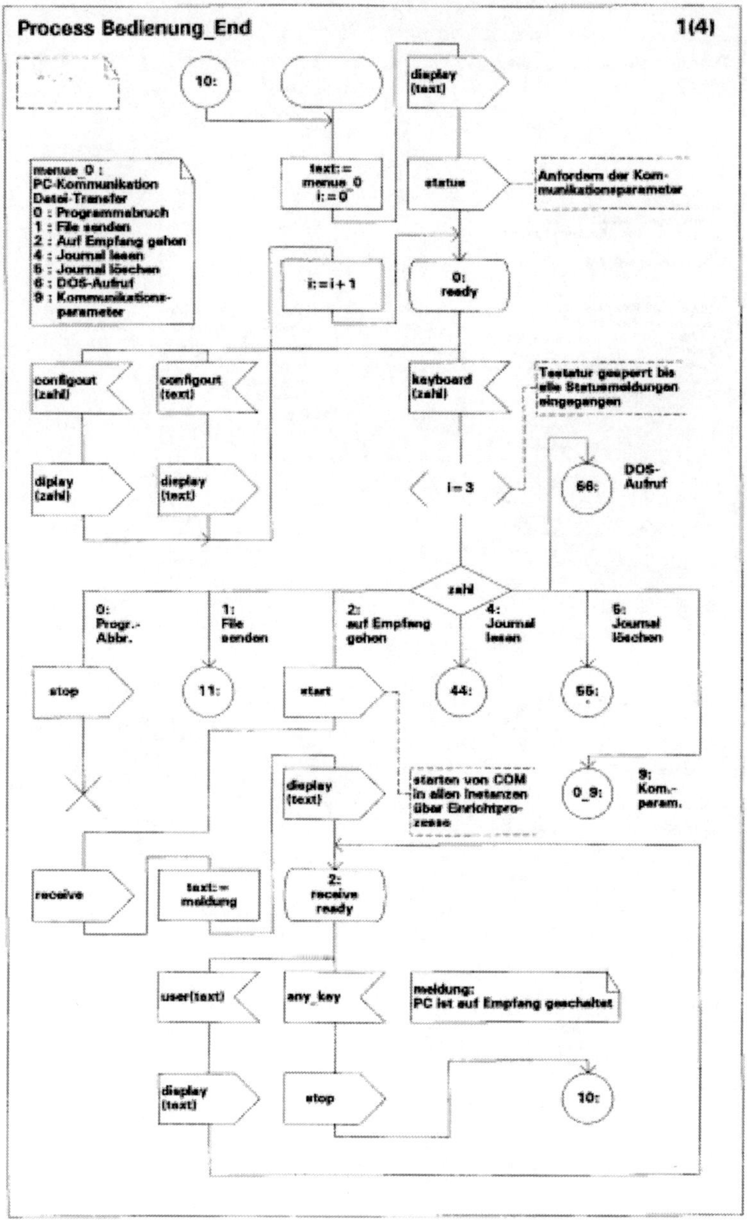
Process Bedienung_End
1(4)
10:
display (text)
menue_0 :
PC-Kommunikation
Datei-Transfer
0 : Programmabbruch
1 : File senden
2 : Auf Empfang gehen
4 : Journal lesen
5 : Journal löschen
6 : DOS-Aufruf
9 : Kommunikations-parameter
text:= menue_0 i:= 0
status
Anfordern der Kommunikationsparameter
i:= i + 1
0: ready
configout (zahl)
configout (text)
keyboard (zahl)
Tastatur gesperrt bis alle Statusmeldungen eingegangen
diplay (zahl)
display (text)
i = 3
66:
DOS-Aufruf
zahl
0: Progr.-Abbr.
1: File senden
2: auf Empfang gehen
4: Journal lesen
5: Journal löschen
stop
11:
start
44:
55:
starten von COM in allen Instanzen über Einrichtprozesse
display (text)
0_9:
9: Kom.-param.
receive
text:= meldung
2: receive ready
user(text)
any_key
meldung: PC ist auf Empfang geschaltet
display (text)
stop
10:

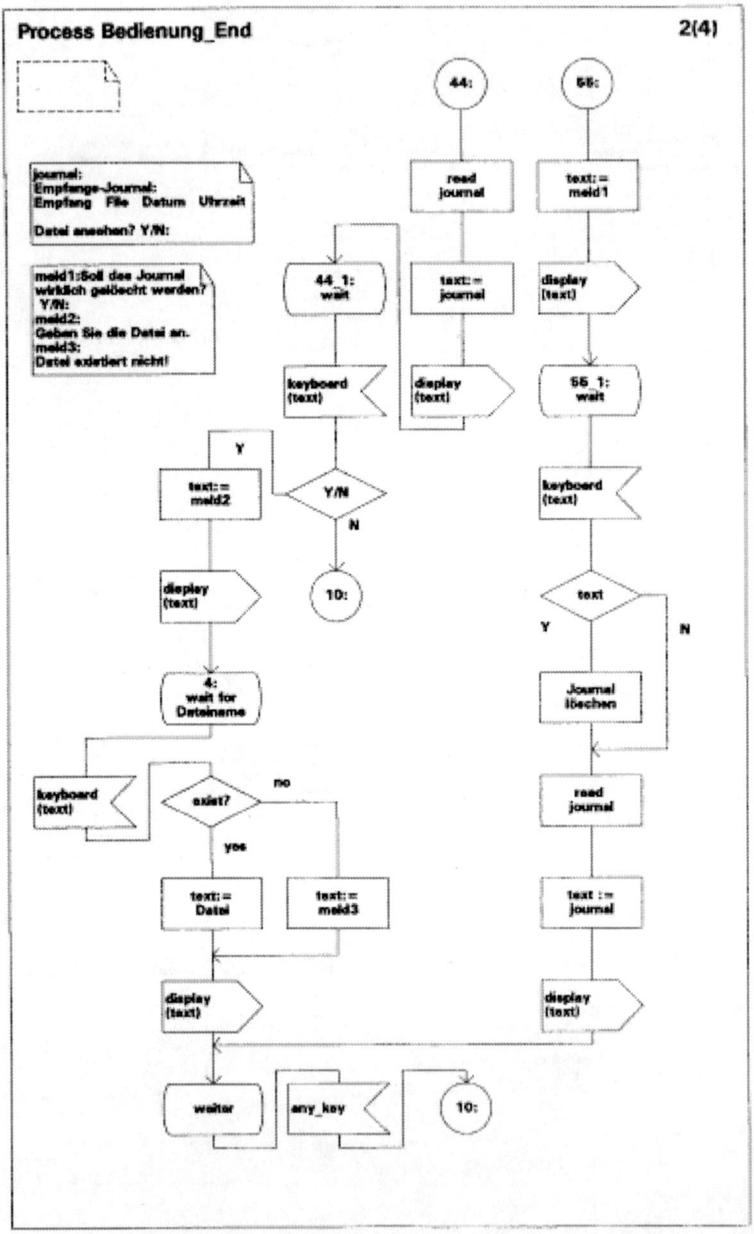
Process Bedienung_End
2(4)
journal:
Empfangs-Journal:
Empfang File Datum Uhrzeit
Datei ansehen? Y/N:
meld1:Soll das Journal wirklich gelöscht werden? Y/N:
meld2:
Geben Sie die Datei an.
meld3:
Datei existiert nicht!
44:
55:
read journal
text:= meld1
44_1: wait
text:= journal
display (text)
keyboard (text)
display (text)
55_1: wait
Y
text:= meld2
Y/N
N
keyboard (text)
10:
display (text)
text
Y
N
4: wait for Dateiname
Journal löschen
keyboard (text)
exist?
no
read journal
yes
text:= Datei
text:= meld3
text := journal
display (text)
display (text)
weiter
any_key
10:

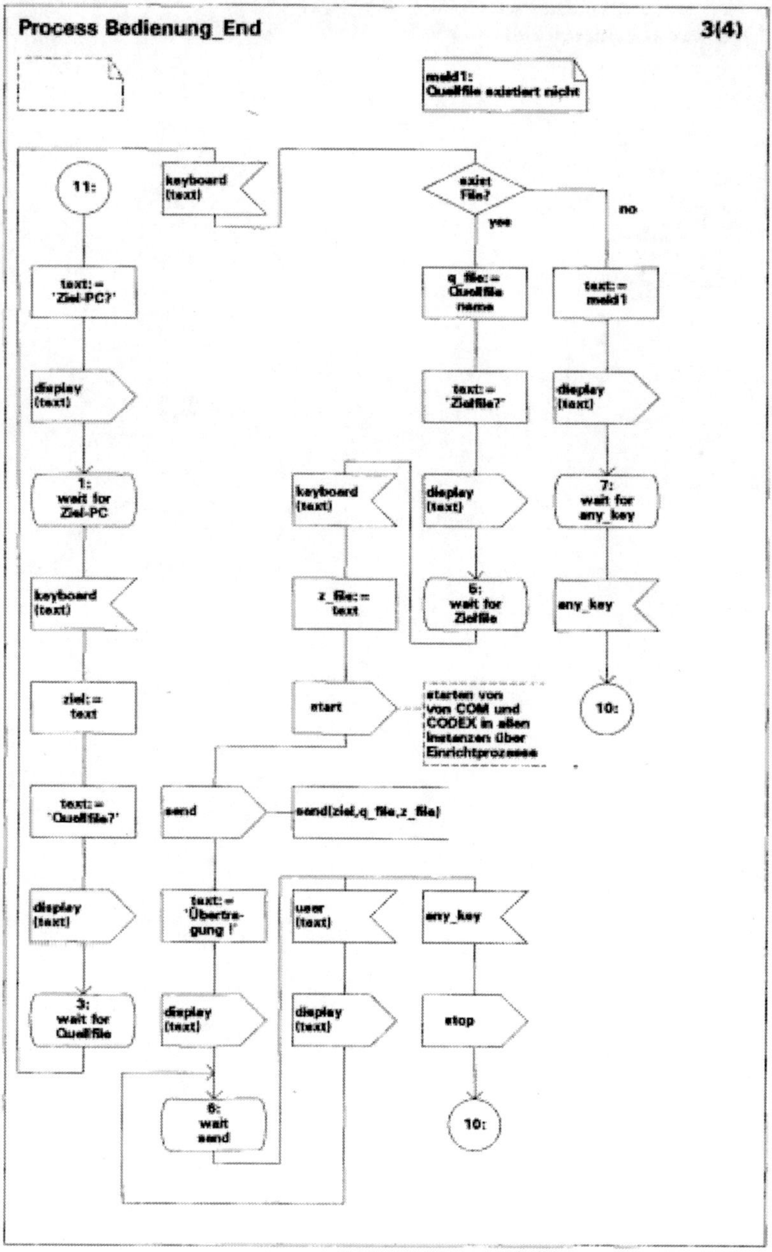
Process Bedienung_End
3(4)
meld1:
Quellfile existiert nicht
11:
keyboard (text)
exist File?
yes
no
text: = 'Ziel-PC?'
q_file: = Quellfile name
text: = meld1
display (text)
text: = "Zielfile?"
display (text)
1: wait for Ziel-PC
keyboard (text)
display (text)
7: wait for any_key
keyboard (text)
z_file: = text
5: wait for Zielfile
any_key
ziel: = text
start
starten von von COM und CODEX in allen Instanzen über Einrichtprozesse
10:
text: = 'Quellfile?'
send
send(ziel,q_file,z_file)
display (text)
text: = 'Übertragung !'
user (text)
any_key
3: wait for Quellfile
display (text)
display (text)
stop
6: wait send
10:

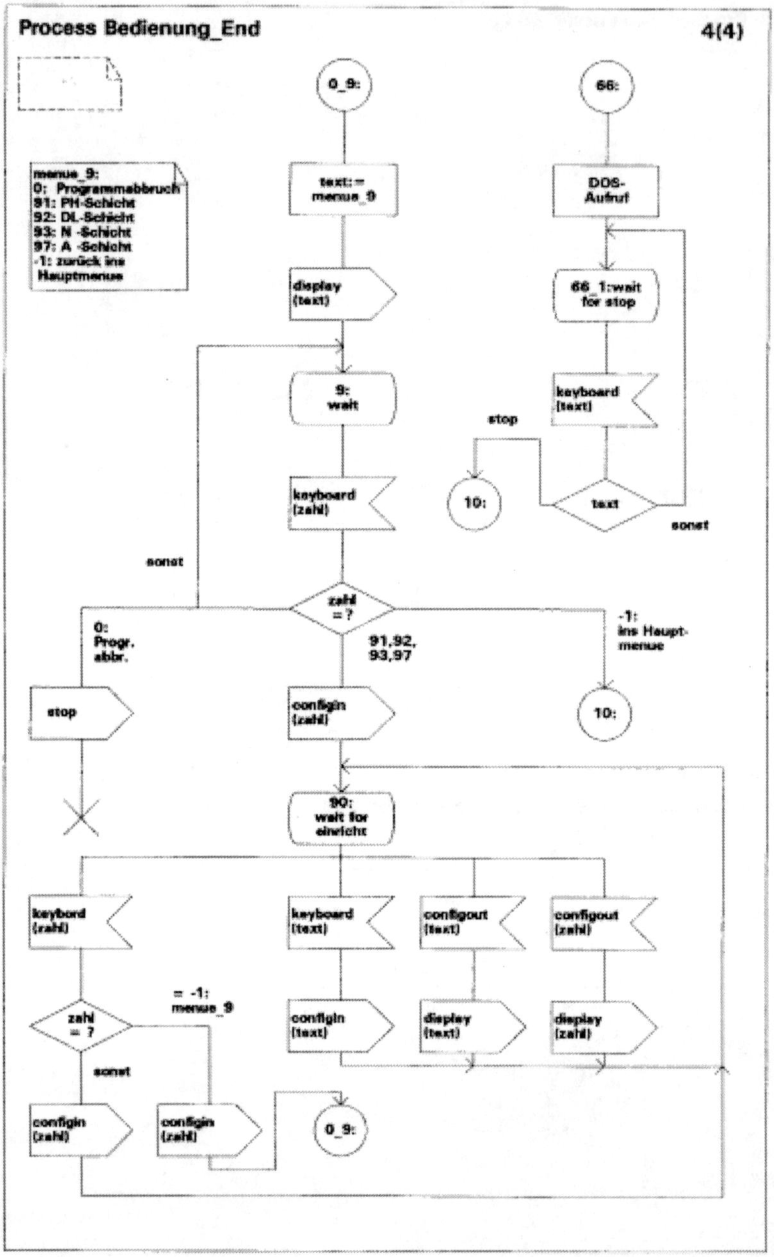
Process Bedienung_End
4(4)
menue_9:
0: Programmabbruch
91: PH-Schicht
92: DL-Schicht
93: N -Schicht
97: A -Schicht
-1: zurück ins Hauptmenue
0_9:
text:= menue_9
display (text)
9: wait
keyboard (zahl)
sonst
zahl = ?
0: Progr. abbr.
91,92, 93,97
-1: ins Haupt-menue
stop
configin (zahl)
10:
90: wait for einsicht
keybord (zahl)
keyboard (text)
configout (text)
configout (zahl)
zahl = ?
= -1: menue_9
sonst
configin (text)
display (text)
display (zahl)
configin (zahl)
configin (zahl)
0_9:
66:
DOS-Aufruf
66_1:wait for stop
keyboard (text)
stop
10:
text
sonst

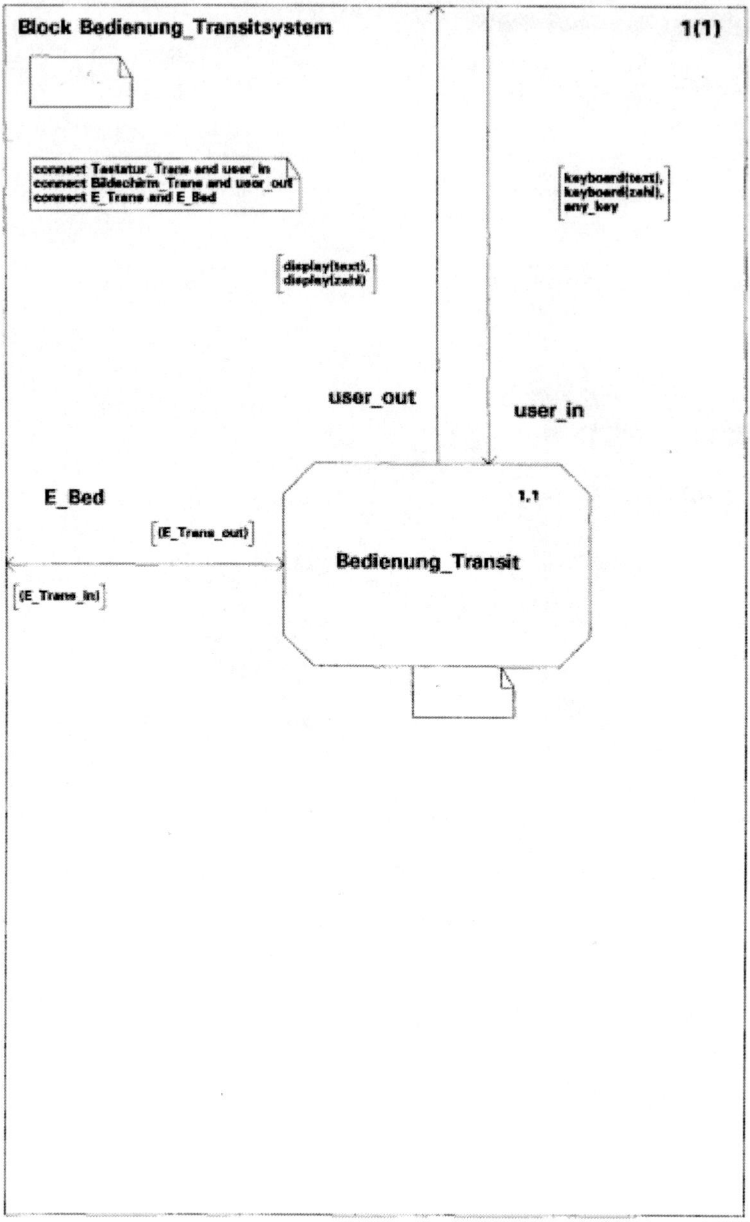
Block Bedienung_Transitsystem
1(1)
connect Tastatur_Trans and user_in
connect Bildschirm_Trans and user_out
connect E_Trans and E_Bed
keyboard(text),
keyboard(zahl),
any_key
display(text),
display(zahl)
user_out
user_in
E_Bed
1,1
(E_Trans_out)
Bedienung_Transit
(E_Trans_in)

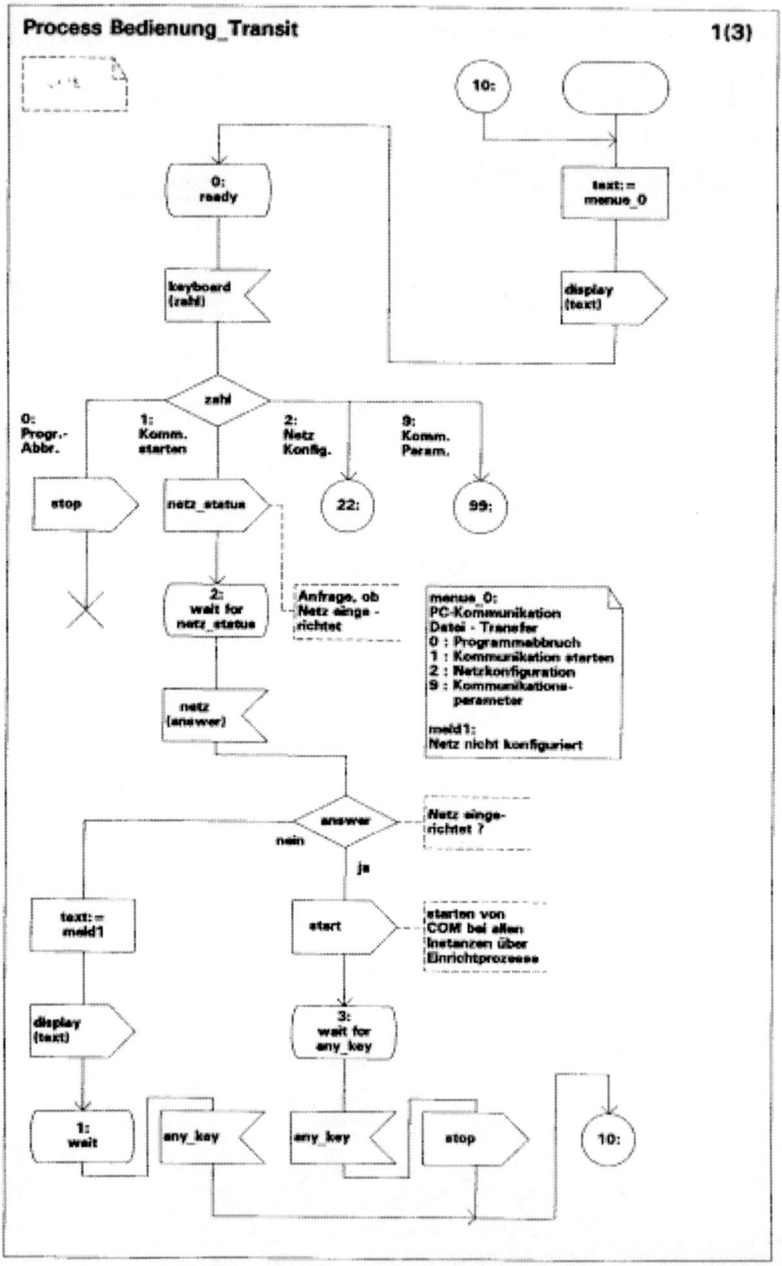
Process Bedienung_Transit
1(3)
10:
text:=
menue_0
display
(text)
0:
ready
keyboard
(zahl)
zahl
0:
Progr.-
Abbr.
1:
Komm.
starten
2:
Netz
Konfig.
9:
Komm.
Param.
stop
netz_status
22:
99:
2:
wait for
netz_status
Anfrage, ob
Netz einge-
richtet
menue_0:
PC-Kommunikation
Datei - Transfer
0 : Programmabbruch
1 : Kommunikation starten
2 : Netzkonfiguration
9 : Kommunikations-
parameter
meld1:
Netz nicht konfiguriert
netz
(answer)
answer
Netz einge-
richtet ?
nein
ja
text:=
meld1
start
starten von
COM bei allen
Instanzen über
Einrichtprozesse
display
(text)
3:
wait for
any_key
1:
wait
any_key
any_key
stop
10:

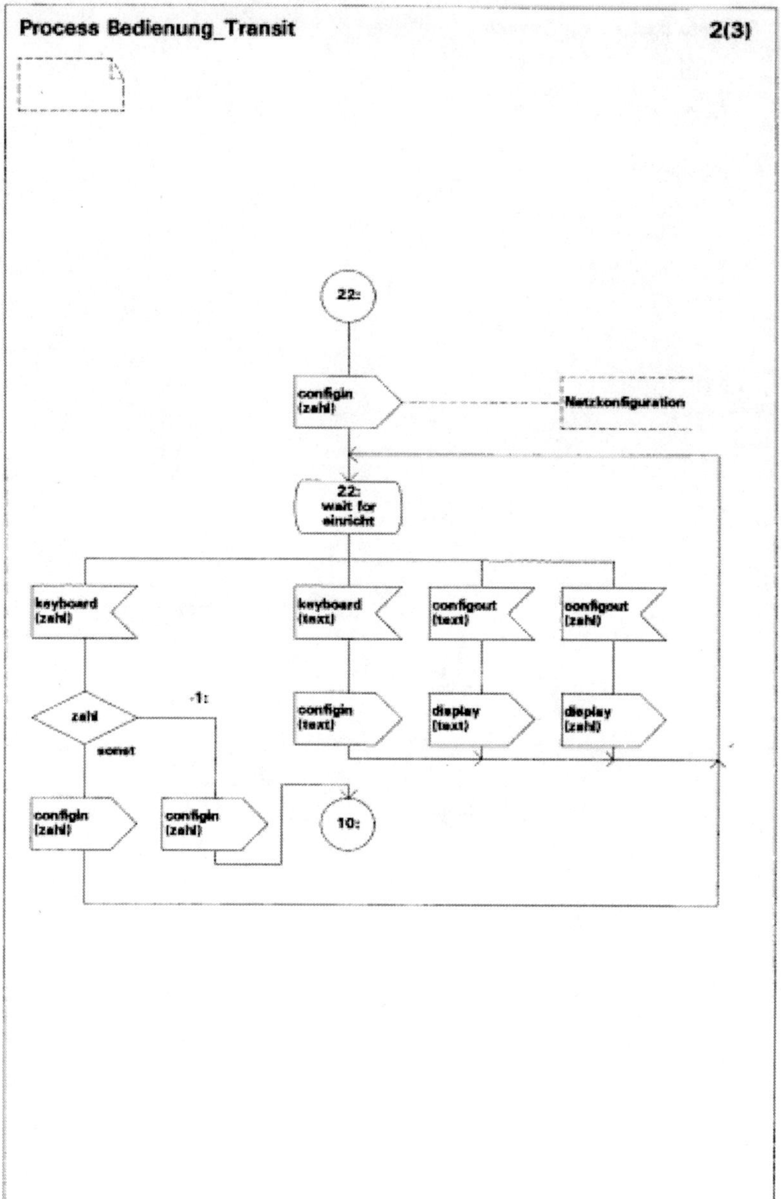
Process Bedienung_Transit
2(3)
22:
configin (zahl)
Netzkonfiguration
22: wait for einricht
keyboard (zahl)
keyboard (text)
configout (text)
configout (zahl)
zahl
-1:
sonst
configin (text)
display (text)
display (zahl)
configin (zahl)
configin (zahl)
10:

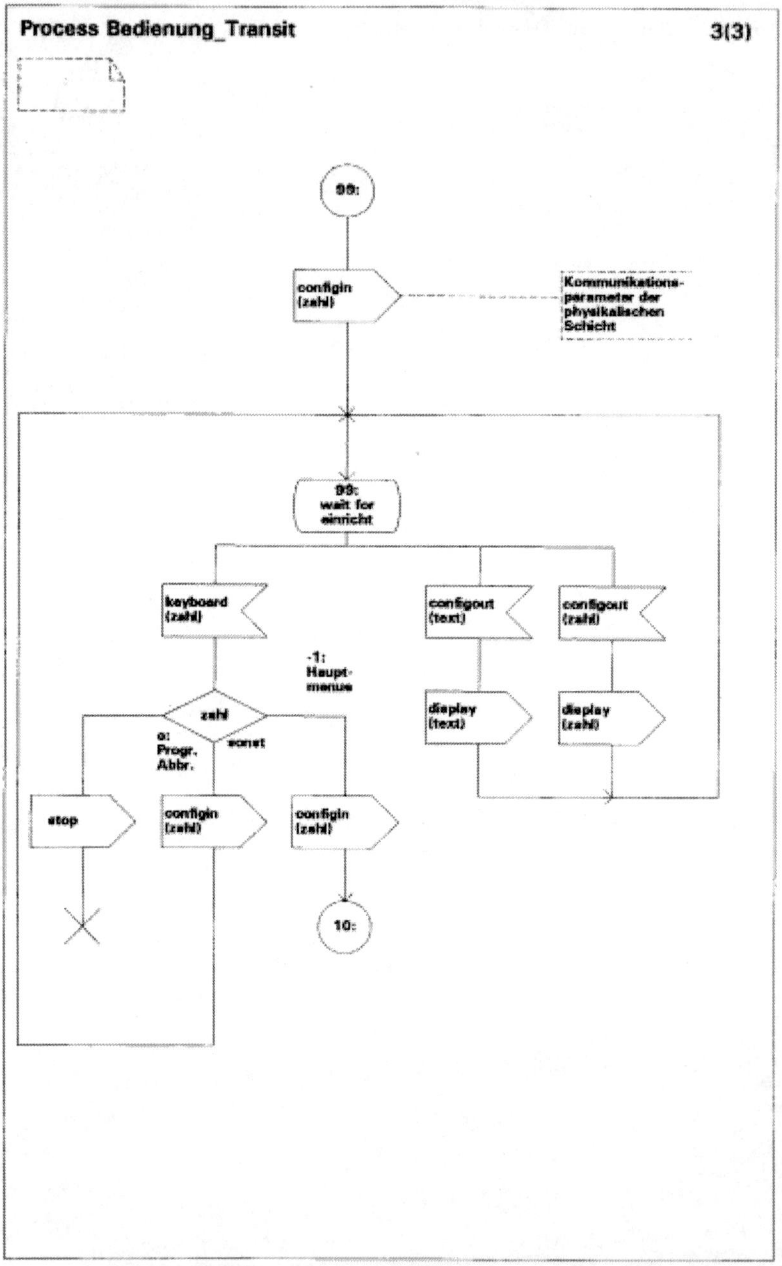
Process Bedienung_Transit
3(3)
99:
configin
(zahl)
Kommunikations-
parameter der
physikalischen
Schicht
99:
wait for
einricht
keyboard
(zahl)
configout
(text)
configout
(zahl)
-1:
Haupt-
menue
zahl
0:
Progr.
Abbr.
sonst
display
(text)
display
(zahl)
stop
configin
(zahl)
configin
(zahl)
10:

3. 11. 2. File Transfer Dienst

Dieser Abschnitt enthält die Diagramme

Block File_Transfer_Dienst
Page 1

Block A_Instanz
Page 1

Process A_COM
Page 1
Page 2
Page 3
Page 4
Page 5

Process A_Codex
Page 1
Process A_Einricht
Page 1

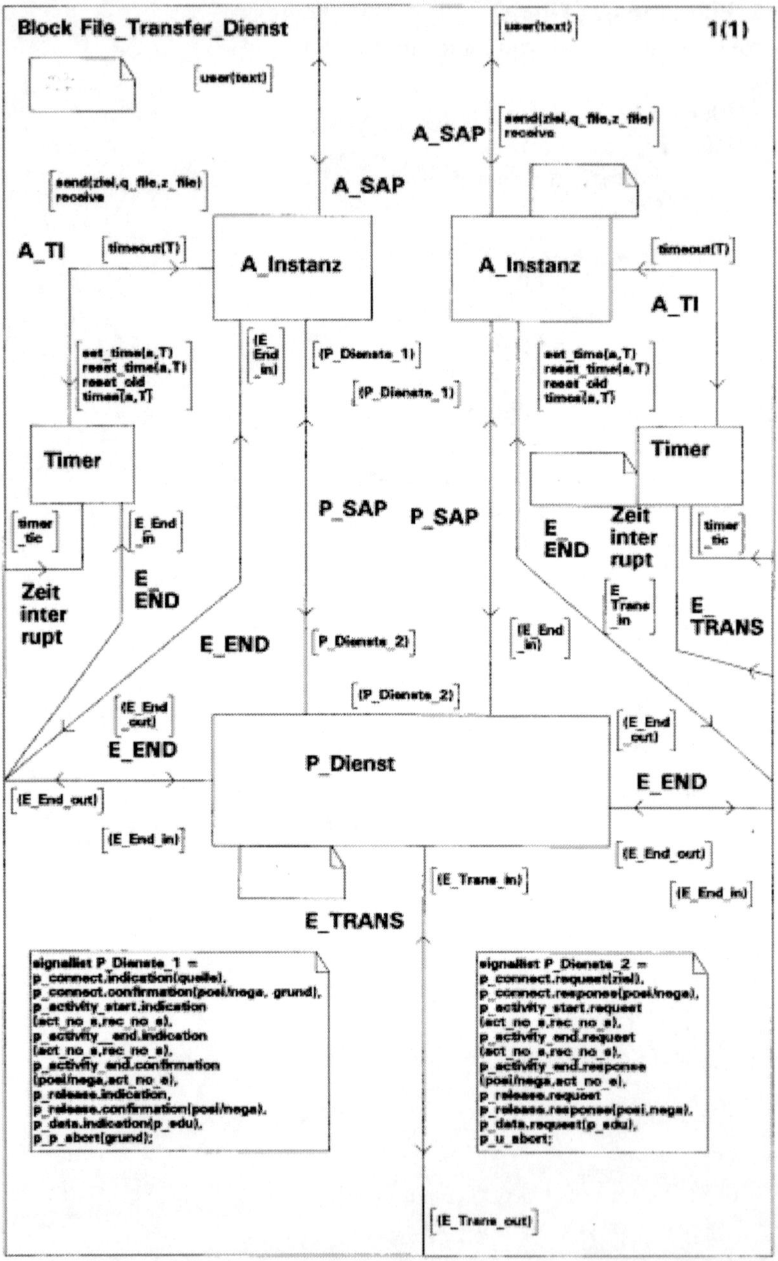
Block File_Transfer_Dienst
1(1)
user(text)
user(text)
send(ziel,q_file,z_file)
receive
A_SAP
A_SAP
send(ziel,q_file,z_file)
receive
A_TI
timeout(T)
A_Instanz
A_Instanz
timeout(T)
A_TI
set_time(a,T)
reset_time(a,T)
reset_old
times(a,T)
(E_End_in)
(P_Dienste_1)
(P_Dienste_1)
set_time(a,T)
reset_time(a,T)
reset_old
times(a,T)
Timer
Timer
timer_tic
E_End_in
P_SAP
P_SAP
E_END
Zeit inter rupt
timer_tic
Zeit inter rupt
E_END
E_Trans_in
E_TRANS
E_END
P_Dienste_2)
(E_End_in)
(P_Dienste_2)
(E_End_out)
E_END
(E_End_out)
P_Dienst
E_END
(E_End_out)
(E_End_in)
(E_End_out)
(E_Trans_in)
(E_End_in)
E_TRANS
signallist P_Dienste_1 =
p_connect.indication(quelle),
p_connect.confirmation(posi/nega, grund),
p_activity_start.indication
(act_no_s,rec_no_s),
p_activity__end.indication
(act_no_s,rec_no_s),
p_activity_end.confirmation
(posi/nega,act_no_s),
p_release.indication,
p_release.confirmation(posi/nega),
p_data.indication(p_sdu),
p_p_abort(grund);
signallist P_Dienste_2 =
p_connect.request(ziel),
p_connect.response(posi/nega),
p_activity_start.request
(act_no_s,rec_no_s),
p_activity_end.request
(act_no_s,rec_no_s),
p_activity_end.response
(posi/nega,act_no_s),
p_release.request
p_release.response(posi,nega),
p_data.request(p_sdu),
p_u_abort;
(E_Trans_out)

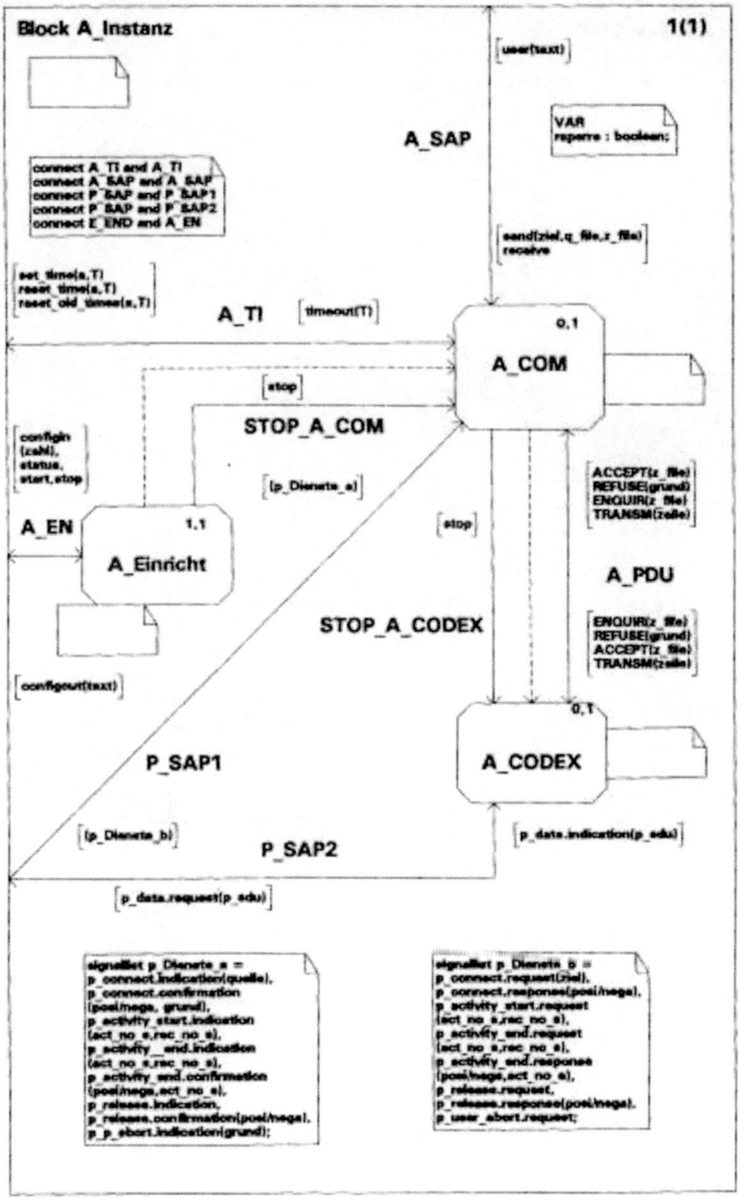
Block A_Instanz
1(1)
user(text)
A_SAP
VAR
reperre : boolean;
connect A_TI and A_TI
connect A_SAP and A_SAP
connect P_SAP and P_SAP1
connect P_SAP and P_SAP2
connect E_END and A_EN
send(ziel,q_file,z_file)
receive
set_time(a,T)
reset_time(a,T)
reset_old_times(a,T)
A_TI
timeout(T)
0,1
A_COM
stop
STOP_A_COM
configin
(zahl),
status,
start,stop
(p_Dienste_a)
ACCEPT(z_file)
REFUSE(grund)
ENQUIR(z_file)
TRANSM(zeile)
A_EN
1,1
A_Einricht
stop
A_PDU
STOP_A_CODEX
ENQUIR(z_file)
REFUSE(grund)
ACCEPT(z_file)
TRANSM(zeile)
configout(text)
0,1
A_CODEX
P_SAP1
(p_Dienste_b)
P_SAP2
p_data.indication(p_sdu)
p_data.request(p_sdu)
signallist p_Dienste_a =
p_connect.indication(quelle),
p_connect.confirmation
(posi/nega, grund),
p_activity_start.indication
(act_no_s,rec_no_s),
p_activity_end.indication
(act_no_s,rec_no_s),
p_activity_end.confirmation
(posi/nega,act_no_s),
p_release.indication,
p_release.confirmation(posi/nega),
p_p_abort.indication(grund);
signallist p_Dienste_b =
p_connect.request(ziel),
p_connect.response(posi/nega),
p_activity_start.request
(act_no_s,rec_no_s),
p_activity_end.request
(act_no_s,rec_no_s),
p_activity_end.response
(posi/nega,act_no_s),
p_release.request,
p_release.response(posi/nega),
p_user_abort.request;

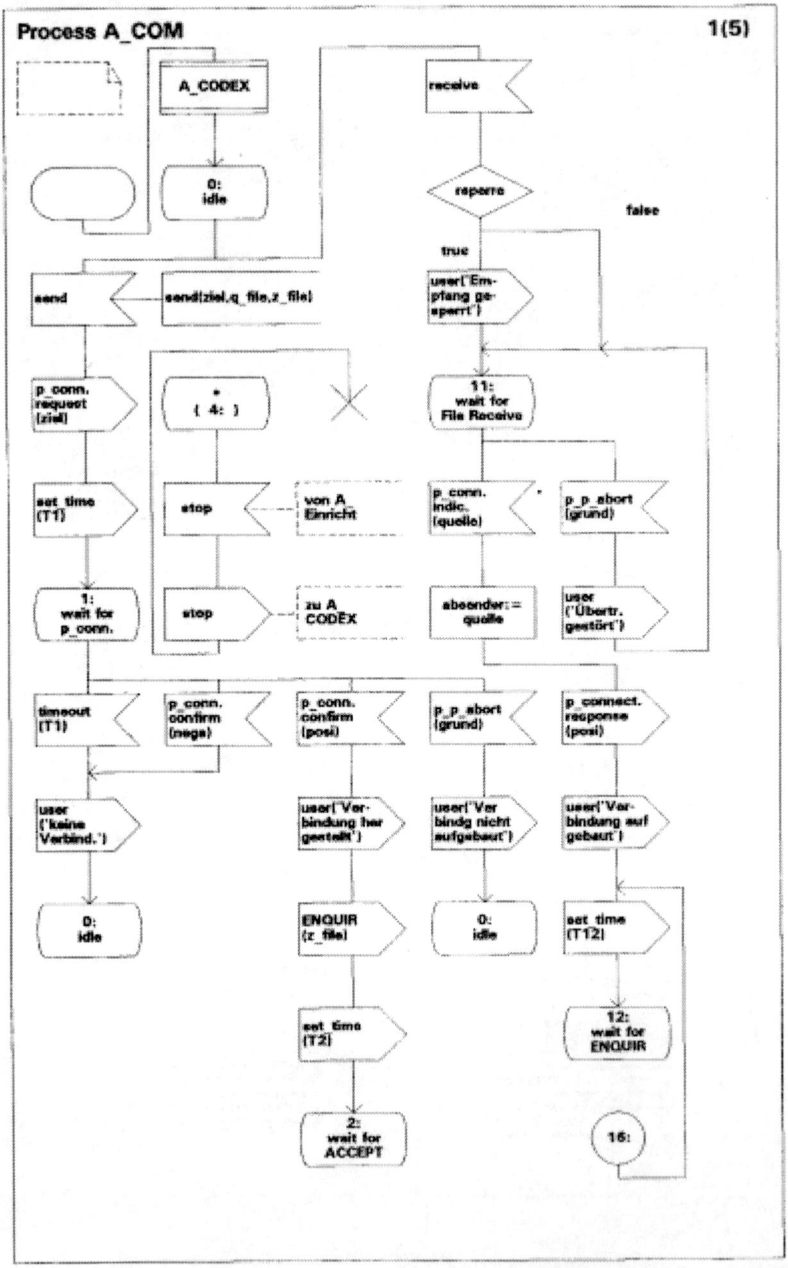
Process A_COM
1(5)
A_CODEX
receive
0:
idle
reparre
false
true
send
send(ziel,q_file,z_file)
user('Empfang gesperrt')
p_conn.
request
(ziel)
*
(4:)
11:
wait for
File Receive
set_time
(T1)
stop
von A
Einricht
p_conn.
indic.
(quelle)
p_p_abort
(grund)
1:
wait for
p_conn.
stop
zu A
CODEX
absender:=
quelle
user
('Übertr.
gestört')
timeout
(T1)
p_conn.
confirm
(nega)
p_conn.
confirm
(posi)
p_p_abort
(grund)
p_connect.
response
(posi)
user
('keine
Verbind.')
user('Verbindung her
gestellt')
user('Ver
bindg nicht
aufgebaut')
user('Verbindung auf
gebaut')
0:
idle
ENQUIR
(z_file)
0:
idle
set_time
(T12)
set_time
(T2)
12:
wait for
ENQUIR
2:
wait for
ACCEPT
16:

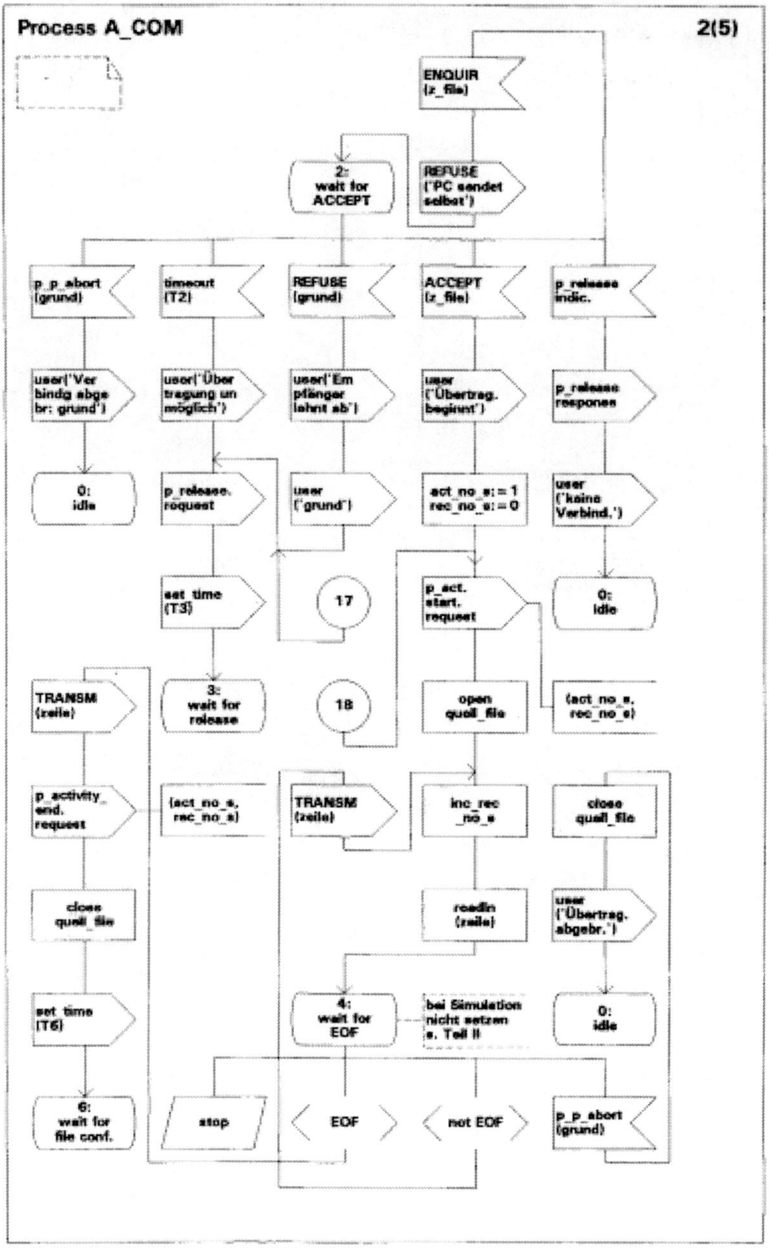

Process A_COM
2(5)
ENQUIR (z_file)
REFUSE ('PC sendet selber')
2: wait for ACCEPT
p_p_abort (grund)
timeout (T2)
REFUSE (grund)
ACCEPT (z_file)
p_release indic.
user('Verbindg abgebr: grund')
user('Übertragung unmöglich')
user('Empfänger lehnt ab')
user ('Übertrag. beginnt')
p_release response
0: idle
p_release. request
user ('grund')
act_no_s: = 1 rec_no_s: = 0
user ('keine Verbind.')
set_time (T3)
17
p_act. start. request
0: idle
TRANSM (zeile)
3: wait for release
18
open quell_file
(act_no_s, rec_no_s)
p_activity_end. request
(act_no_s, rec_no_s)
TRANSM (zeile)
inc_rec _no_s
close quell_file
close quell_file
readln (zeile)
user ('Übertrag. abgebr.')
set_time (T6)
4: wait for EOF
bei Simulation nicht setzen s. Teil II
0: idle
6: wait for file conf.
stop
EOF
not EOF
p_p_abort (grund)

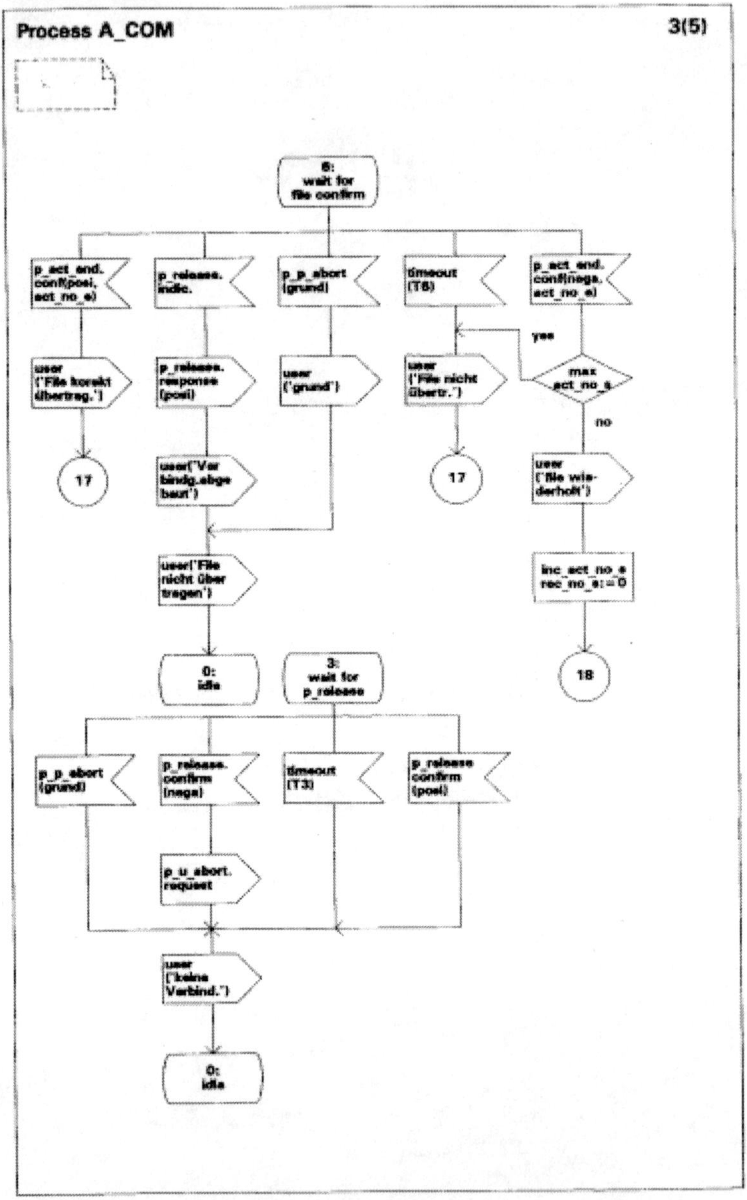
Process A_COM
3(5)
6:
wait for
file confirm
p_act_end.
conf(posi,
act_no_s)
p_release.
indic.
p_p_abort
(grund)
timeout
(T6)
p_act_end.
conf(nega,
act_no_s)
yes
user
('File korekt
übertrag.')
p_release.
response
(posi)
user
('grund')
user
('File nicht
übertr.')
max
act_no_s
no
17
user('Ver
bindg.abge
baut')
17
user
('file wie-
derholt')
user('File
nicht über
tragen')
inc_act_no_s
rec_no_s:=0
0:
idle
3:
wait for
p_release
18
p_p_abort
(grund)
p_release.
confirm
(nega)
timeout
(T3)
p_release
confirm
(posi)
p_u_abort.
request
user
('keine
Verbind.')
0:
idle

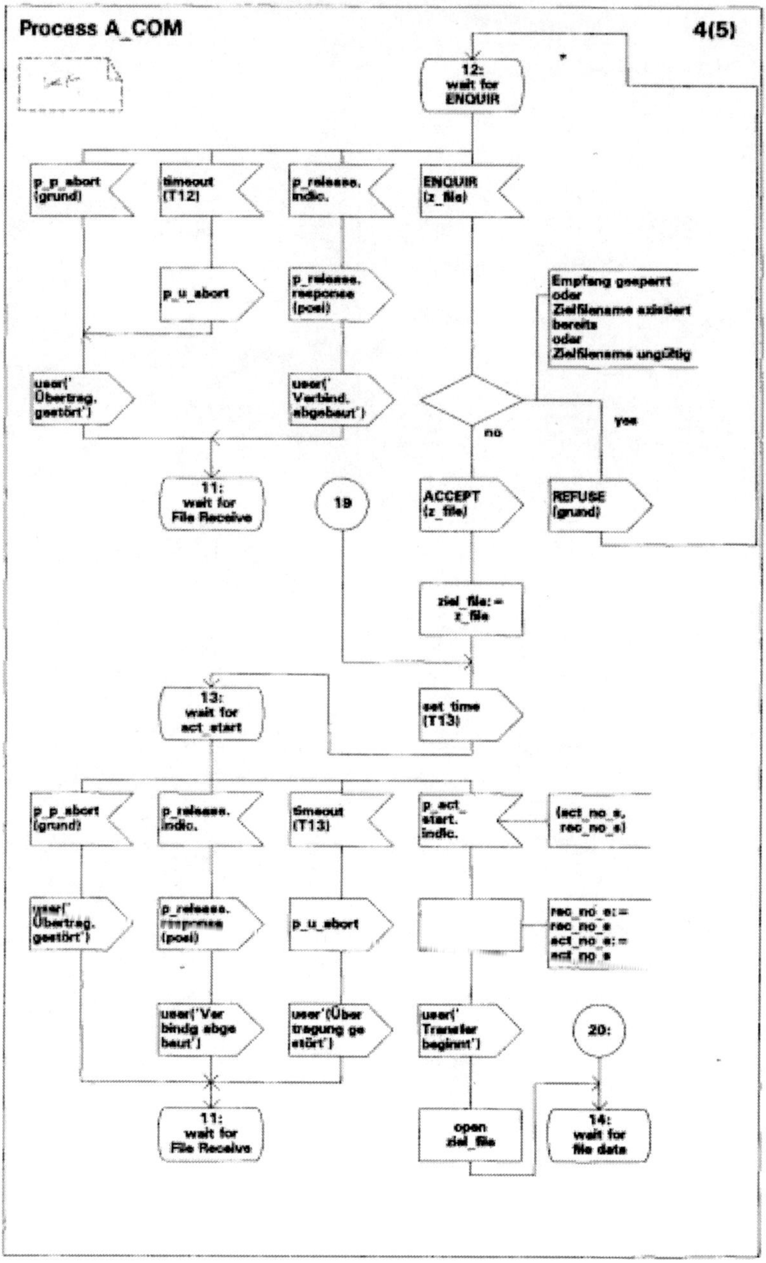
Process A_COM
4(5)
12: wait for ENQUIR
p_p_abort (grund)
timeout (T12)
p_release. indic.
ENQUIR (z_file)
p_u_abort
p_release. response (posi)
Empfang gesperrt oder Zielfilename existiert bereits oder Zielfilename ungültig
user('Übertrag. gestört')
user('Verbind. abgebaut')
no
yes
11: wait for File Receive
19
ACCEPT (z_file)
REFUSE (grund)
ziel_file: = z_file
13: wait for act_start
set_time (T13)
p_p_abort (grund)
p_release. indic.
timeout (T13)
p_act_start. indic.
(act_no_s, rec_no_s)
user('Übertrag. gestört')
p_release. response (posi)
p_u_abort
rec_no_e: = rec_no_s act_no_e: = act_no_s
user('Verbindg abgebaut')
user('Übertragung gestört')
user('Transfer beginnt')
20:
11: wait for File Receive
open ziel_file
14: wait for file data

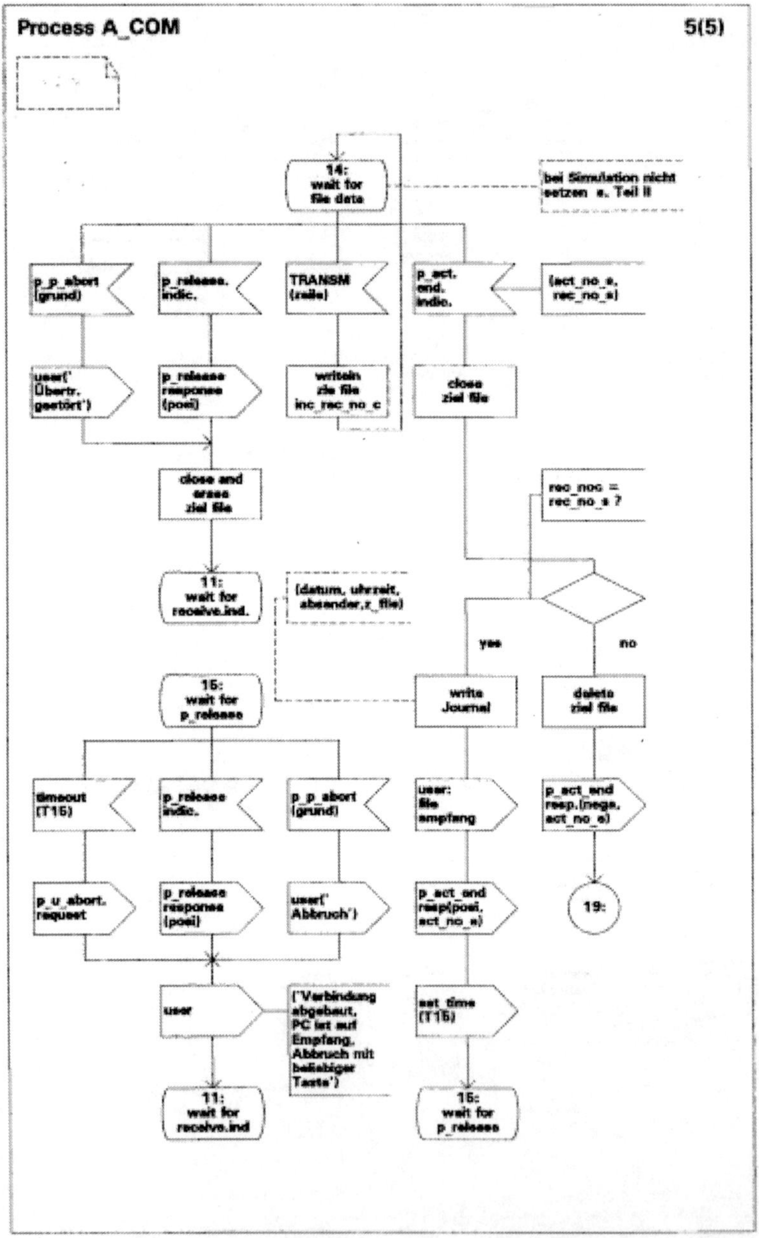
Process A_COM
5(5)
14: wait for file data
bei Simulation nicht setzen s. Teil II
p_p_abort (grund)
p_release. indic.
TRANSM (zeile)
p_act. end. indic.
(act_no_s, rec_no_s)
user('Übertr. gestört')
p_release response (posi)
writein zie file inc_rec_no_c
close ziel file
close and erase ziel file
rec_noc = rec_no_s ?
11: wait for receive.ind.
(datum, uhrzeit, absender,z_file)
yes
no
15: wait for p_release
write Journal
delete ziel file
timeout (T15)
p_release indic.
p_p_abort (grund)
user: file empfang
p_act_end resp.(nega, act_no_s)
p_u_abort. request
p_release response (posi)
user('Abbruch')
p_act_end resp(posi, act_no_s)
19:
user
('Verbindung abgebaut, PC ist auf Empfang. Abbruch mit beliebiger Taste')
set_time (T15)
11: wait for receive.ind
15: wait for p_release

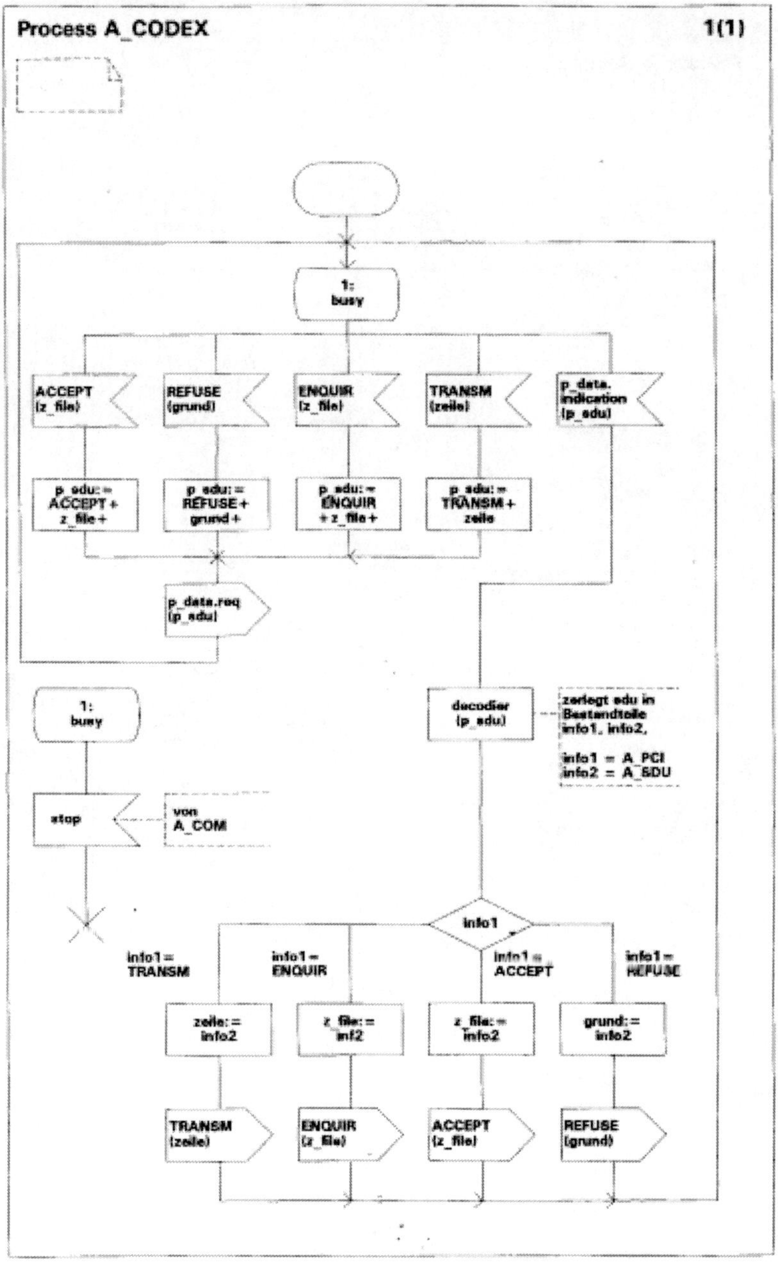
Process A_CODEX
1(1)
1:
busy
ACCEPT
(z_file)
REFUSE
(grund)
ENQUIR
(z_file)
TRANSM
(zeile)
p_data.
indication
(p_sdu)
p_sdu: =
ACCEPT +
z_file +
p_sdu: =
REFUSE +
grund +
p_sdu: =
ENQUIR
+ z_file +
p_sdu: =
TRANSM +
zeile
p_data.req
(p_sdu)
1:
busy
stop
von
A_COM
decodier
(p_sdu)
zerlegt sdu in
Bestandteile
info1, info2,
info1 = A_PCI
info2 = A_SDU
info1
info1 =
TRANSM
info1 =
ENQUIR
info1 =
ACCEPT
zeile: =
info2
z_file: =
inf2
z_file: =
info2
grund: =
info2
TRANSM
(zeile)
ENQUIR
(z_file)
ACCEPT
(z_file)
REFUSE
(grund)

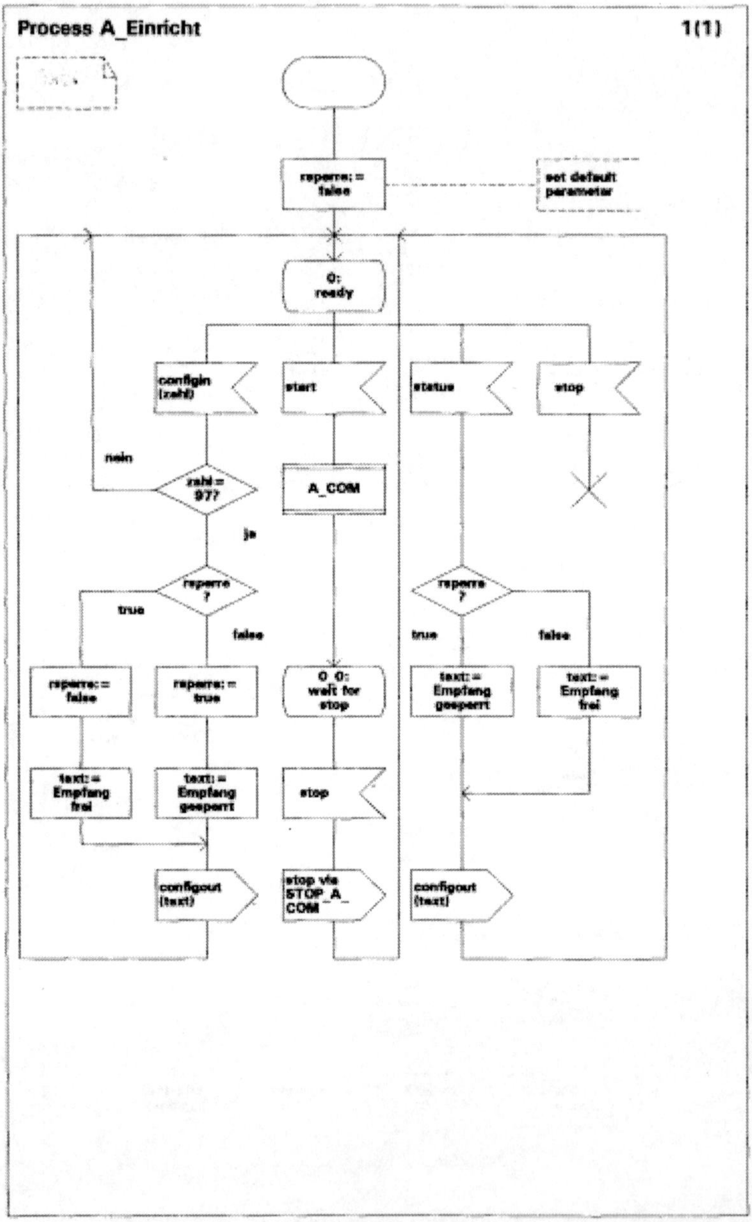
Process A_Einricht
1(1)
reperre: = false
set default parameter
0: ready
configin (zahl)
start
status
stop
nein
zahl = 97?
ja
A_COM
reperre ?
true
false
reperre ?
true
false
reperre: = false
reperre: = true
0_0: wait for stop
text: = Empfang gesperrt
text: = Empfang frei
text: = Empfang frei
text: = Empfang gesperrt
stop
configout (text)
stop via STOP_A_COM
configout (text)

3. 11. 3. P-Dienst

Dieser Abschnitt enthält die Diagramme

Block P_Dienst

Block P_Instanz

Process P_COM
Page1

Process P_Einricht
Page1

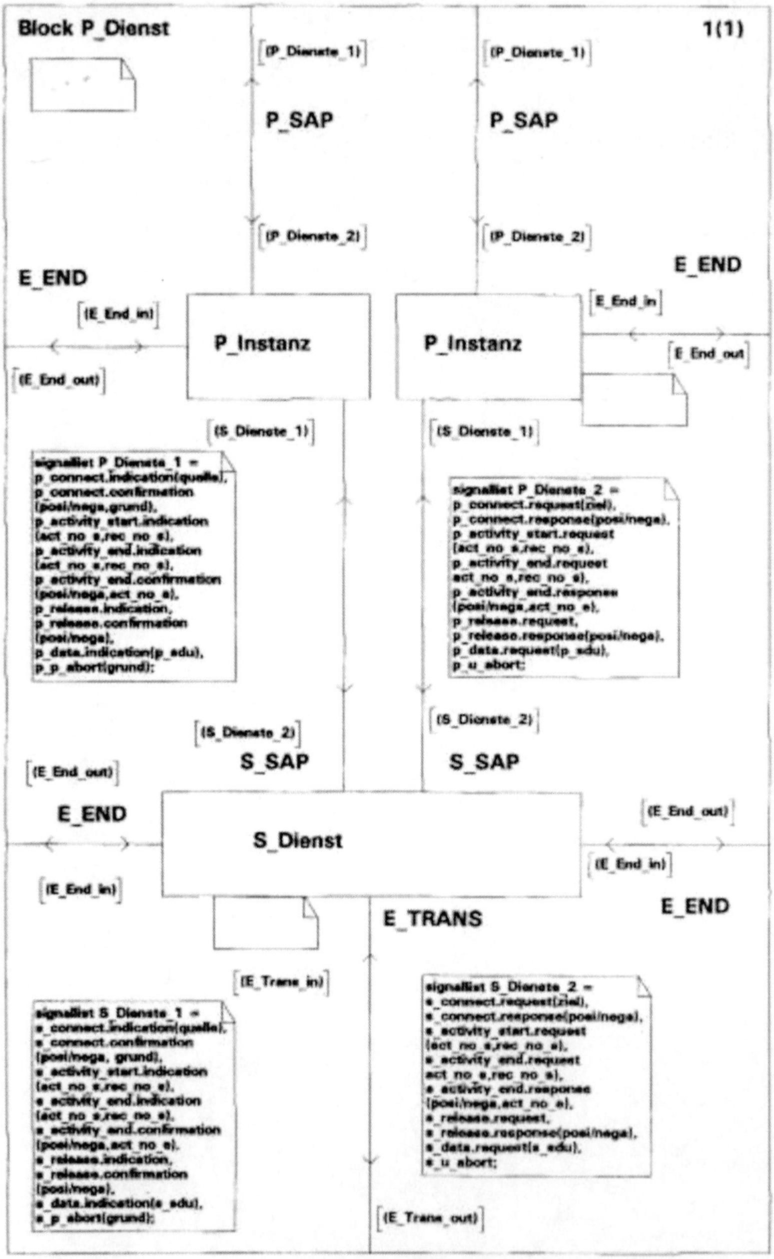
Block P_Dienst
1(1)
[P_Dienste_1]
[P_Dienste_1]
P_SAP
P_SAP
[P_Dienste_2]
[P_Dienste_2]
E_END
E_END
[E_End_in]
[E_End_in]
P_Instanz
P_Instanz
[E_End_out]
[E_End_out]
[S_Dienste_1]
[S_Dienste_1]
signallist P_Dienste_1 = p_connect.indication(quelle), p_connect.confirmation (posi/nega,grund), p_activity_start.indication (act_no_s,rec_no_s), p_activity_end.indication (act_no_s,rec_no_s), p_activity_end.confirmation (posi/nega,act_no_s), p_release.indication, p_release.confirmation (posi/nega), p_data.indication(p_sdu), p_p_abort(grund);
signallist P_Dienste_2 = p_connect.request(ziel), p_connect.response(posi/nega), p_activity_start.request (act_no_s,rec_no_s), p_activity_end.request act_no_s,rec_no_s), p_activity_end.response (posi/nega,act_no_s), p_release.request, p_release.response(posi/nega), p_data.request(p_sdu), p_u_abort;
[S_Dienste_2]
[S_Dienste_2]
S_SAP
S_SAP
[E_End_out]
[E_End_out]
E_END
E_END
S_Dienst
[E_End_in]
[E_End_in]
E_TRANS
[E_Trans_in]
signallist S_Dienste_1 = s_connect.indication(quelle), s_connect.confirmation (posi/nega, grund), s_activity_start.indication (act_no_s,rec_no_s), s_activity_end.indication (act_no_s,rec_no_s), s_activity_end.confirmation (posi/nega,act_no_s), s_release.indication, s_release.confirmation (posi/nega), s_data.indication(s_sdu), s_p_abort(grund);
signallist S_Dienste_2 = s_connect.request(ziel), s_connect.response(posi/nega), s_activity_start.request (act_no_s,rec_no_s), s_activity_end.request act_no_s,rec_no_s), s_activity_end.response (posi/nega,act_no_s), s_release.request, s_release.response(posi/nega), s_data.request(s_sdu), s_u_abort;
[E_Trans_out]

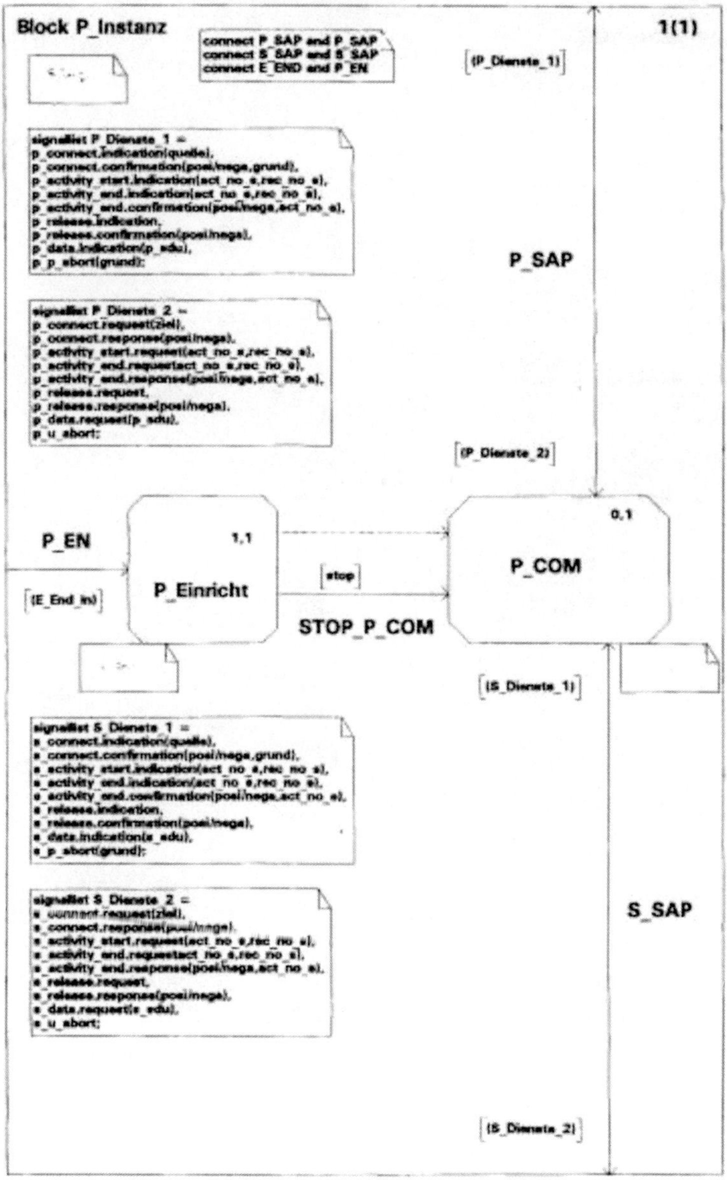
Block P_Instanz
1(1)
connect P_SAP and P_SAP
connect S_SAP and S_SAP
connect E_END and P_EN
(P_Dienste_1)
signallist P_Dienste_1 =
p_connect.indication(quelle),
p_connect.confirmation(posi/nega,grund),
p_activity_start.indication(act_no_s,rec_no_s),
p_activity_end.indication(act_no_s,rec_no_s),
p_activity_end.confirmation(posi/nega,act_no_s),
p_release.indication,
p_release.confirmation(posi/nega),
p_data.indication(p_sdu),
p_p_abort(grund);
P_SAP
signallist P_Dienste_2 =
p_connect.request(ziel),
p_connect.response(posi/nega),
p_activity_start.request(act_no_s,rec_no_s),
p_activity_end.requestact_no_s,rec_no_s),
p_activity_end.response(posi/nega,act_no_s),
p_release.request,
p_release.response(posi/nega),
p_data.request(p_sdu),
p_u_abort;
(P_Dienste_2)
P_EN
1,1
(E_End_in)
P_Einricht
stop
STOP_P_COM
0,1
P_COM
(S_Dienste_1)
signallist S_Dienste_1 =
s_connect.indication(quelle),
s_connect.confirmation(posi/nega,grund),
s_activity_start.indication(act_no_s,rec_no_s),
s_activity_end.indication(act_no_s,rec_no_s),
s_activity_end.confirmation(posi/nega,act_no_s),
s_release.indication,
s_release.confirmation(posi/nega),
s_data.indication(s_sdu),
s_p_abort(grund);
signallist S_Dienste_2 =
s_connect.request(ziel),
s_connect.response(posi/nega),
s_activity_start.request(act_no_s,rec_no_s),
s_activity_end.requestact_no_s,rec_no_s),
s_activity_end.response(posi/nega,act_no_s),
s_release.request,
s_release.response(posi/nega),
s_data.request(s_sdu),
s_u_abort;
S_SAP
(S_Dienste_2)

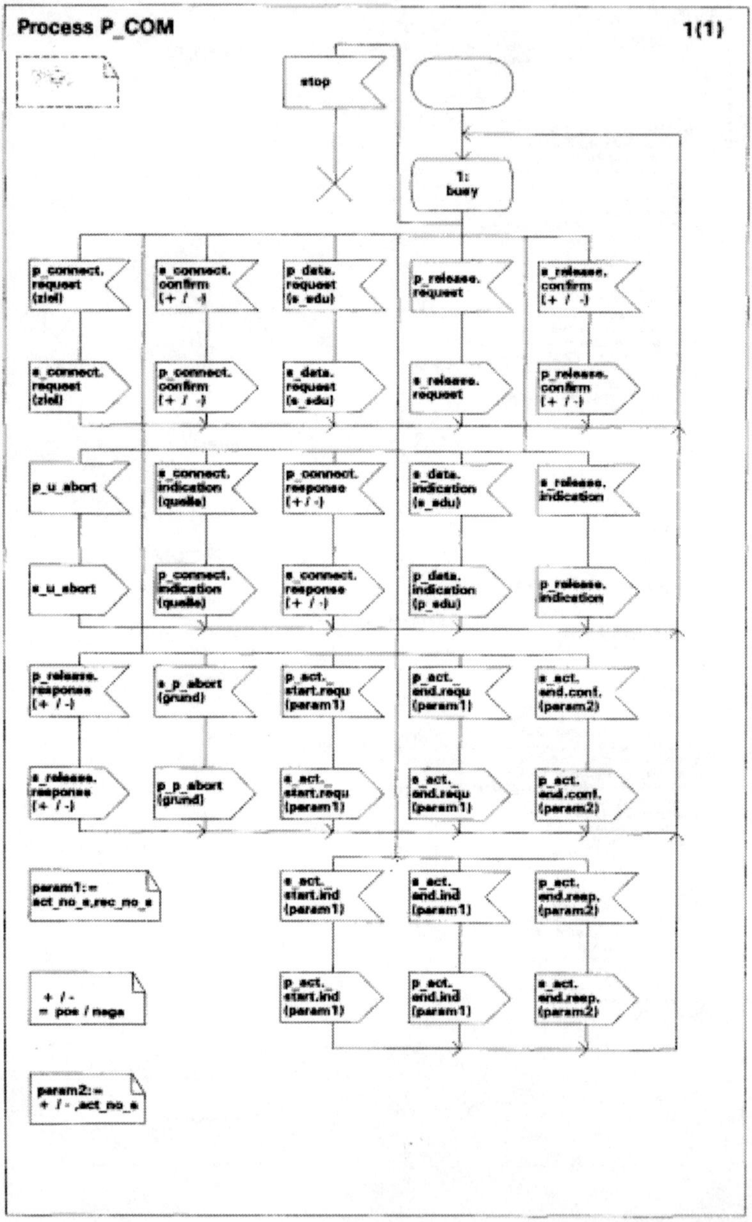
Process P_COM
1(1)
stop
1:
busy
p_connect.
request
(ziel)
s_connect.
confirm
(+ / -)
p_data.
request
(s_sdu)
p_release.
request
s_release.
confirm
(+ / -)
s_connect.
request
(ziel)
p_connect.
confirm
(+ / -)
s_data.
request
(s_sdu)
s_release.
request
p_release.
confirm
(+ / -)
p_u_abort
s_connect.
indication
(quelle)
p_connect.
response
(+ / -)
s_data.
indication
(s_sdu)
s_release.
indication
s_u_abort
p_connect.
indication
(quelle)
s_connect.
response
(+ / -)
p_data.
indication
(p_sdu)
p_release.
indication
p_release.
response
(+ / -)
s_p_abort
(grund)
p_act._
start.requ
(param1)
p_act._
end.requ
(param1)
s_act.
end.conf.
(param2)
s_release.
response
(+ / -)
p_p_abort
(grund)
s_act._
start.requ
(param1)
s_act._
end.requ
(param1)
p_act.
end.conf.
(param2)
param1:=
act_no_s,rec_no_s
s_act._
start.ind
(param1)
s_act._
end.ind
(param1)
p_act.
end.resp.
(param2)
+ / -
= pos / nega
p_act._
start.ind
(param1)
p_act._
end.ind
(param1)
s_act.
end.resp.
(param2)
param2:=
+ / - ,act_no_s

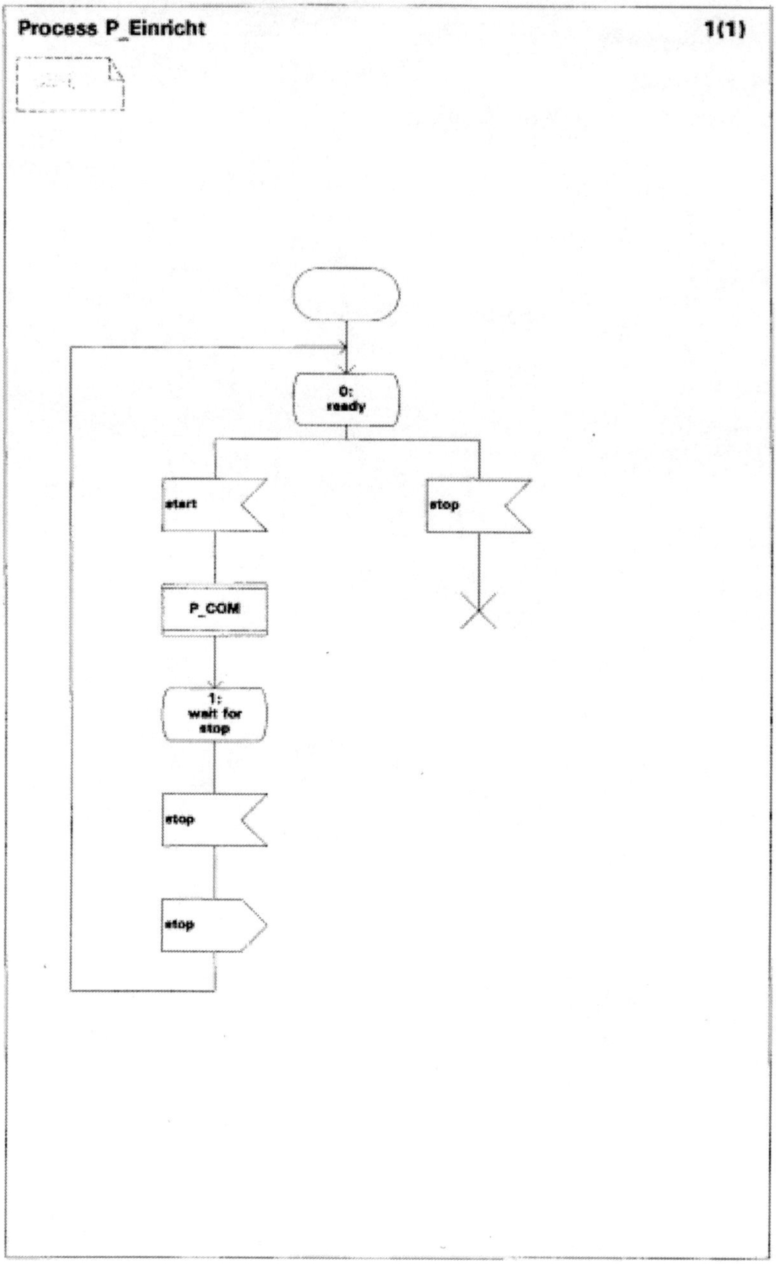
Process P_Einricht
1(1)
0:
ready
start
stop
P_COM
1:
wait for
stop
stop
stop

3. 11. 4. S-Dienst
Dieser Abschnitt enthält die Diagramme

Block S_Dienst

Block S_Instanz

Process S_COM
Page1
Page2
Page3

Process S_CODEX
Page1

Process S_Einricht
Page1

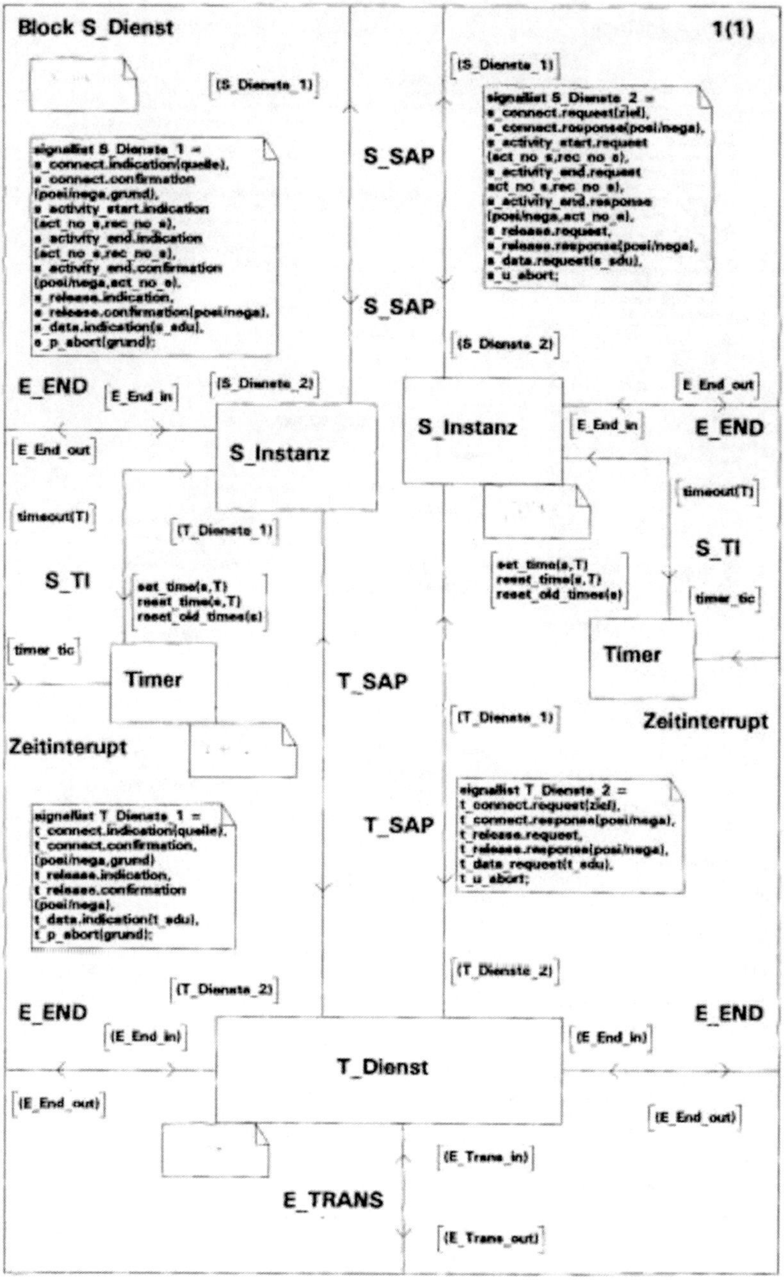
Block S_Dienst
1(1)
(S_Dienste_1)
(S_Dienste_1)
signallist S_Dienste_1 =
s_connect.indication(quelle),
s_connect.confirmation
(posi/nega,grund),
s_activity_start.indication
(act_no_s,rec_no_s),
s_activity_end.indication
(act_no_s,rec_no_s),
s_activity_end.confirmation
(posi/nega,act_no_s),
s_release.indication,
s_release.confirmation(posi/nega),
s_data.indication(s_sdu),
s_p_abort(grund);
S_SAP
S_SAP
signallist S_Dienste_2 =
s_connect.request(ziel),
s_connect.response(posi/nega),
s_activity_start.request
(act_no_s,rec_no_s),
s_activity_end.request
act_no_s,rec_no_s),
s_activity_end.response
(posi/nega,act_no_s),
s_release.request,
s_release.response(posi/nega),
s_data.request(s_sdu),
s_u_abort;
(S_Dienste_2)
E_END
E_End_in
(S_Dienste_2)
E_End_out
S_Instanz
E_End_in
E_END
E_End_out
S_Instanz
timeout(T)
timeout(T)
(T_Dienste_1)
S_TI
set_time(s,T)
reset_time(s,T)
reset_old_times(s)
S_TI
set_time(s,T)
reset_time(s,T)
reset_old_times(s)
timer_tic
timer_tic
Timer
Timer
T_SAP
(T_Dienste_1)
Zeitinterupt
Zeitinterrupt
signallist T_Dienste_1 =
t_connect.indication(quelle),
t_connect.confirmation,
(posi/nega,grund)
t_release.indication,
t_release.confirmation
(posi/nega),
t_data.indication(t_sdu),
t_p_abort(grund);
T_SAP
signallist T_Dienste_2 =
t_connect.request(ziel),
t_connect.response(posi/nega),
t_release.request,
t_release.response(posi/nega),
t_data_request(t_sdu),
t_u_abort;
(T_Dienste_2)
(T_Dienste_2)
E_END
E_END
(E_End_in)
(E_End_in)
T_Dienst
(E_End_out)
(E_End_out)
(E_Trans_in)
E_TRANS
(E_Trans_out)

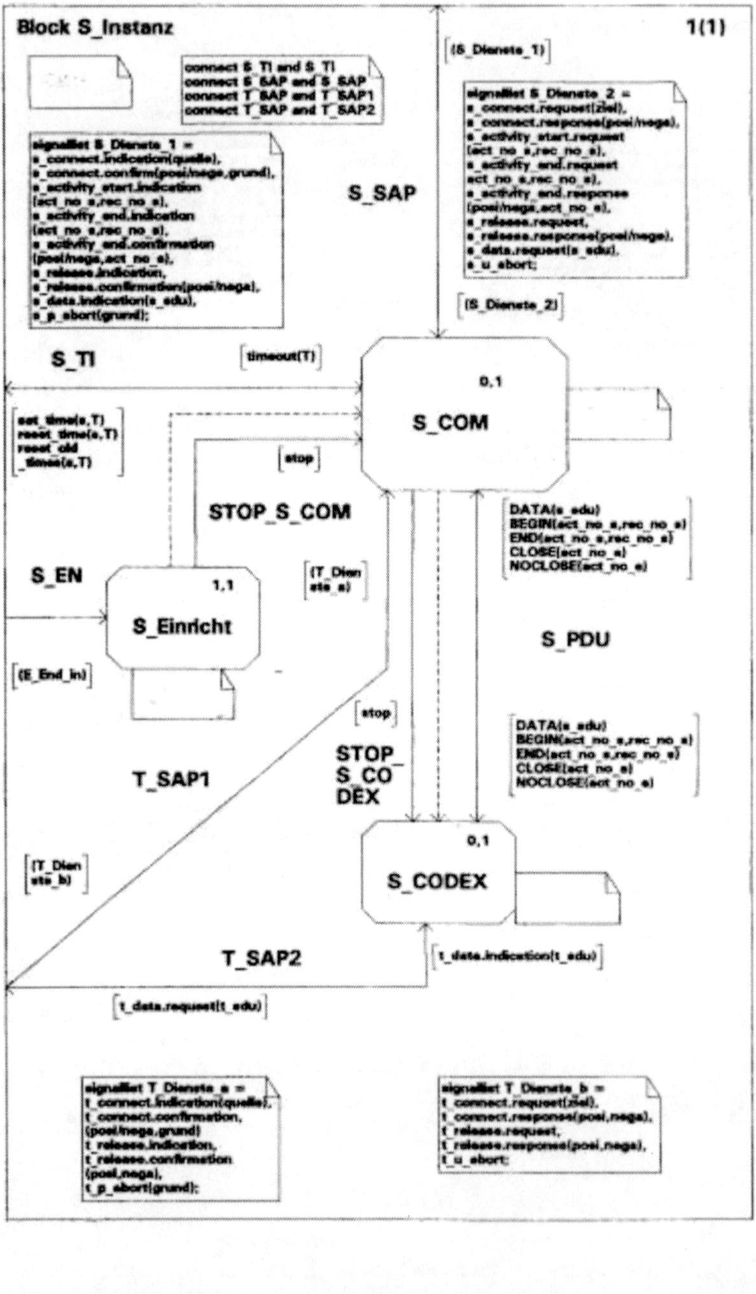
Block S_Instanz
1(1)
connect S_TI and S_TI
connect S_SAP and S_SAP
connect T_SAP and T_SAP1
connect T_SAP and T_SAP2
signallist S_Dienste_1 =
s_connect.indication(quelle),
s_connect.confirm(posi/nega,grund),
s_activity_start.indication
(act_no_s,rec_no_s),
s_activity_end.indication
(act_no_s,rec_no_s),
s_activity_end.confirmation
(posi/nega,act_no_s),
s_release.indication,
s_release.confirmation(posi/nega),
s_data.indication(s_edu),
s_p_abort(grund);
S_SAP
[(S_Dienste_1)]
signallist S_Dienste_2 =
s_connect.request(ziel),
s_connect.response(posi/nega),
s_activity_start.request
(act_no_s,rec_no_s),
s_activity_end.request
act_no_s,rec_no_s),
s_activity_end.response
(posi/nega,act_no_s),
s_release.request,
s_release.response(posi/nega),
s_data.request(s_edu),
s_u_abort;
[(S_Dienste_2)]
S_TI
[timeout(T)]
0,1
S_COM
[set_time(s,T)
reset_time(s,T)
reset_old
_times(s,T)]
[stop]
STOP_S_COM
S_EN
1,1
S_Einricht
[(T_Dien
ste_a)]
[DATA(s_edu)
BEGIN(act_no_s,rec_no_s)
END(act_no_s,rec_no_s)
CLOSE(act_no_s)
NOCLOSE(act_no_s)]
S_PDU
[(E_End_in)]
[stop]
STOP_
S_CO
DEX
T_SAP1
[DATA(s_edu)
BEGIN(act_no_s,rec_no_s)
END(act_no_s,rec_no_s)
CLOSE(act_no_s)
NOCLOSE(act_no_s)]
[(T_Dien
ste_b)]
0,1
S_CODEX
T_SAP2
[t_data.indication(t_edu)]
[t_data.request(t_edu)]
signallist T_Dienste_a =
t_connect.indication(quelle),
t_connect.confirmation,
(posi/nega,grund)
t_release.indication,
t_release.confirmation
(posi,nega),
t_p_abort(grund);
signallist T_Dienste_b =
t_connect.request(ziel),
t_connect.response(posi,nega),
t_release.request,
t_release.response(posi,nega),
t_u_abort;

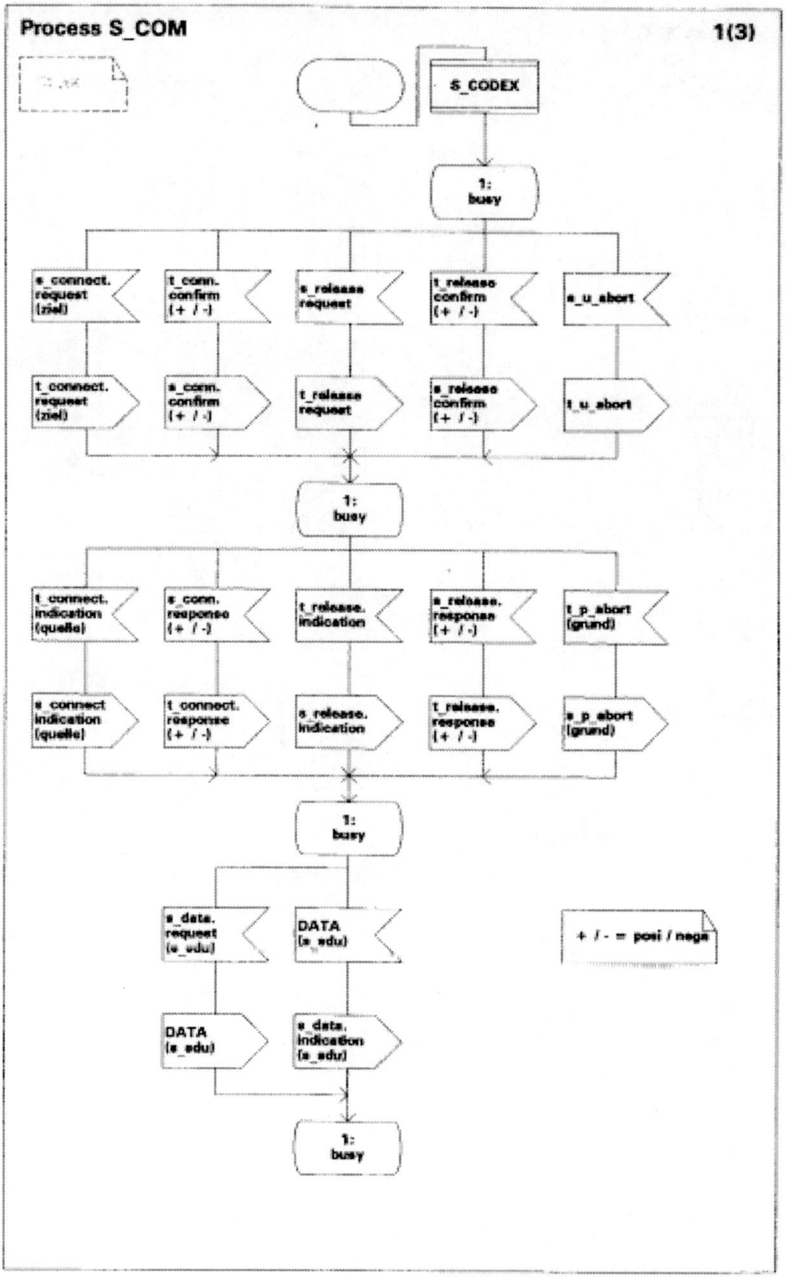
Process S_COM
1(3)
S_CODEX
1:
busy
s_connect.
request
(ziel)
t_conn.
confirm
(+ / -)
s_release
request
t_release
confirm
(+ / -)
s_u_abort
t_connect.
request
(ziel)
s_conn.
confirm
(+ / -)
t_release
request
s_release
confirm
(+ / -)
t_u_abort
1:
busy
t_connect.
indication
(quelle)
s_conn.
response
(+ / -)
t_release.
indication
s_release.
response
(+ / -)
t_p_abort
(grund)
s_connect
indication
(quelle)
t_connect.
response
(+ / -)
s_release.
indication
t_release.
response
(+ / -)
s_p_abort
(grund)
1:
busy
s_data.
request
(s_sdu)
DATA
(s_sdu)
+ / - = posi / nega
DATA
(s_sdu)
s_data.
indication
(s_sdu)
1:
busy

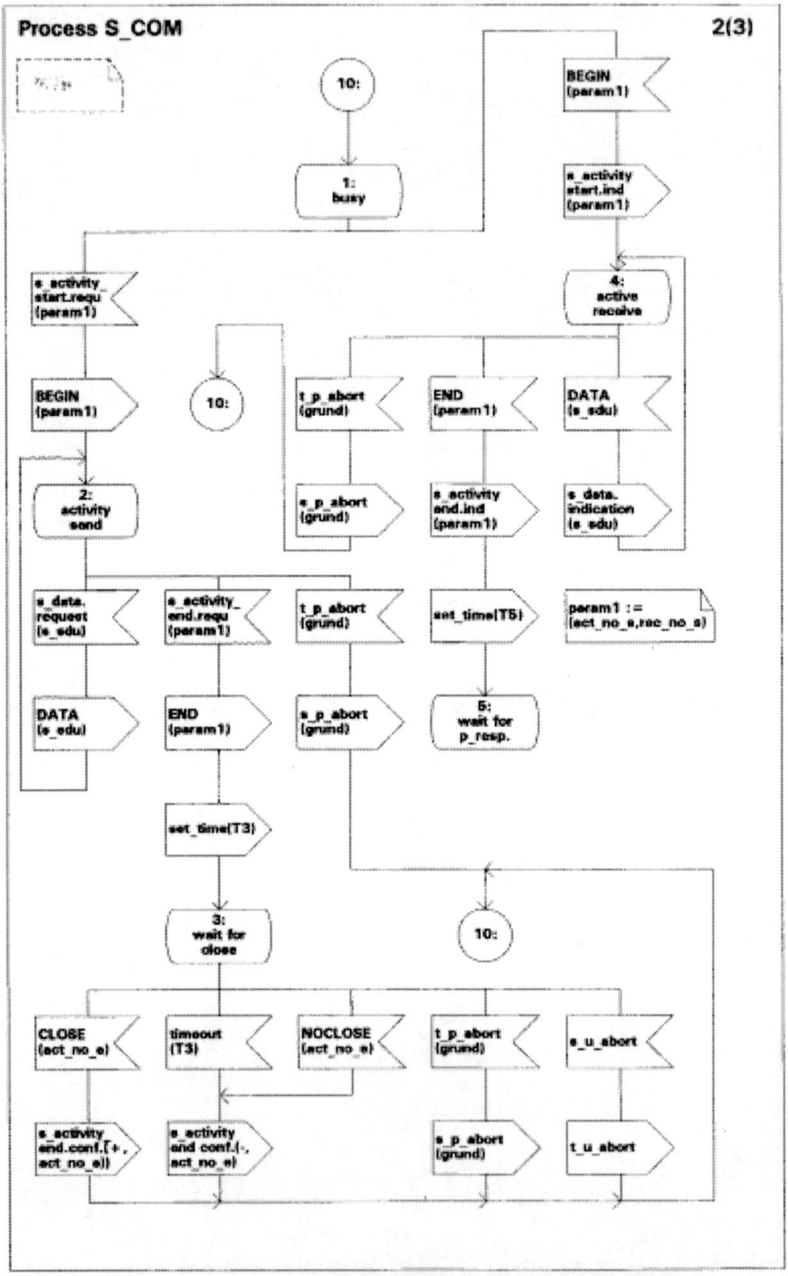
Process S_COM
2(3)
10:
1:
busy
BEGIN
(param1)
s_activity
start.ind
(param1)
s_activity_
start.requ
(param1)
4:
active
receive
BEGIN
(param1)
10:
t_p_abort
(grund)
END
(param1)
DATA
(s_sdu)
2:
activity
send
s_p_abort
(grund)
s_activity
end.ind
(param1)
s_data.
indication
(s_sdu)
s_data.
request
(s_sdu)
s_activity_
end.requ
(param1)
t_p_abort
(grund)
set_time(T5)
param1 :=
(act_no_s,rec_no_s)
DATA
(s_sdu)
END
(param1)
s_p_abort
(grund)
5:
wait for
p_resp.
set_time(T3)
3:
wait for
close
10:
CLOSE
(act_no_s)
timeout
(T3)
NOCLOSE
(act_no_s)
t_p_abort
(grund)
s_u_abort
s_activity
end.conf.(+,
act_no_s))
s_activity
end conf.(-,
act_no_s)
s_p_abort
(grund)
t_u_abort

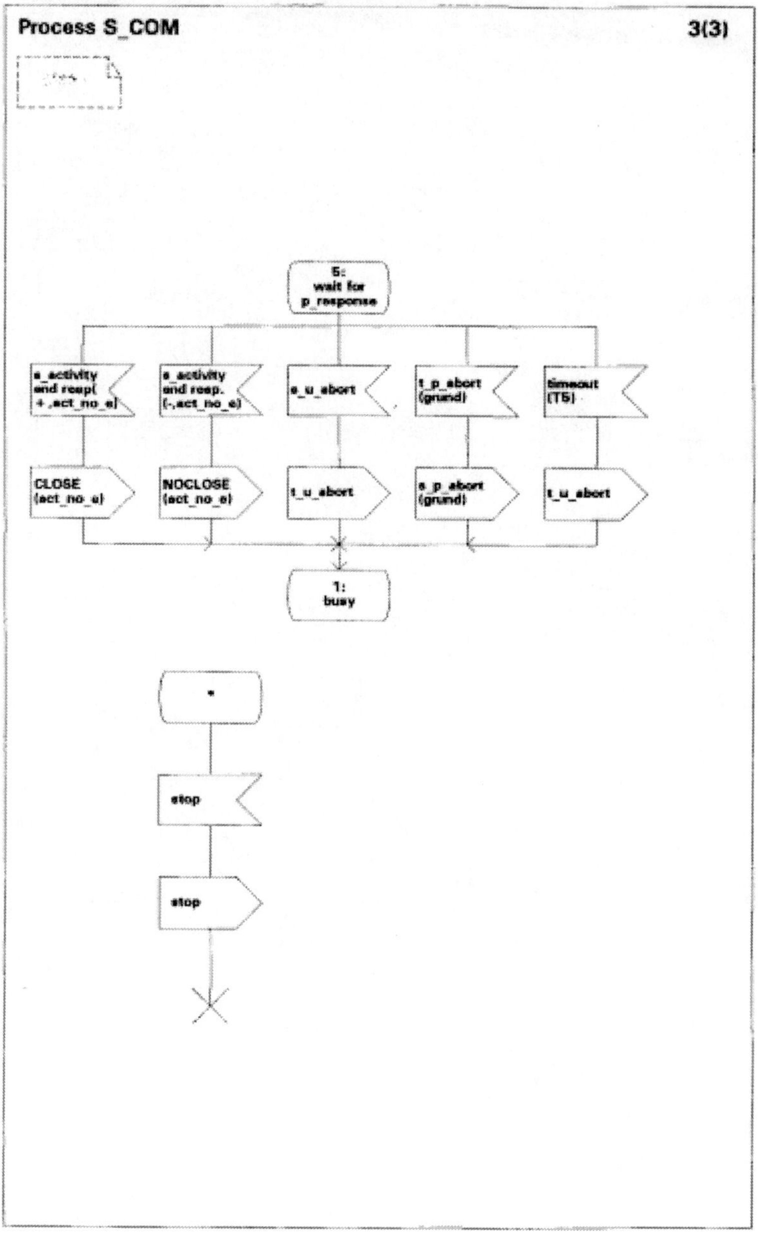
Process S_COM
3(3)
5:
wait for
p_response
s_activity
end resp(
+,act_no_e)
s_activity
end resp.
(-,act_no_e)
s_u_abort
t_p_abort
(grund)
timeout
(T5)
CLOSE
(act_no_e)
NOCLOSE
(act_no_e)
t_u_abort
s_p_abort
(grund)
t_u_abort
1:
busy
*
stop
stop

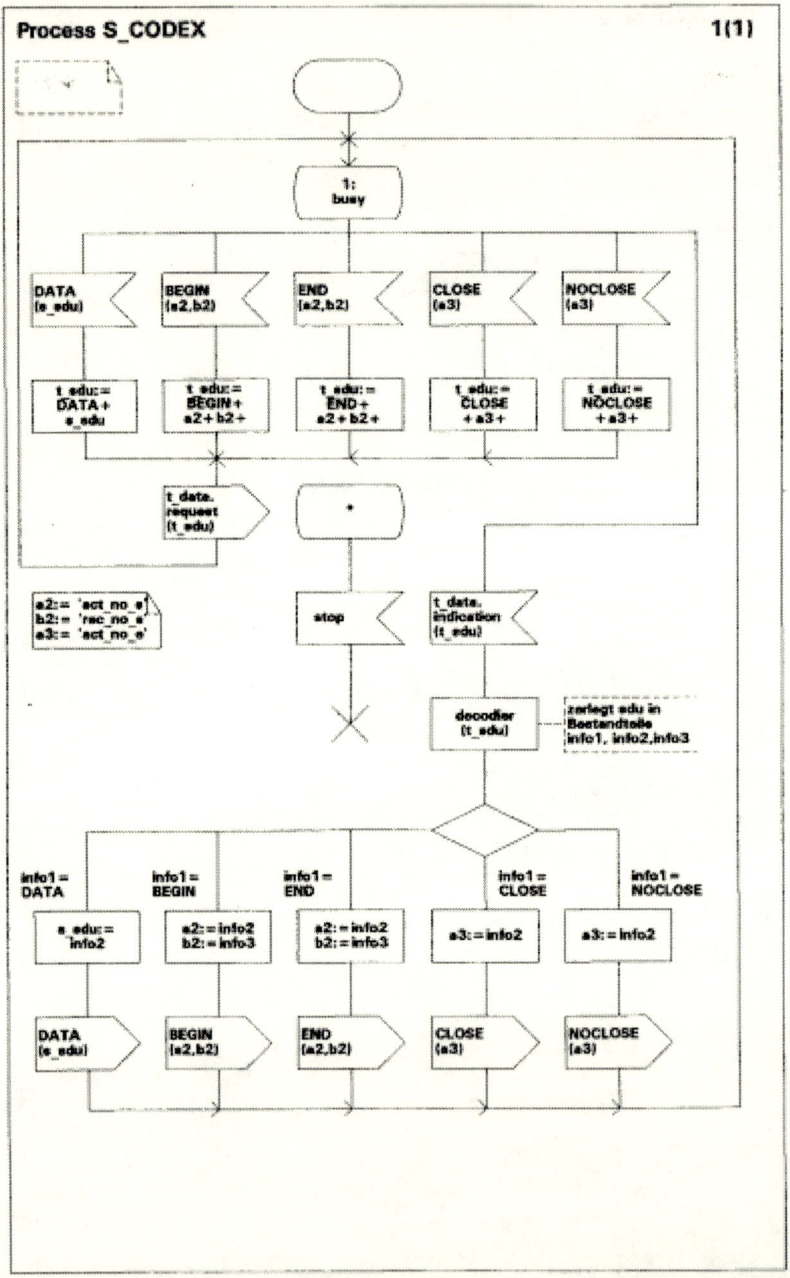
Process S_CODEX
1(1)
1:
busy
DATA
(s_edu)
BEGIN
(a2,b2)
END
(a2,b2)
CLOSE
(a3)
NOCLOSE
(a3)
t_edu:=
DATA+
s_edu
t_edu:=
BEGIN+
a2+b2+
t_edu:=
END+
a2+b2+
t_edu:=
CLOSE
+a3+
t_edu:=
NOCLOSE
+a3+
t_data.
request
(t_edu)
*
a2:= 'act_no_e'
b2:= 'rec_no_e'
a3:= 'act_no_e'
stop
t_data.
indication
(t_edu)
decodier
(t_edu)
zerlegt edu in
Bestandteile
info1, info2,info3
info1 =
DATA
info1 =
BEGIN
info1 =
END
info1 =
CLOSE
info1 =
NOCLOSE
s_edu:=
info2
a2:=info2
b2:=info3
a2:=info2
b2:=info3
a3:=info2
a3:=info2
DATA
(s_edu)
BEGIN
(a2,b2)
END
(a2,b2)
CLOSE
(a3)
NOCLOSE
(a3)

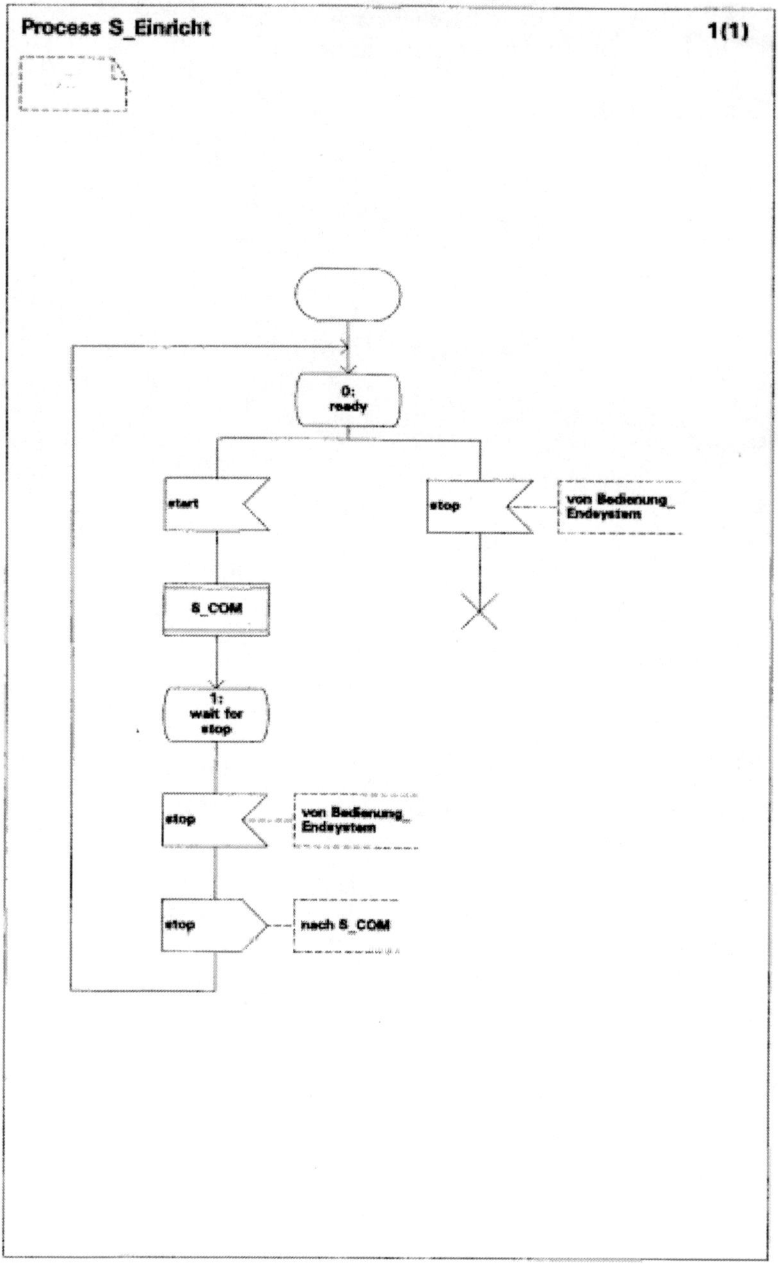
Process S_Einricht
1(1)
0;
ready
start
stop
von Bedienung_
Endsystem
S_COM
1:
wait for
stop
stop
von Bedienung_
Endsystem
stop
nach S_COM

3. 11. 5. T-Dienst

Dieser Abschnitt enthält die Diagramme

Block T_Dienst
Page 1(1)

Block T_Instanz
Page 1(1)

Process T_COM
Page 1(1)

Process T_Einricht
Page 1(1)

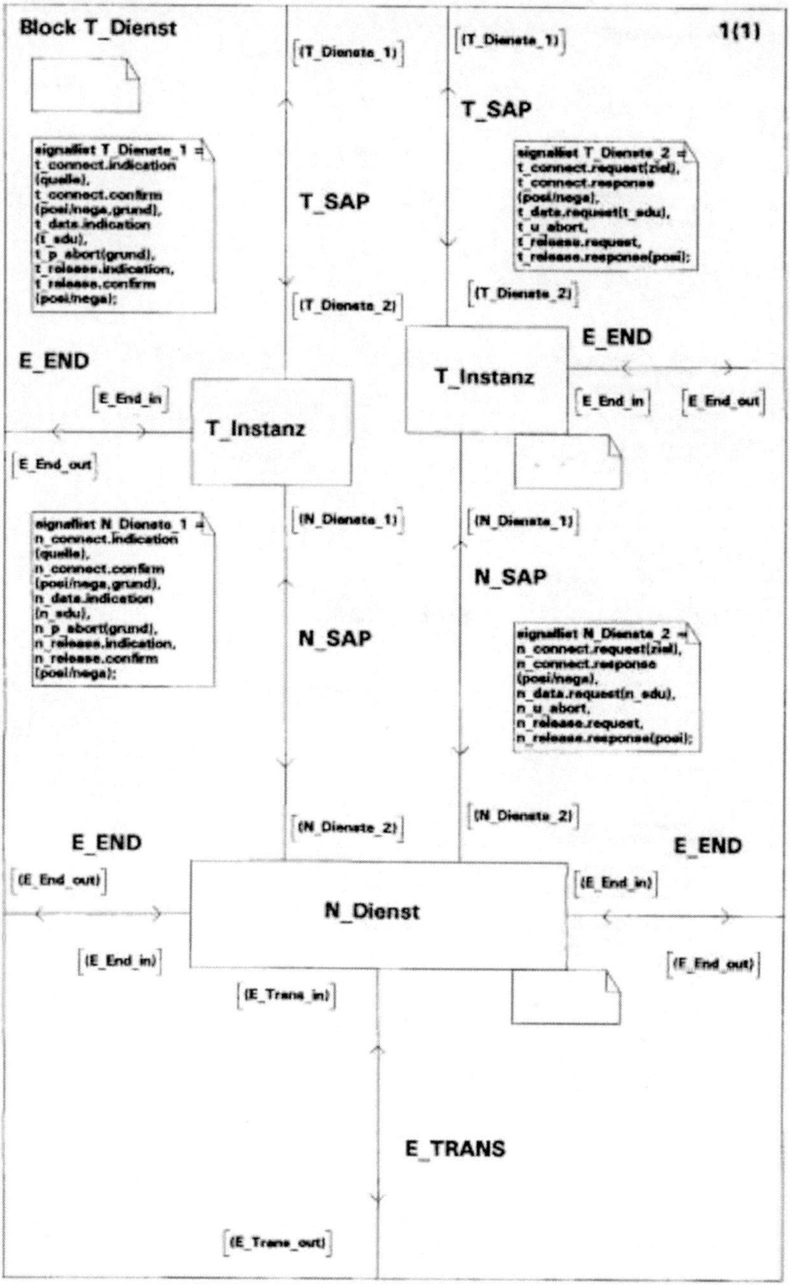
Block T_Dienst
1(1)
[(T_Dienste_1)]
[(T_Dienste_1)]
T_SAP
T_SAP
signallist T_Dienste_1 =
t_connect.indication
(quelle),
t_connect.confirm
(posi/nega,grund),
t_data.indication
(t_sdu),
t_p_abort(grund),
t_release.indication,
t_release.confirm
(posi/nega);
signallist T_Dienste_2 =
t_connect.request(ziel),
t_connect.response
(posi/nega),
t_data.request(t_sdu),
t_u_abort,
t_release.request,
t_release.response(posi);
[(T_Dienste_2)]
[(T_Dienste_2)]
E_END
E_END
T_Instanz
T_Instanz
[E_End_in]
[E_End_out]
[E_End_in]
[E_End_out]
[(N_Dienste_1)]
[(N_Dienste_1)]
N_SAP
N_SAP
signallist N_Dienste_1 =
n_connect.indication
(quelle),
n_connect.confirm
(posi/nega,grund),
n_data.indication
(n_sdu),
n_p_abort(grund),
n_release.indication,
n_release.confirm
(posi/nega);
signallist N_Dienste_2 =
n_connect.request(ziel),
n_connect.response
(posi/nega),
n_data.request(n_sdu),
n_u_abort,
n_release.request,
n_release.response(posi);
[(N_Dienste_2)]
[(N_Dienste_2)]
E_END
E_END
[(E_End_out)]
[(E_End_in)]
N_Dienst
[(E_End_in)]
[(E_End_out)]
[(E_Trans_in)]
E_TRANS
[(E_Trans_out)]

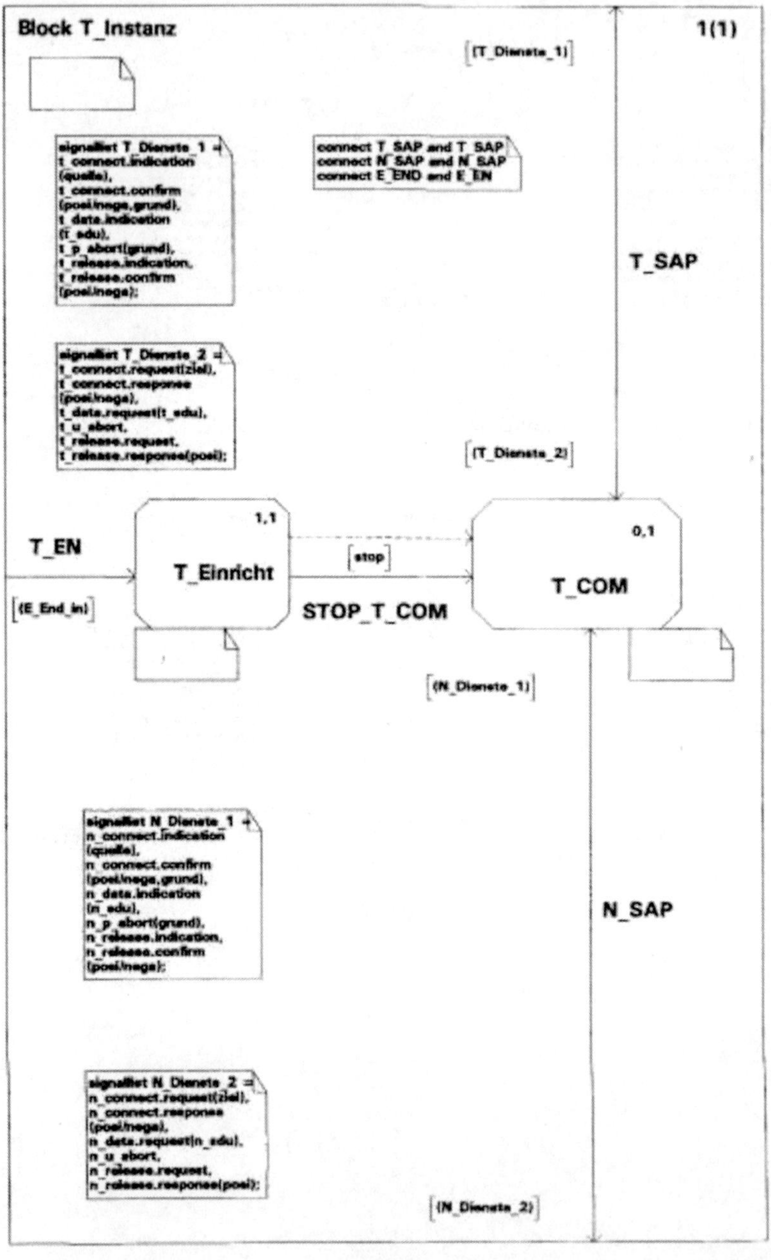
Block T_Instanz
1(1)
[T_Dienste_1]
signallist T_Dienste_1 = t_connect.indication (quelle), t_connect.confirm (posi.nega,grund), t_data.indication (t_sdu), t_p_abort(grund), t_release.indication, t_release.confirm (posi.nega);
connect T_SAP and T_SAP
connect N_SAP and N_SAP
connect E_END and E_EN
T_SAP
signallist T_Dienste_2 = t_connect.request(ziel), t_connect.response (posi.nega), t_data.request(t_sdu), t_u_abort, t_release.request, t_release.response(posi);
[T_Dienste_2]
1,1
T_EN
T_Einricht
[stop]
0,1
T_COM
[E_End_in]
STOP_T_COM
[N_Dienste_1]
signallist N_Dienste_1 = n_connect.indication (quelle), n_connect.confirm (posi.nega,grund), n_data.indication (n_sdu), n_p_abort(grund), n_release.indication, n_release.confirm (posi.nega);
N_SAP
signallist N_Dienste_2 = n_connect.request(ziel), n_connect.response (posi.nega), n_data.request(n_sdu), n_u_abort, n_release.request, n_release.response(posi);
[N_Dienste_2]

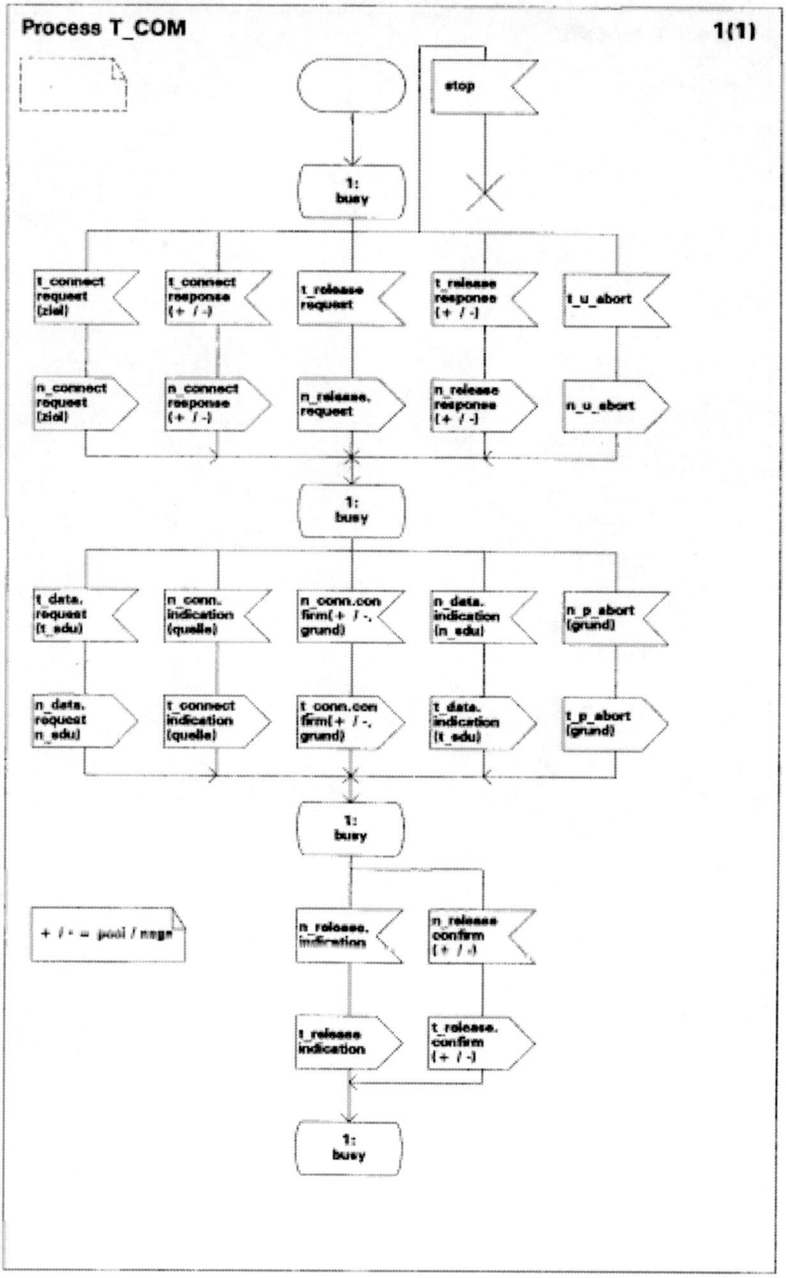
Process T_COM
1(1)
stop
1:
busy
t_connect
request
(ziel)
t_connect
response
(+ / -)
t_release
request
t_release
response
(+ / -)
t_u_abort
n_connect
request
(ziel)
n_connect
response
(+ / -)
n_release.
request
n_release
response
(+ / -)
n_u_abort
1:
busy
t_data.
request
(t_sdu)
n_conn.
indication
(quelle)
n_conn.con
firm(+ / -,
grund)
n_data.
indication
(n_sdu)
n_p_abort
(grund)
n_data.
request
n_sdu)
t_connect
indication
(quelle)
t_conn.con
firm(+ / -,
grund)
t_data.
indication
(t_sdu)
t_p_abort
(grund)
1:
busy
n_release.
indication
n_release
confirm
(+ / -)
+ / - = posi / nega
t_release
indication
t_release.
confirm
(+ / -)
1:
busy

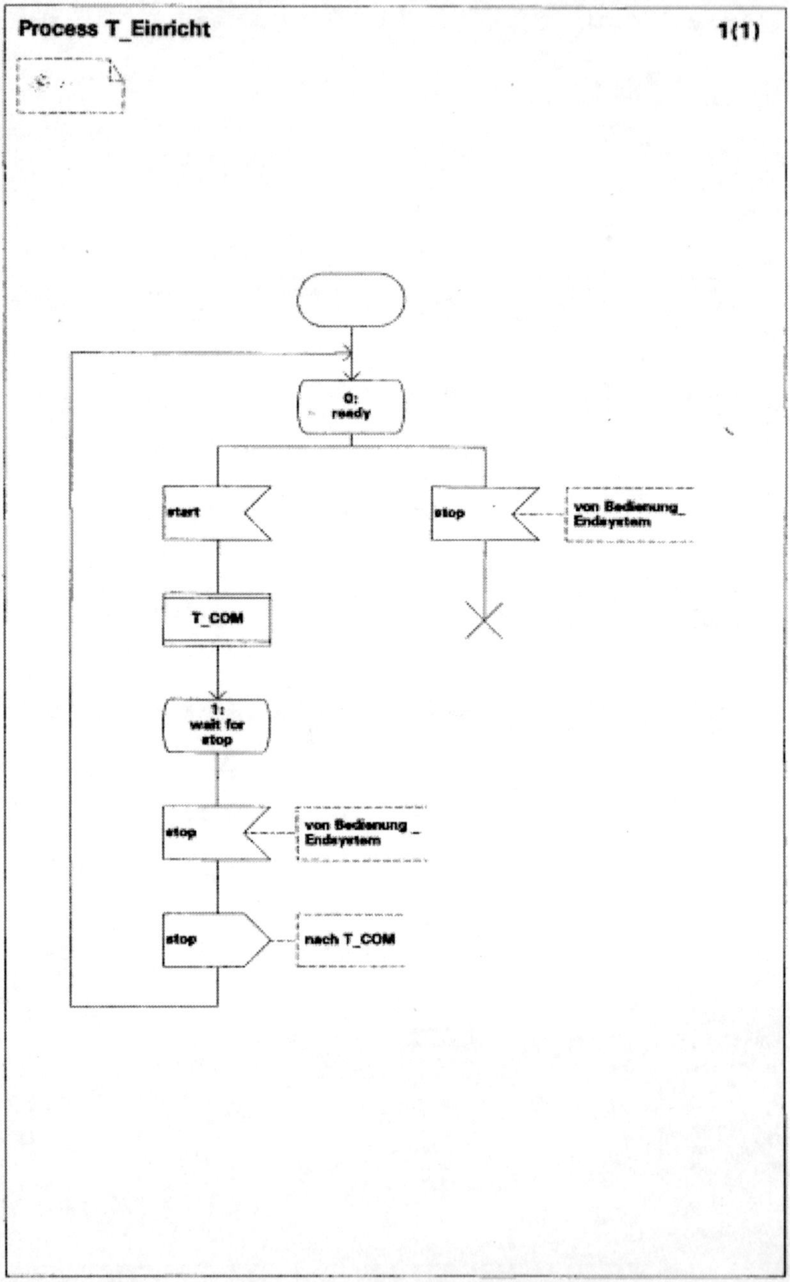
Process T_Einricht
1(1)
0:
ready
start
stop
von Bedienung_
Endsystem
T_COM
1:
wait for
stop
stop
von Bedienung_
Endsystem
stop
nach T_COM

3. 11. 6. N-Dienst

Dieser Abschnitt enthält die Diagramme

Block N_Dienst

Block N_Instanz_E
Process N_COM_E
Page1
Page2
Process N_CODEX_E
Page1
Process N_Einricht_E
Page1

Block N_Instanz_T
Process N_COM_T
Page1
Page2
Process MANAGER
Page1
Page2
Page3
Page4
Page5
Page6
Process N_CODEX_T
Page1
Process N_Einricht_T
Page1
Page2
Page3

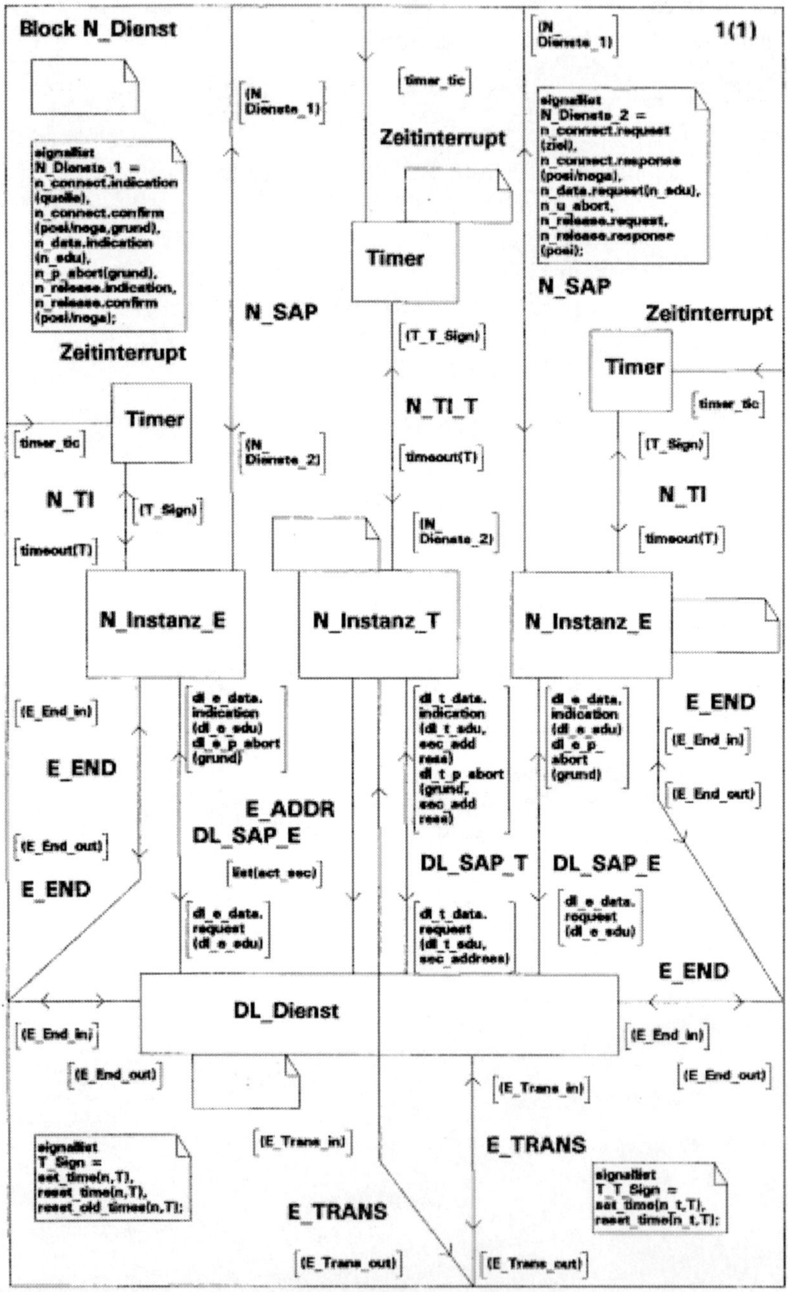
Block N_Dienst
1(1)
signallist
N_Diensts_1 =
n_connect.indication
(quelle),
n_connect.confirm
(posi/nega,grund),
n_data.indication
(n_sdu),
n_p_abort(grund),
n_release.indication,
n_release.confirm
(posi/nega);
Zeitinterrupt
Timer
timer_tic
N_TI
(T_Sign)
timeout(T)
N_SAP
(N_Diensts_1)
(N_Diensts_2)
timer_tic
Zeitinterrupt
Timer
(T_T_Sign)
N_TI_T
timeout(T)
(N_Diensts_2)
(N_Diensts_1)
signallist
N_Diensts_2 =
n_connect.request
(ziel),
n_connect.response
(posi/nega),
n_data.request(n_sdu),
n_u_abort,
n_release.request,
n_release.response
(posi);
N_SAP
Zeitinterrupt
Timer
timer_tic
(T_Sign)
N_TI
timeout(T)
N_Instanz_E
N_Instanz_T
N_Instanz_E
(E_End_in)
E_END
(E_End_out)
E_END
dl_e_data.
indication
(dl_e_sdu)
dl_e_p_abort
(grund)
E_ADDR
DL_SAP_E
list(act_sec)
dl_e_data.
request
(dl_e_sdu)
dl_t_data.
indication
(dl_t_sdu,
sec_add
ress)
dl_t_p_abort
(grund,
sec_add
ress)
DL_SAP_T
dl_t_data.
request
(dl_t_sdu,
sec_address)
dl_e_data.
indication
(dl_e_sdu)
dl_e_p_
abort
(grund)
DL_SAP_E
dl_e_data.
request
(dl_e_sdu)
E_END
(E_End_in)
(E_End_out)
E_END
DL_Dienst
(E_End_in)
(E_End_out)
(E_End_in)
(E_End_out)
signallist
T_Sign =
set_time(n,T),
reset_time(n,T),
reset_old_times(n,T);
(E_Trans_in)
E_TRANS
(E_Trans_out)
(E_Trans_in)
E_TRANS
(E_Trans_out)
signallist
T_T_Sign =
set_time(n_t,T),
reset_time(n_t,T);

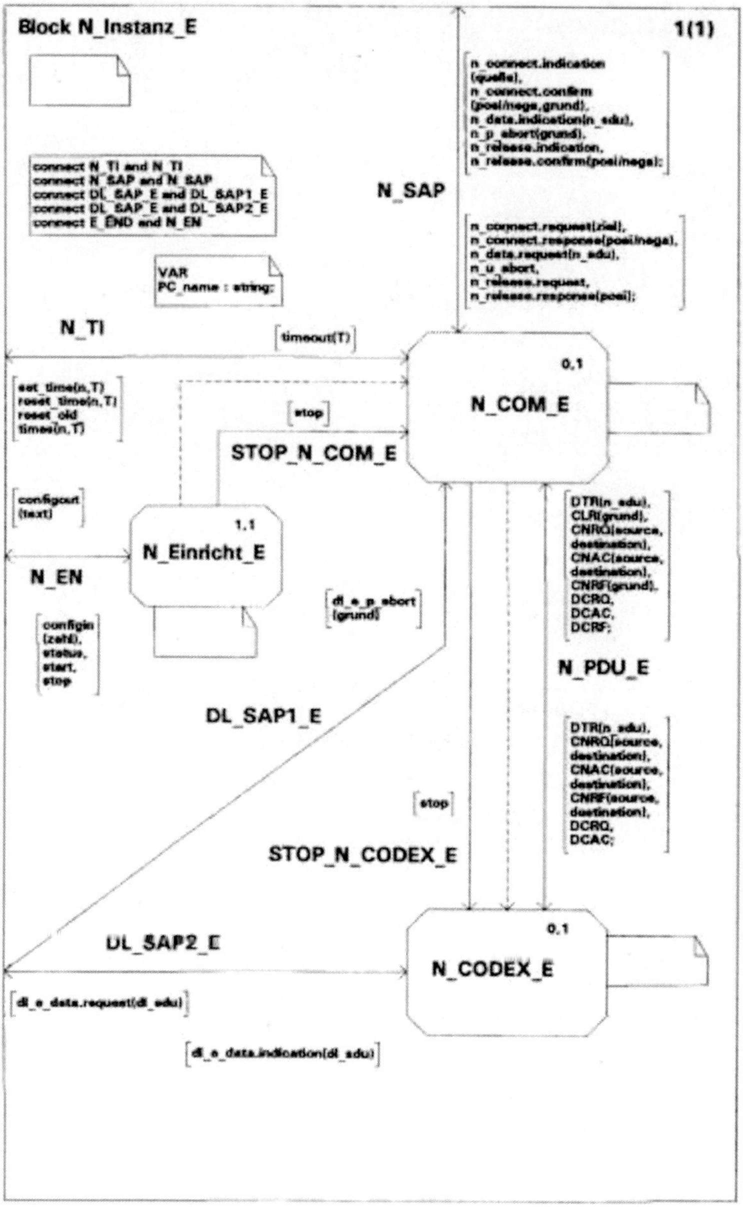
Block N_Instanz_E
1(1)
n_connect.indication (quelle), n_connect.confirm (posi/nega,grund), n_data.indication(n_sdu), n_p_abort(grund), n_release.indication, n_release.confirm(posi/nega);
N_SAP
n_connect.request(ziel), n_connect.response(posi/nega), n_data.request(n_sdu), n_u_abort, n_release.request, n_release.response(posi);
connect N_TI and N_TI
connect N_SAP and N_SAP
connect DL_SAP_E and DL_SAP1_E
connect DL_SAP_E and DL_SAP2_E
connect E_END and N_EN
VAR
PC_name : string;
N_TI
timeout(T)
set_time(n,T) reset_time(n,T) reset_old times(n,T)
0,1
N_COM_E
stop
STOP_N_COM_E
configout (text)
1,1
N_Einricht_E
N_EN
dl_e_p_abort (grund)
configin (zahl), status, start, stop
DTR(n_sdu), CLR(grund), CNRQ(source, destination), CNAC(source, destination), CNRF(grund), DCRQ, DCAC, DCRF;
N_PDU_E
DL_SAP1_E
DTR(n_sdu), CNRQ(source, destination), CNAC(source, destination), CNRF(source, destination), DCRQ, DCAC;
stop
STOP_N_CODEX_E
DL_SAP2_E
0,1
N_CODEX_E
dl_e_data.request(dl_sdu)
dl_e_data.indication(dl_sdu)

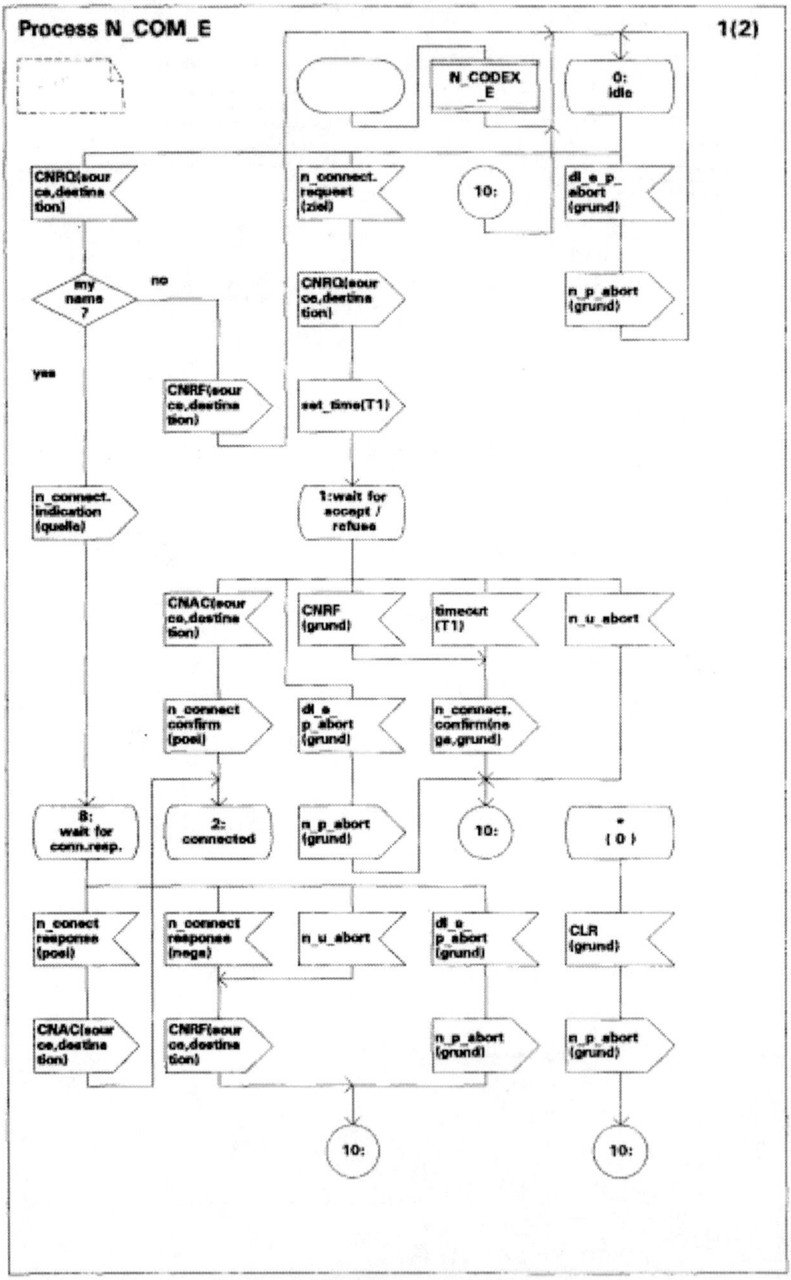
Process N_COM_E
1(2)
N_CODEX_E
0: idle
CNRQ(source,destination)
n_connect.request (ziel)
10:
dl_e_p_abort (grund)
my name ?
no
yes
CNRQ(source,destination)
n_p_abort (grund)
CNRF(source,destination)
set_time(T1)
n_connect.indication (quelle)
1:wait for accept / refuse
CNAC(source,destination)
CNRF (grund)
timeout (T1)
n_u_abort
n_connect confirm (posi)
dl_e_p_abort (grund)
n_connect.confirm(nega,grund)
8: wait for conn.resp.
2: connected
n_p_abort (grund)
10:
* (0)
n_conect response (posi)
n_connect response (nega)
n_u_abort
dl_e_p_abort (grund)
CLR (grund)
CNAC(source,destination)
CNRF(source,destination)
n_p_abort (grund)
n_p_abort (grund)
10:
10:

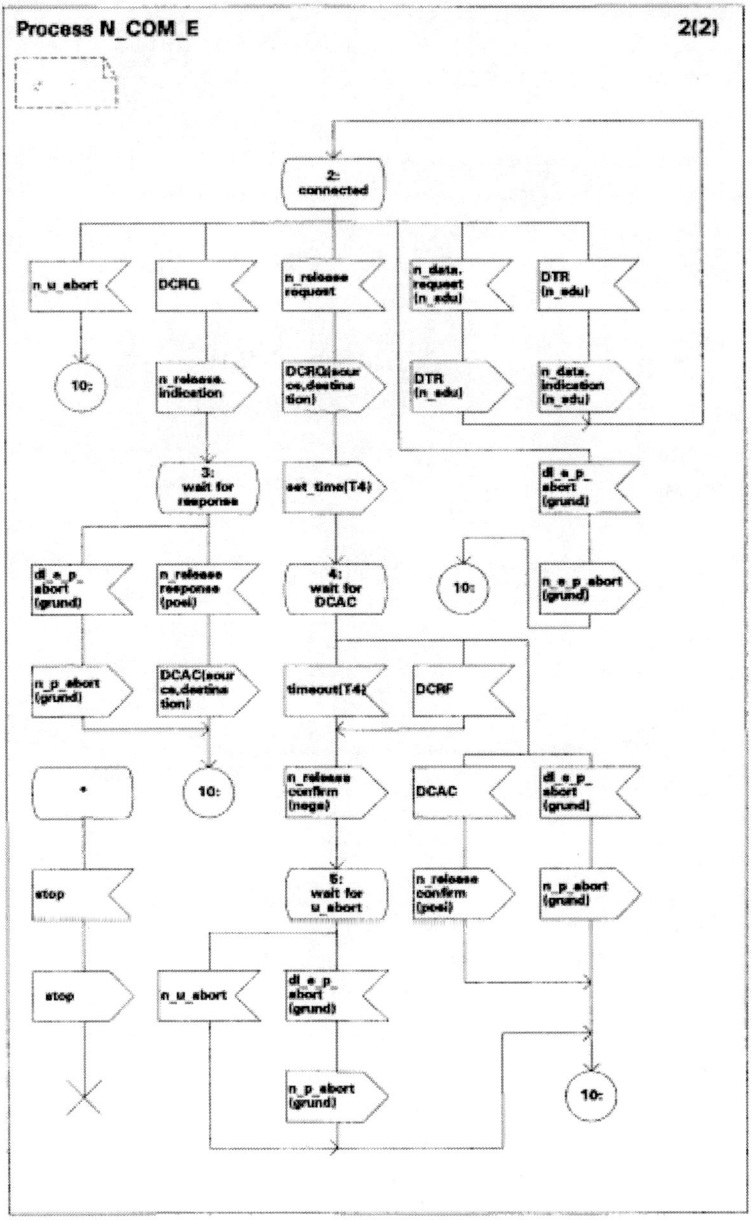
Process N_COM_E
2(2)
2:
connected
n_u_abort
DCRQ
n_release
request
n_data.
request
(n_sdu)
DTR
(n_sdu)
10:
n_release.
indication
DCRQ(sour
ce,destina
tion)
DTR
(n_sdu)
n_data.
indication
(n_sdu)
3:
wait for
response
set_time(T4)
dl_e_p_
abort
(grund)
dl_e_p_
abort
(grund)
n_release
response
(posi)
4:
wait for
DCAC
10:
n_e_p_abort
(grund)
n_p_abort
(grund)
DCAC(sour
ce,destina
tion)
timeout(T4)
DCRF
*
10:
n_release
confirm
(nega)
DCAC
dl_e_p_
abort
(grund)
stop
5:
wait for
u_abort
n_release
confirm
(posi)
n_p_abort
(grund)
stop
n_u_abort
dl_e_p_
abort
(grund)
n_p_abort
(grund)
10:

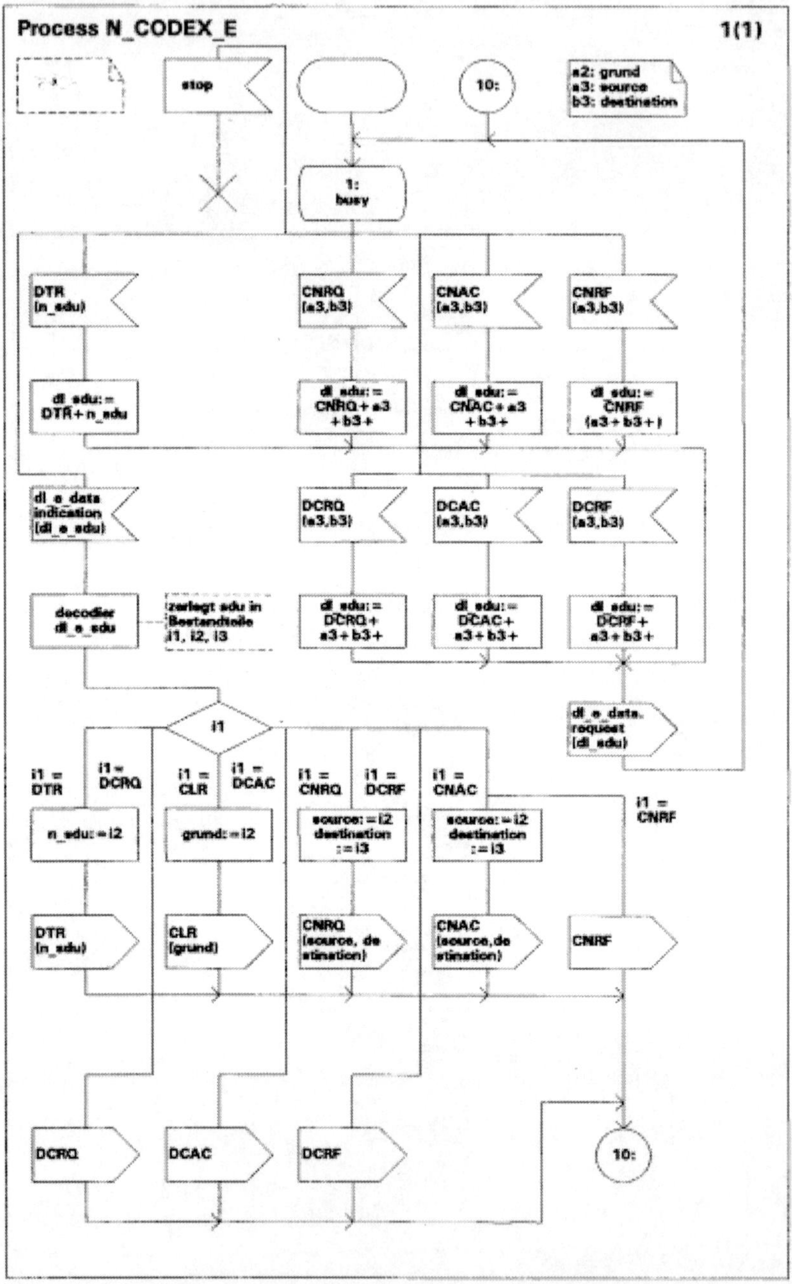
Process N_CODEX_E
1(1)
stop
10:
a2: grund
a3: source
b3: destination
1:
busy
DTR
(n_sdu)
CNRQ
(a3,b3)
CNAC
(a3,b3)
CNRF
(a3,b3)
dl_sdu: =
DTR + n_sdu
dl_sdu: =
CNRQ + a3
+ b3 +
dl_sdu: =
CNAC + a3
+ b3 +
dl_sdu: =
CNRF
(a3 + b3 +)
dl_e_data
indication
(dl_e_sdu)
DCRQ
(a3,b3)
DCAC
(a3,b3)
DCRF
(a3,b3)
decodier
dl_e_sdu
zerlegt sdu in
Bestandteile
i1, i2, i3
dl_sdu: =
DCRQ +
a3 + b3 +
dl_sdu: =
DCAC +
a3 + b3 +
dl_sdu: =
DCRF +
a3 + b3 +
dl_e_data.
request
(dl_sdu)
i1
i1 =
DTR
i1 =
DCRQ
i1 =
CLR
i1 =
DCAC
i1 =
CNRQ
i1 =
DCRF
i1 =
CNAC
i1 =
CNRF
n_sdu: = i2
grund: = i2
source: = i2
destination
: = i3
source: = i2
destination
: = i3
DTR
(n_sdu)
CLR
(grund)
CNRQ
(source, de
stination)
CNAC
(source,de
stination)
CNRF
DCRQ
DCAC
DCRF
10:

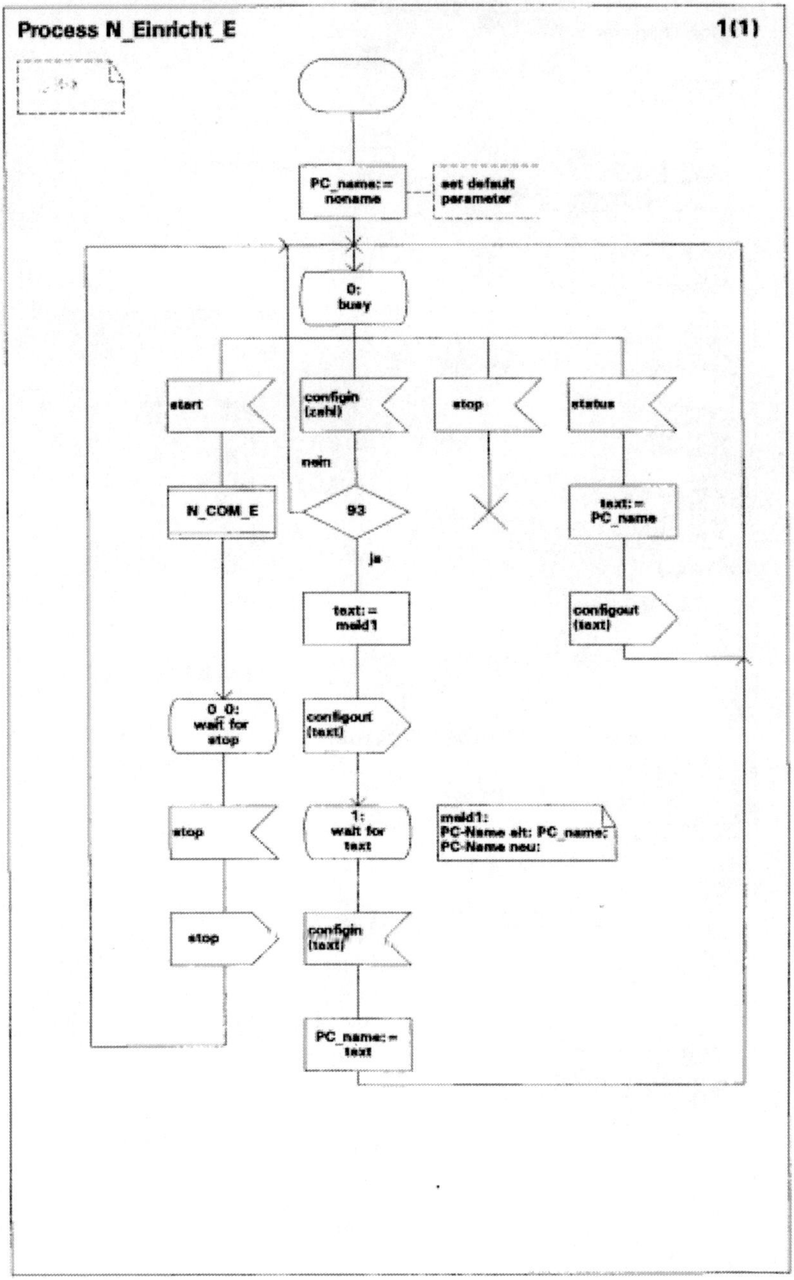
Process N_Einricht_E
1(1)
PC_name:= noname
set default parameter
0: busy
start
configin (zahl)
stop
status
nein
93
ja
N_COM_E
text:= PC_name
text:= meld1
configout (text)
0_0: wait for stop
configout (text)
stop
1: wait for text
meld1:
PC-Name alt: PC_name;
PC-Name neu:
stop
configin (text)
PC_name:= text

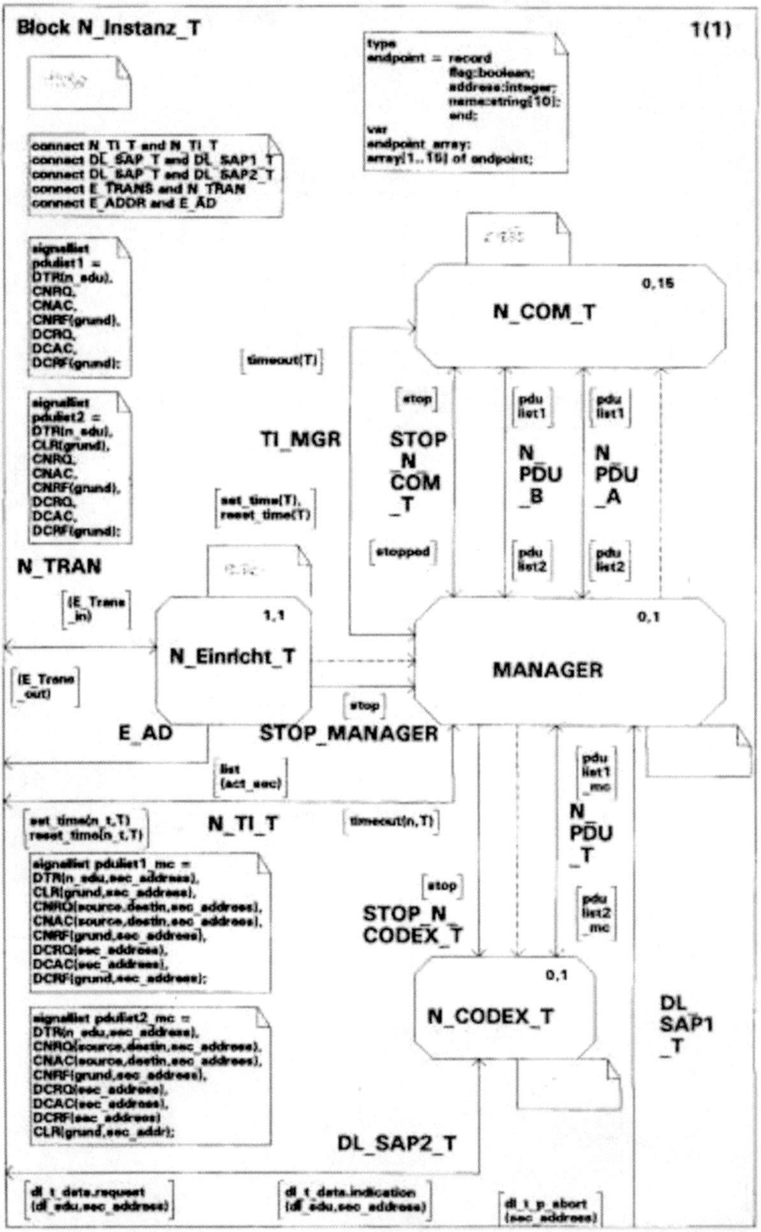
Block N_Instanz_T
1(1)
type
endpoint = record
flag:boolean;
address:integer;
name:string[10];
end;
var
endpoint_array:
array[1..15] of endpoint;
connect N_TI_T and N_TI_T
connect DL_SAP_T and DL_SAP1_T
connect DL_SAP_T and DL_SAP2_T
connect E_TRANS and N_TRAN
connect E_ADDR and E_AD
signallist
pdulist1 =
DTR(n_sdu),
CNRQ,
CNAC,
CNRF(grund),
DCRQ,
DCAC,
DCRF(grund);
signallist
pdulist2 =
DTR(n_sdu),
CLR(grund),
CNRQ,
CNAC,
CNRF(grund),
DCRQ,
DCAC,
DCRF(grund);
N_TRAN
(E_Trans_in)
(E_Trans_out)
E_AD
timeout(T)
TI_MGR
set_time(T),
reset_time(T)
N_COM_T
0,15
stop
STOP_N_COM_T
stopped
pdu list1
N_PDU_B
pdu list2
pdu list1
N_PDU_A
pdu list2
N_Einricht_T
1,1
MANAGER
0,1
stop
STOP_MANAGER
list
(act_sec)
N_TI_T
set_time(n_t,T)
reset_time(n_t,T)
timeout(n,T)
signallist pdulist1_mc =
DTR(n_sdu,sec_address),
CLR(grund,sec_address),
CNRQ(source,destin,sec_address),
CNAC(source,destin,sec_address),
CNRF(grund,sec_address),
DCRQ(sec_address),
DCAC(sec_address),
DCRF(grund,sec_address);
signallist pdulist2_mc =
DTR(n_sdu,sec_address),
CNRQ(source,destin,sec_address),
CNAC(source,destin,sec_address),
CNRF(grund,sec_address),
DCRQ(sec_address),
DCAC(sec_address),
DCRF(sec_address)
CLR(grund,sec_addr);
stop
STOP_N_CODEX_T
pdu list1_mc
N_PDU_T
pdu list2_mc
N_CODEX_T
0,1
DL_SAP1_T
DL_SAP2_T
dl_t_data.request
(dl_sdu,sec_address)
dl_t_data.indication
(dl_sdu,sec_address)
dl_t_p_abort
(sec_address)

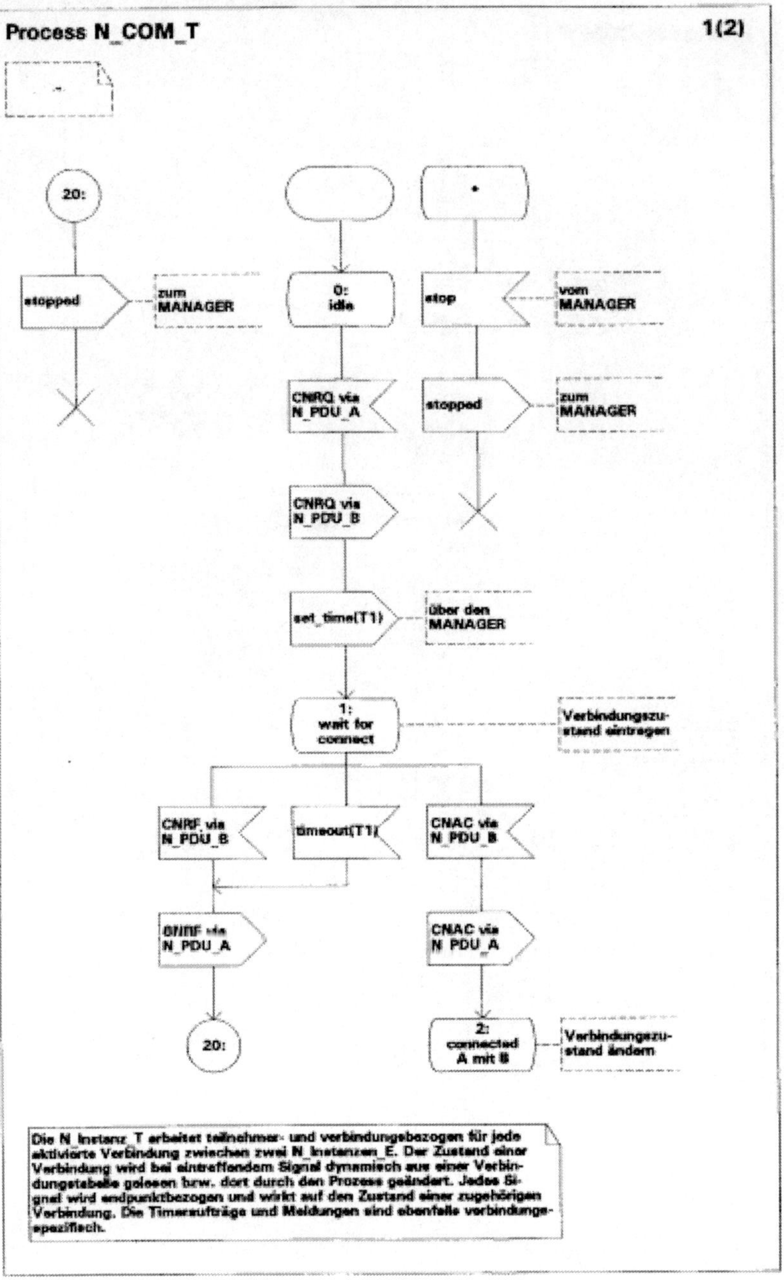
Process N_COM_T
1(2)
20:
stopped
zum MANAGER
0: idle
CNRQ via N_PDU_A
CNRQ via N_PDU_B
set_time(T1)
über den MANAGER
*
stop
vom MANAGER
stopped
zum MANAGER
1: wait for connect
Verbindungszustand eintragen
CNRF via N_PDU_B
timeout(T1)
CNAC via N_PDU_B
CNRF via N_PDU_A
CNAC via N_PDU_A
20:
2: connected A mit B
Verbindungszustand ändern
Die N_Instanz_T arbeitet teilnehmer- und verbindungsbezogen für jede aktivierte Verbindung zwischen zwei N_Instanzen_E. Der Zustand einer Verbindung wird bei eintreffendem Signal dynamisch aus einer Verbindungstabelle gelesen bzw. dort durch den Prozess geändert. Jedes Signal wird endpunktbezogen und wirkt auf den Zustand einer zugehörigen Verbindung. Die Timeraufträge und Meldungen sind ebenfalls verbindungsspezifisch.

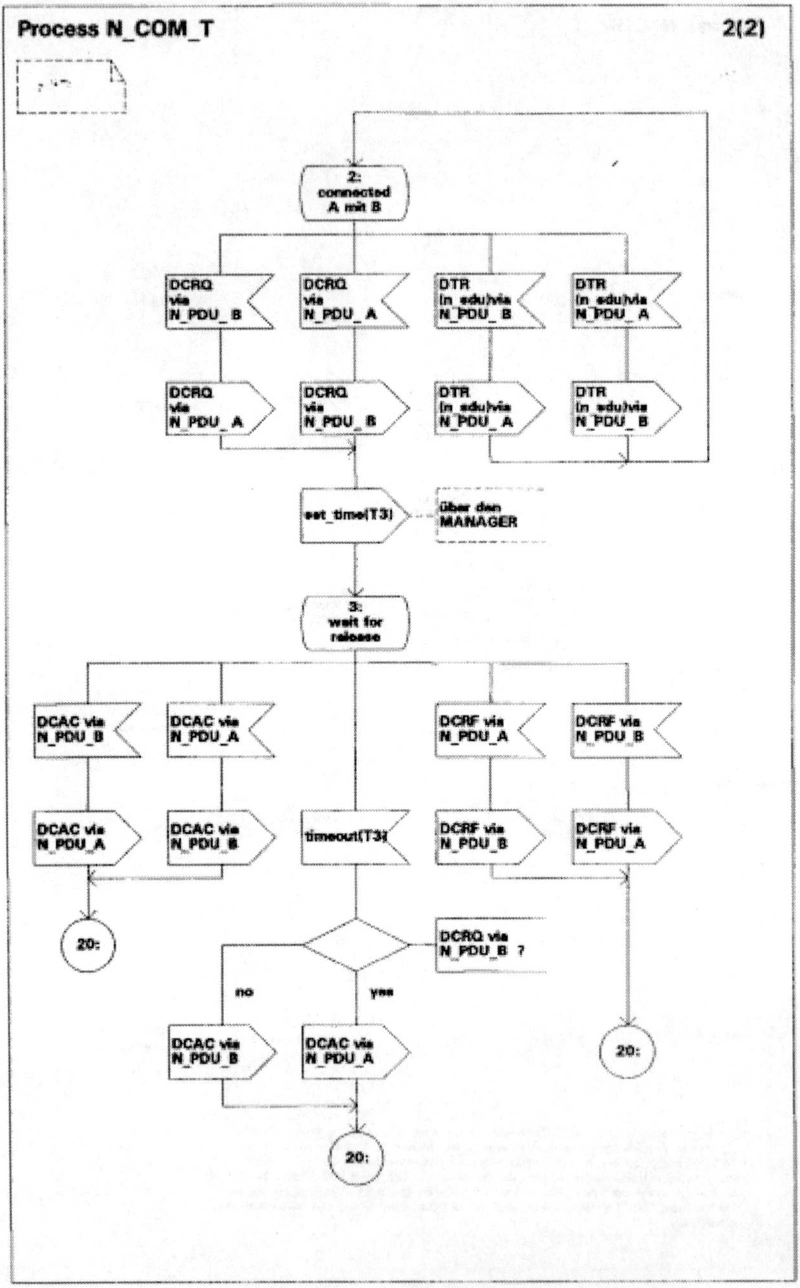
Process N_COM_T
2(2)
2:
connected
A mit B
DCRQ
via
N_PDU_B
DCRQ
via
N_PDU_A
DTR
(n_sdu)via
N_PDU_B
DTR
(n_sdu)via
N_PDU_A
DCRQ
via
N_PDU_A
DCRQ
via
N_PDU_B
DTR
(n_sdu)via
N_PDU_A
DTR
(n_sdu)via
N_PDU_B
set_time(T3)
über den
MANAGER
3:
wait for
release
DCAC via
N_PDU_B
DCAC via
N_PDU_A
DCRF via
N_PDU_A
DCRF via
N_PDU_B
DCAC via
N_PDU_A
DCAC via
N_PDU_B
timeout(T3)
DCRF via
N_PDU_B
DCRF via
N_PDU_A
20:
DCRQ via
N_PDU_B ?
no
yes
DCAC via
N_PDU_B
DCAC via
N_PDU_A
20:
20:

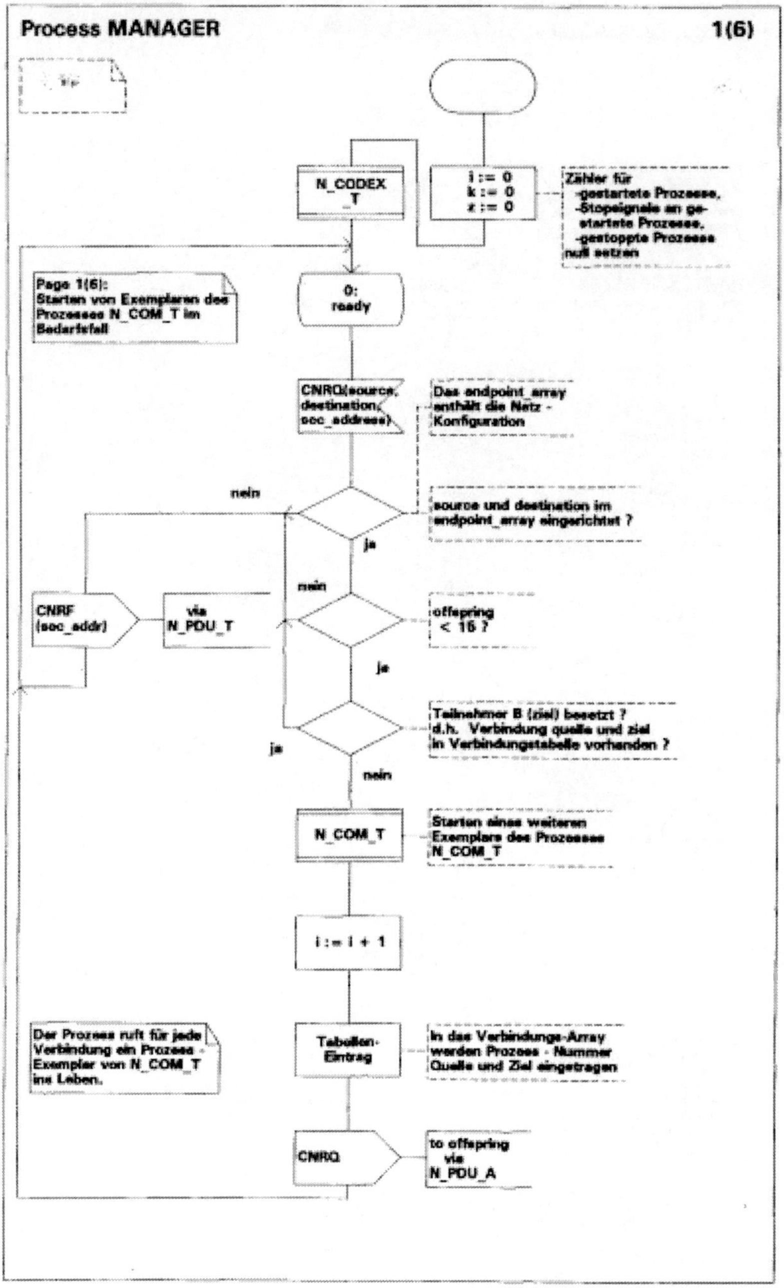
Process MANAGER
1(6)
N_CODEX_T
i := 0
k := 0
z := 0
Zähler für -gestartete Prozesse, -Stopsignale an gestartete Prozesse, -gestoppte Prozesse null setzen
Page 1(6): Starten von Exemplaren des Prozesses N_COM_T im Bedarfsfall
0: ready
CNRQ(source, destination, soc_address)
Das endpoint_array enthält die Netz - Konfiguration
nein
source und destination im endpoint_array eingerichtet ?
ja
nein
CNRF (soc_addr)
via N_PDU_T
offspring < 15 ?
ja
Teilnehmer B (ziel) besetzt ? d.h. Verbindung quelle und ziel in Verbindungstabelle vorhanden ?
ja
nein
N_COM_T
Starten eines weiteren Exemplars des Prozesses N_COM_T
i := i + 1
Der Prozess ruft für jede Verbindung ein Prozess - Exemplar von N_COM_T ins Leben.
Tabellen-Eintrag
In das Verbindungs-Array werden Prozess - Nummer Quelle und Ziel eingetragen
CNRQ
to offspring via N_PDU_A

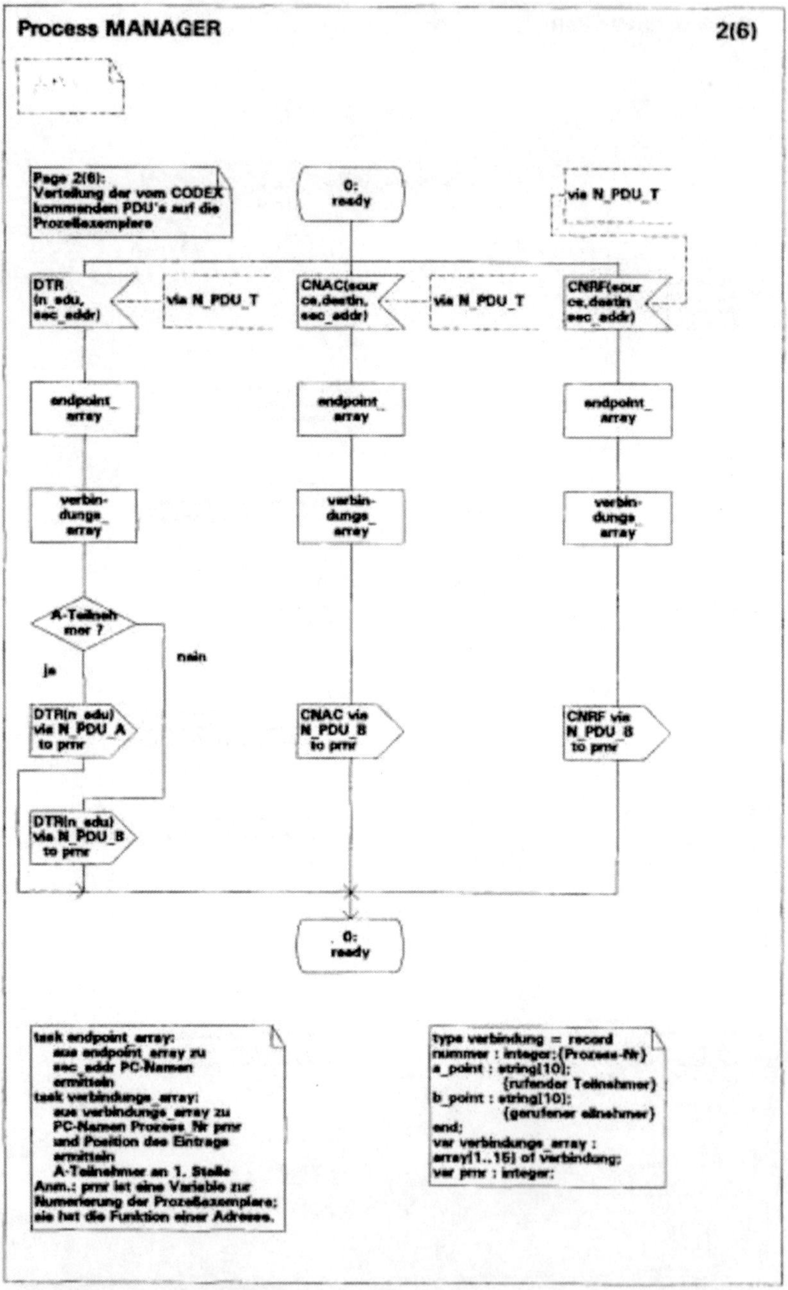
Process MANAGER
2(6)
Page 2(6):
Verteilung der vom CODEX kommenden PDU's auf die Prozeßexemplare
0:
ready
via N_PDU_T
DTR
(n_sdu,
sec_addr)
via N_PDU_T
CNAC(source,destin,
sec_addr)
via N_PDU_T
CNRF(source,destin
sec_addr)
endpoint_
array
endpoint_
array
endpoint_
array
verbin-
dungs_
array
verbin-
dungs_
array
verbin-
dungs_
array
A-Teilnehmer ?
ja
nein
DTR(n_sdu)
via N_PDU_A
to pmr
CNAC via
N_PDU_B
to pmr
CNRF via
N_PDU_B
to pmr
DTR(n_sdu)
via N_PDU_B
to pmr
0:
ready
task endpoint_array:
aus endpoint_array zu
sec_addr PC-Namen
ermitteln
task verbindungs_array:
aus verbindungs_array zu
PC-Namen Prozess_Nr pmr
und Position des Eintrags
ermitteln
A-Teilnehmer an 1. Stelle
Anm.: pmr ist eine Variable zur
Numerierung der Prozeßexemplare;
sie hat die Funktion einer Adresse.
type verbindung = record
nummer : integer;{Prozess-Nr}
a_point : string[10];
{rufender Teilnehmer}
b_point : string[10];
{gerufener eilnehmer}
end;
var verbindungs_array :
array[1..15] of verbindung;
var pmr : integer;

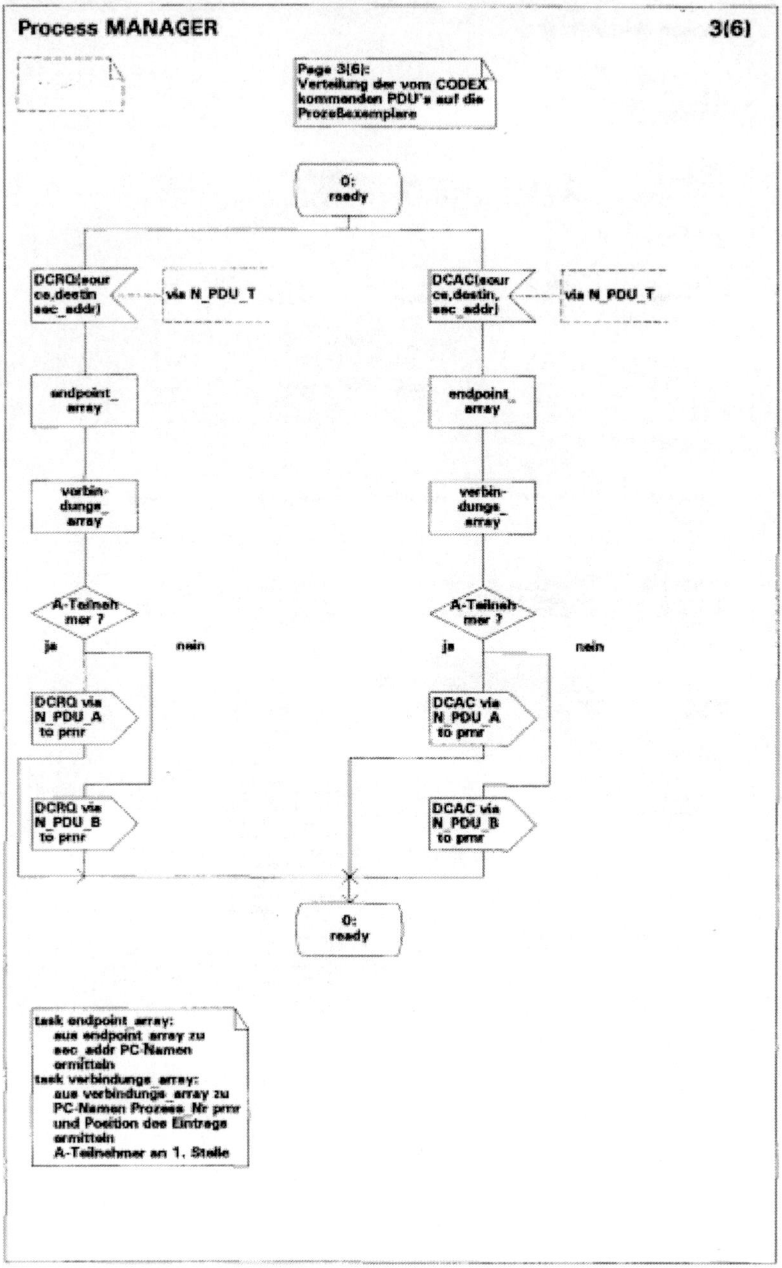
Process MANAGER
3(6)
Page 3(6):
Verteilung der vom CODEX kommenden PDU's auf die Prozeßexemplare
0:
ready
DCRQ(source,destin sec_addr)
via N_PDU_T
DCAC(source,destin, sec_addr)
via N_PDU_T
endpoint_array
endpoint_array
verbindungs_array
verbindungs_array
A-Teilnehmer ?
ja
nein
A-Teilnehmer ?
ja
nein
DCRQ via N_PDU_A to pmr
DCAC via N_PDU_A to pmr
DCRQ via N_PDU_B to pmr
DCAC via N_PDU_B to pmr
0:
ready
task endpoint_array:
aus endpoint_array zu sec_addr PC-Namen ermitteln
task verbindungs_array:
aus verbindungs_array zu PC-Namen Prozess_Nr pmr und Position des Eintrags ermitteln
A-Teilnehmer an 1. Stelle

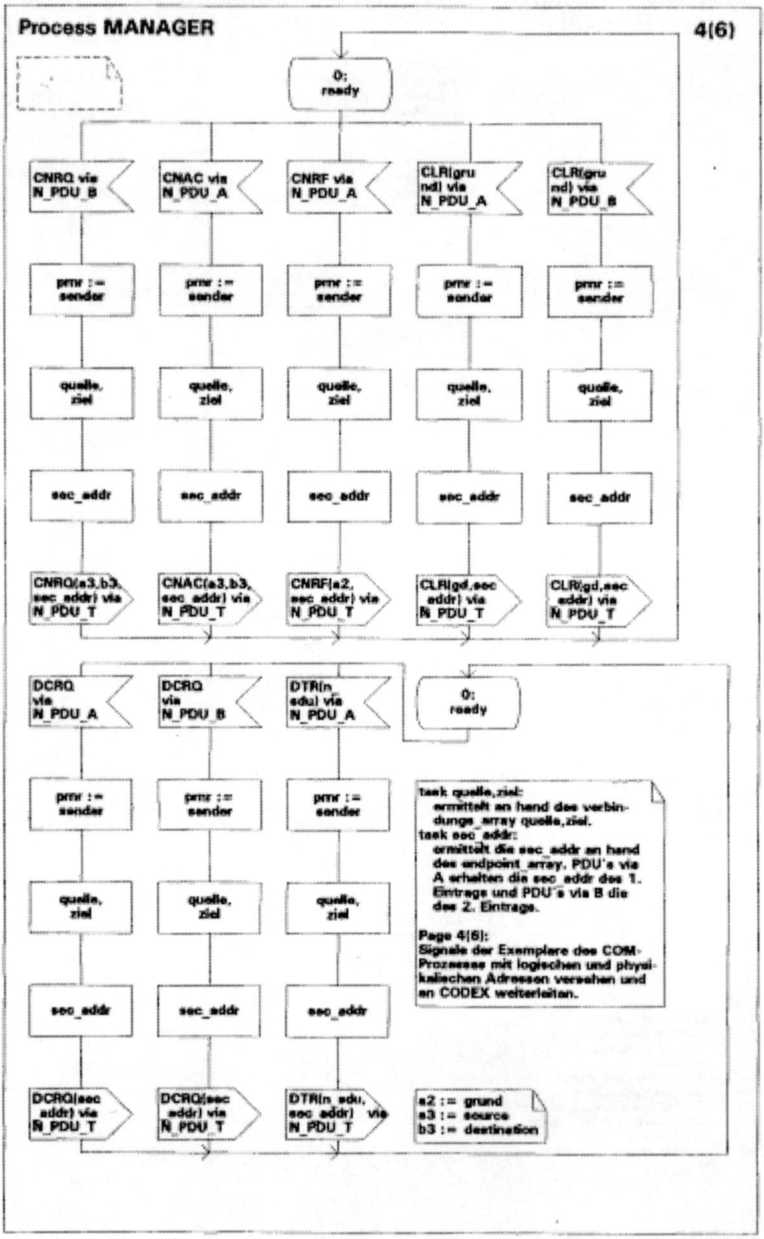
Process MANAGER
4(6)
0:
ready
CNRQ via N_PDU_B
CNAC via N_PDU_A
CNRF via N_PDU_A
CLR(grund) via N_PDU_A
CLR(grund) via N_PDU_B
pmr := sender
quelle, ziel
sec_addr
CNRQ(a3,b3, sec_addr) via N_PDU_T
CNAC(a3,b3, sec_addr) via N_PDU_T
CNRF(a2, sec_addr) via N_PDU_T
CLR(gd,sec_addr) via N_PDU_T
DCRQ via N_PDU_A
DCRQ via N_PDU_B
DTR(n_sdu) via N_PDU_A
DCRQ(sec_addr) via N_PDU_T
DTR(n_sdu, sec_addr) via N_PDU_T
task quelle,ziel:
ermittelt an hand des verbindungs_array quelle,ziel.
task sec_addr:
ermittelt die sec_addr an hand des endpoint_array. PDU's via A erhalten die sec_addr des 1. Eintrags und PDU's via B die des 2. Eintrags.
Page 4(6):
Signale der Exemplare des COM-Prozesses mit logischen und physikalischen Adressen versehen und an CODEX weiterleiten.
a2 := grund
a3 := source
b3 := destination

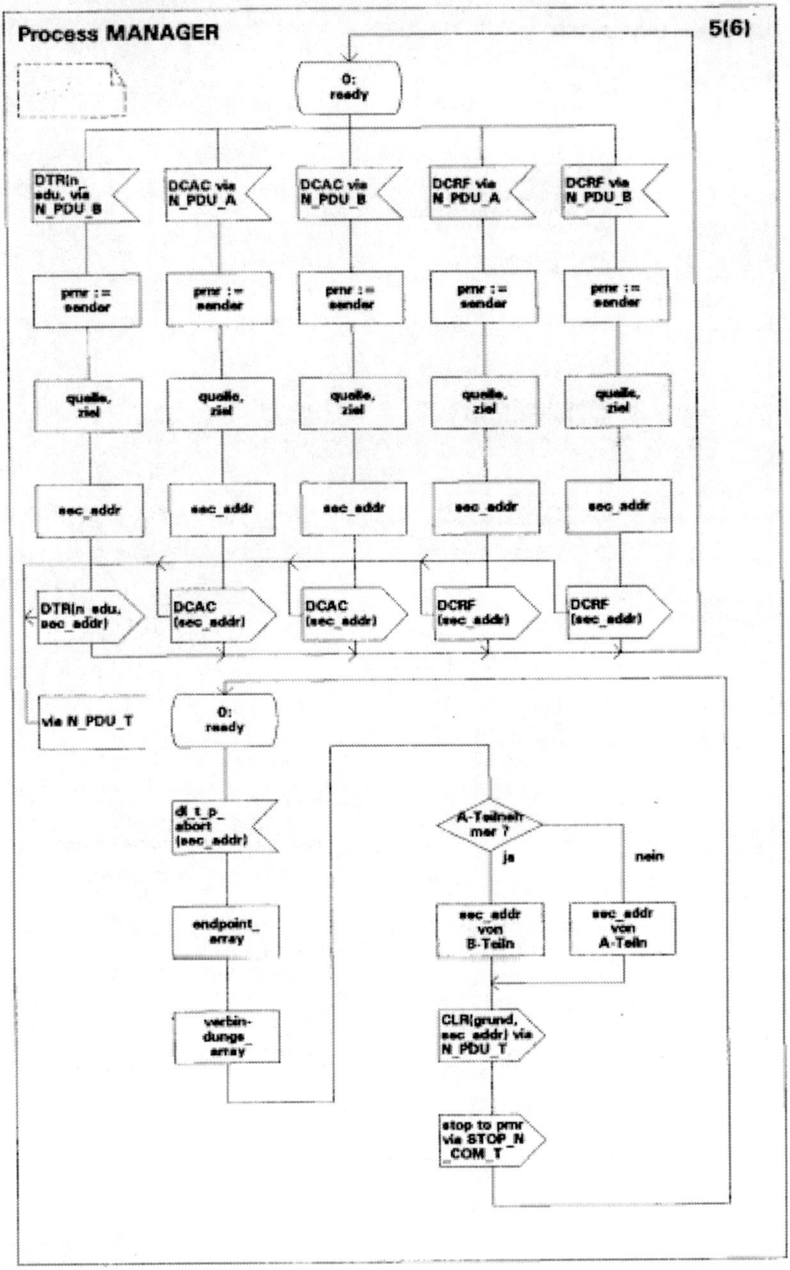
Process MANAGER
5(6)
0: ready
DTR(n_sdu, via N_PDU_B
DCAC via N_PDU_A
DCAC via N_PDU_B
DCRF via N_PDU_A
DCRF via N_PDU_B
pmr := sender
quelle, ziel
sec_addr
DTR(n_sdu, sec_addr)
DCAC (sec_addr)
DCAC (sec_addr)
DCRF (sec_addr)
DCRF (sec_addr)
via N_PDU_T
0: ready
dl_t_p_ abort (sec_addr)
endpoint_ array
verbin- dungs_ array
A-Teilneh mer ?
ja
nein
sec_addr von B-Teiln
sec_addr von A-Teiln
CLR(grund, sec_addr) via N_PDU_T
stop to pmr via STOP_N _COM_T

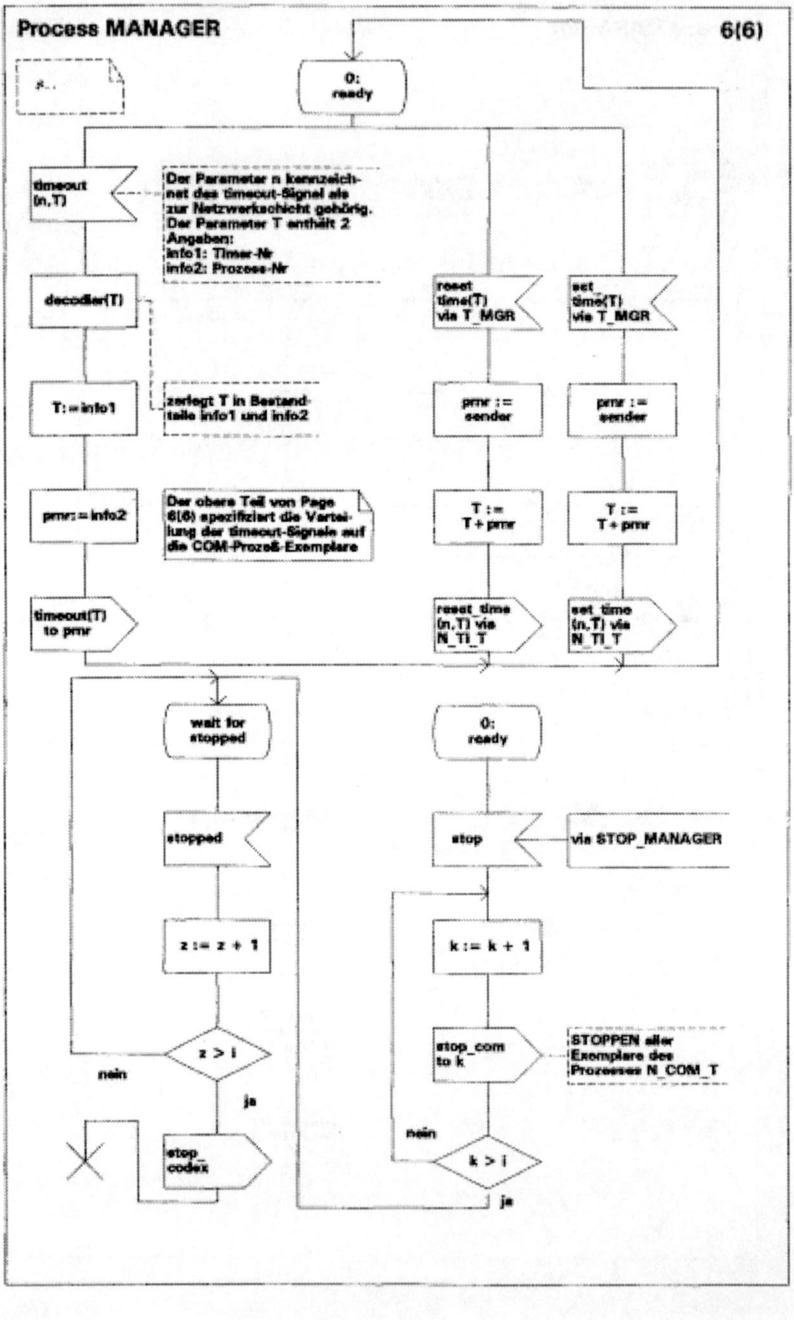
Process MANAGER
6(6)
0:
ready
timeout
(n,T)
Der Parameter n kennzeichnet das timeout-Signal als zur Netzwerkschicht gehörig. Der Parameter T enthält 2 Angaben:
info1: Timer-Nr
info2: Prozess-Nr
decodier(T)
zerlegt T in Bestandteile info1 und info2
T: = info1
prnr: = info2
Der obere Teil von Page 6(6) spezifiziert die Verteilung der timeout-Signale auf die COM-Prozeß-Exemplare
timeout(T)
to prnr
reset
time(T)
via T_MGR
prnr :=
sender
T :=
T + prnr
reset_time
(n,T) via
N_TI_T
set
time(T)
via T_MGR
prnr :=
sender
T :=
T + prnr
set_time
(n,T) via
N_TI_T
wait for
stopped
stopped
z := z + 1
z > i
nein
ja
stop_
codex
0:
ready
stop
via STOP_MANAGER
k := k + 1
stop_com
to k
STOPPEN aller Exemplare des Prozesses N_COM_T
nein
k > i
ja

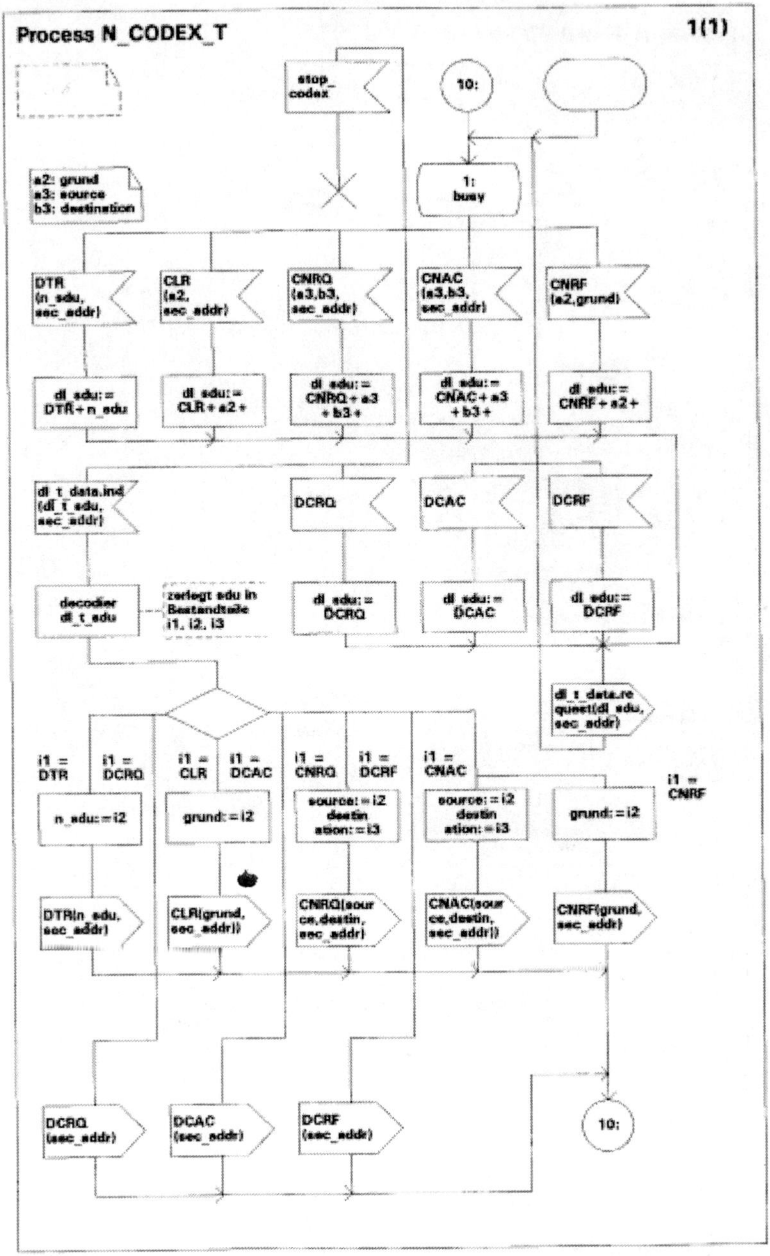
Process N_CODEX_T
1(1)
stop_
codex
10:
a2: grund
a3: source
b3: destination
1:
busy
DTR
(n_sdu,
sec_addr)
CLR
(a2,
sec_addr)
CNRQ
(a3,b3,
sec_addr)
CNAC
(a3,b3,
sec_addr)
CNRF
(a2,grund)
dl_sdu:=
DTR+n_sdu
dl_sdu:=
CLR+a2+
dl_sdu:=
CNRQ+a3
+b3+
dl_sdu:=
CNAC+a3
+b3+
dl_sdu:=
CNRF+a2+
dl_t_data.ind
(dl_t_sdu,
sec_addr)
DCRQ
DCAC
DCRF
decodier
dl_t_sdu
zerlegt sdu in
Bestandteile
i1, i2, i3
dl_sdu:=
DCRQ
dl_sdu:=
DCAC
dl_sdu:=
DCRF
dl_t_data.re
quest(dl_sdu,
sec_addr)
i1 =
DTR
i1 =
DCRQ
i1 =
CLR
i1 =
DCAC
i1 =
CNRQ
i1 =
DCRF
i1 =
CNAC
i1 =
CNRF
n_sdu:=i2
grund:=i2
source:=i2
destin
ation:=i3
source:=i2
destin
ation:=i3
grund:=i2
DTR(n_sdu,
sec_addr)
CLR(grund,
sec_addr))
CNRQ(sour
ce,destin,
sec_addr)
CNAC(sour
ce,destin,
sec_addr))
CNRF(grund,
sec_addr)
DCRQ
(sec_addr)
DCAC
(sec_addr)
DCRF
(sec_addr)
10:

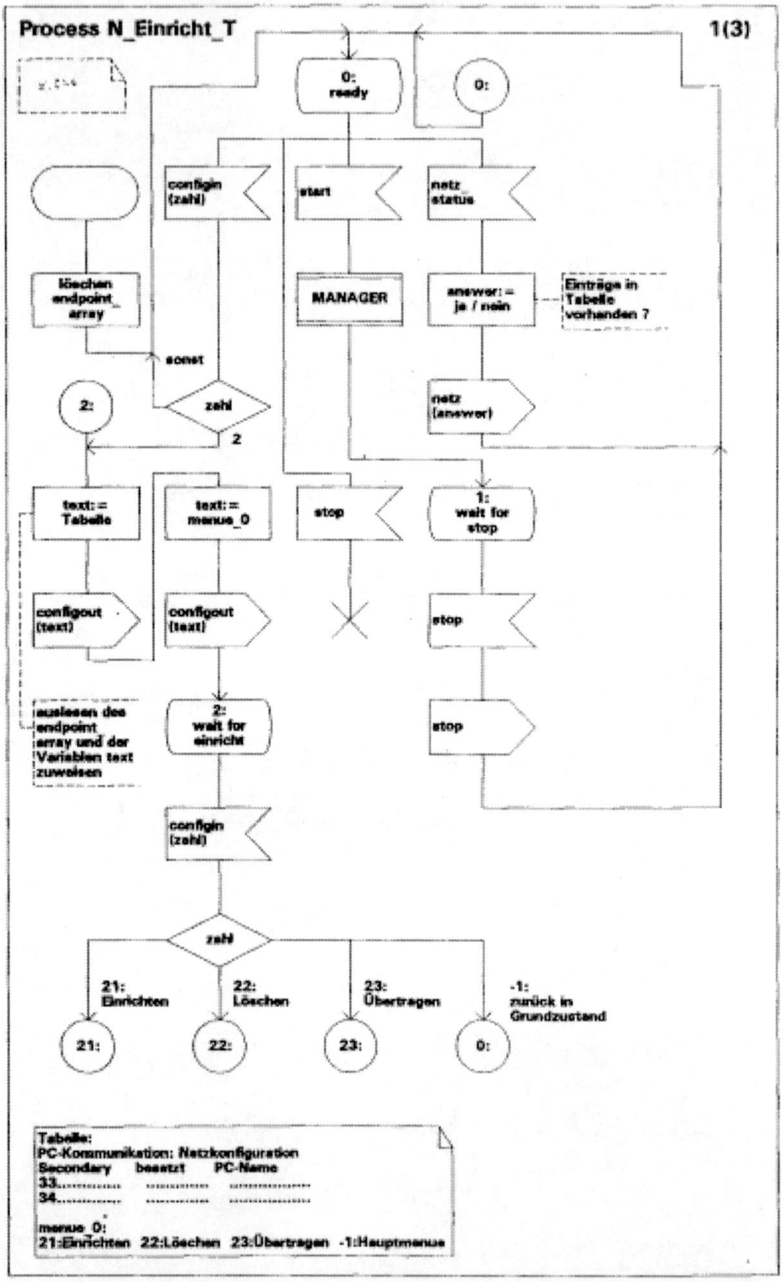
Process N_Einricht_T
1(3)
0:
ready
0:
configin
(zahl)
start
netz_
status
löschen
endpoint_
array
MANAGER
answer: =
ja / nein
Einträge in
Tabelle
vorhanden ?
sonst
netz
(answer)
2:
zahl
2
text: =
Tabelle
text: =
menue_0
stop
1:
wait for
stop
configout
(text)
configout
(text)
stop
auslesen des
endpoint_
array und der
Variablen text
zuweisen
2:
wait for
einricht
stop
configin
(zahl)
zahl
21:
Einrichten
22:
Löschen
23:
Übertragen
-1:
zurück in
Grundzustand
21:
22:
23:
0:
Tabelle:
PC-Kommunikation: Netzkonfiguration
Secondary besetzt PC-Name
33.............. ....
34.............. ....
menue_0:
21:Einrichten 22:Löschen 23:Übertragen -1:Hauptmenue

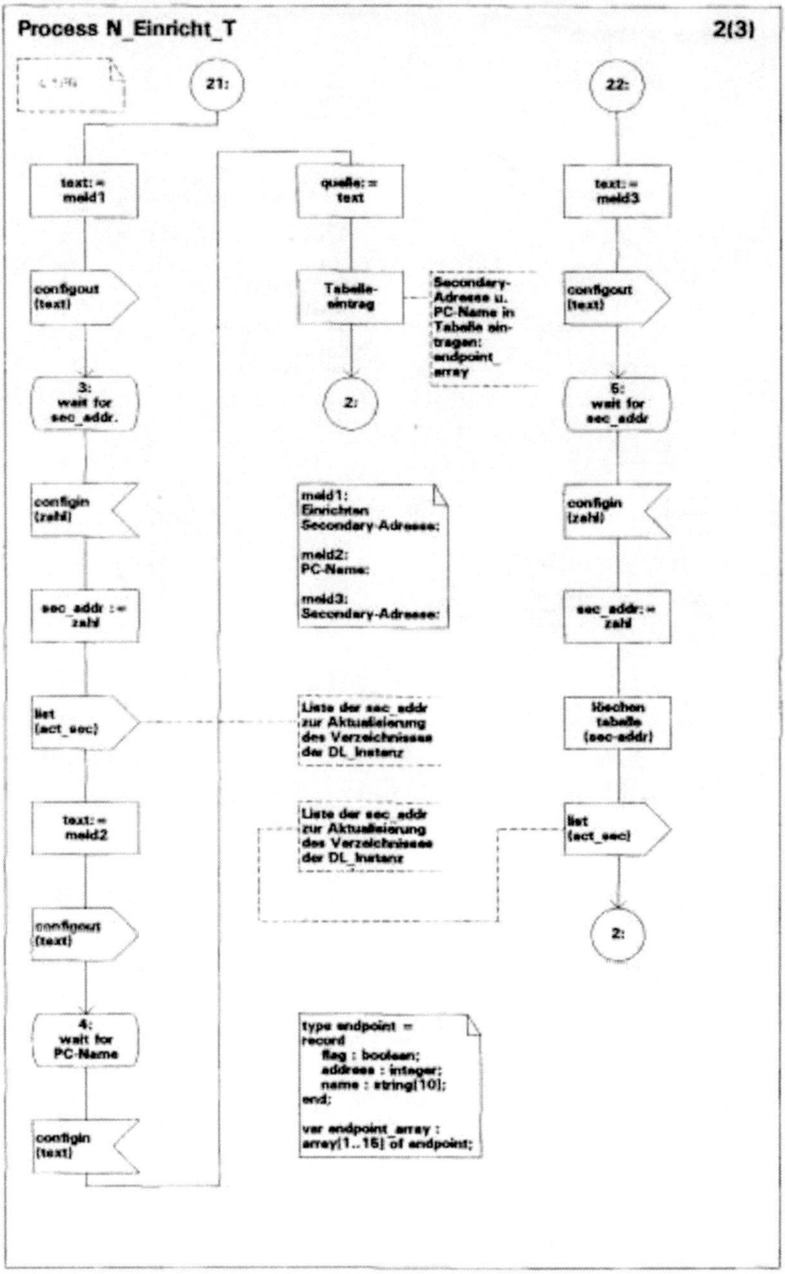
Process N_Einricht_T
2(3)
21:
22:
text: =
meld1
quelle: =
text
text: =
meld3
configout
(text)
Tabelle-
eintrag
Secondary-
Adresse u.
PC-Name in
Tabelle ein-
tragen:
endpoint_
array
configout
(text)
3:
wait for
sec_addr.
2:
5:
wait for
sec_addr
configin
(zahl)
meld1:
Einrichten
Secondary-Adresse:
meld2:
PC-Name:
meld3:
Secondary-Adresse:
configin
(zahl)
sec_addr : =
zahl
sec_addr: =
zahl
list
(act_sec)
Liste der sec_addr
zur Aktualisierung
des Verzeichnisses
der DL_Instanz
löschen
tabelle
(sec-addr)
text: =
meld2
Liste der sec_addr
zur Aktualisierung
des Verzeichnisses
der DL_Instanz
list
(act_sec)
configout
(text)
2:
4:
wait for
PC-Name
type endpoint =
record
flag : boolean;
address : integer;
name : string[10];
end;
var endpoint_array :
array[1..15] of endpoint;
configin
(text)

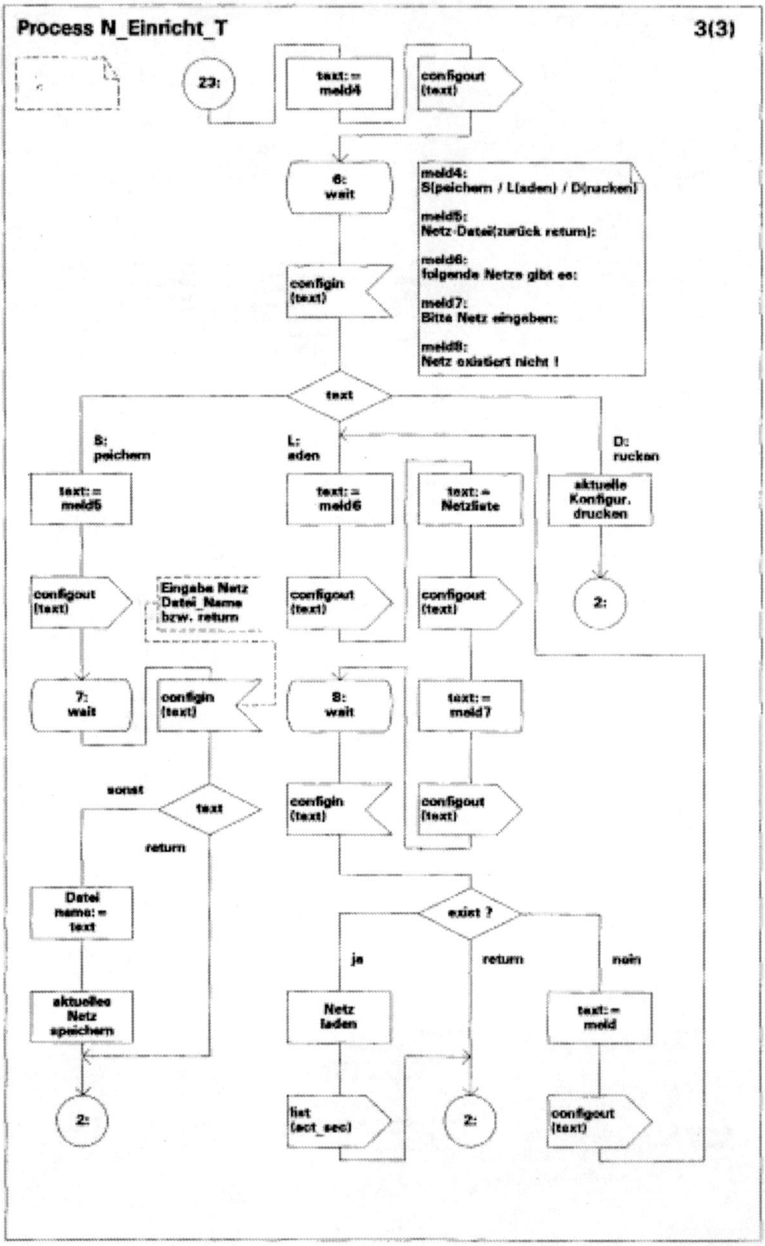
Process N_Einricht_T
3(3)
23:
text: = meld4
configout (text)
6: wait
meld4:
S(peichern / L(aden) / D(rucken)
meld5:
Netz-Datei(zurück return):
meld6:
folgende Netze gibt es:
meld7:
Bitte Netz eingeben:
meld8:
Netz existiert nicht !
configin (text)
text
S: peichern
L: aden
D: rucken
text: = meld5
text: = meld6
text: = Netzliste
aktuelle Konfigur. drucken
2:
configout (text)
Eingabe Netz Datei_Name bzw. return
configout (text)
configout (text)
7: wait
configin (text)
8: wait
text: = meld7
sonst
text
return
configin (text)
configout (text)
Datei name: = text
exist ?
ja
return
nein
aktuelles Netz speichern
Netz laden
text: = meld
2:
list (act_sec)
2:
configout (text)

3. 11. 7. DL-Dienst

Dieser Abschnitt enthält die Diagramme

Block DL_Dienst

Block DL_Instanz_E

Process DL_COM_E
Page1
Page2
Process DL_CODEX_E
Page1
Page2
Page3
Procedure framerececeive
Page1
Process DL_Einricht_E
Page1
Page2

Block DL_Instanz_T

Process DL_COM_T
Page1
Page2
Process DL_CODEX_T
Page1
Page2
Page3
Process DL_Einricht_T
Page1

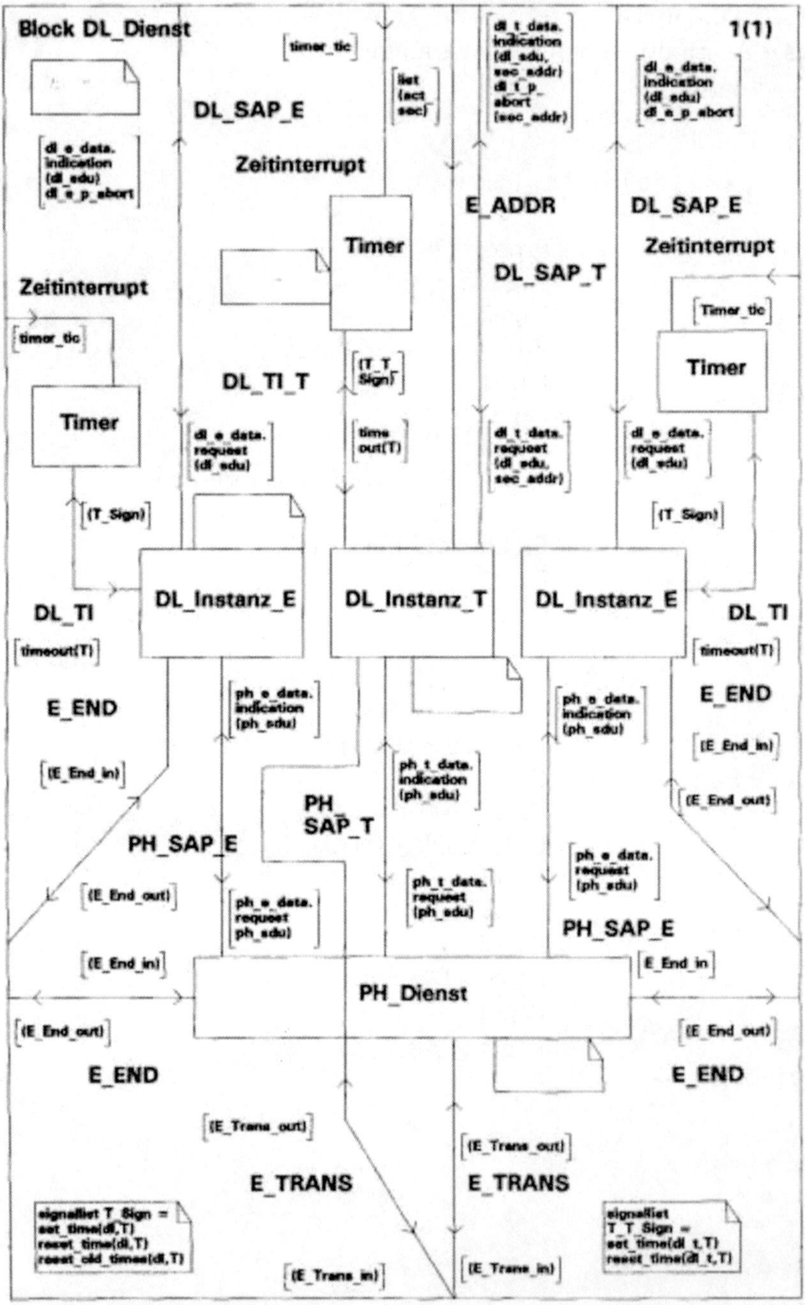
Block DL_Dienst
1(1)
timer_tic
list (act_sec)
dl_t_data. indication (dl_sdu, sec_addr) dl_t_p_abort (sec_addr)
dl_e_data. indication (dl_sdu) dl_e_p_abort
DL_SAP_E
dl_e_data. indication (dl_sdu) dl_e_p_abort
Zeitinterrupt
Timer
E_ADDR
DL_SAP_E
Zeitinterrupt
DL_SAP_T
Zeitinterrupt
Timer_tic
timer_tic
(T_T_Sign)
DL_TI_T
Timer
Timer
dl_e_data. request (dl_sdu)
time out(T)
dl_t_data. request (dl_sdu, sec_addr)
dl_e_data. request (dl_sdu)
(T_Sign)
(T_Sign)
DL_Instanz_E
DL_Instanz_T
DL_Instanz_E
DL_TI
DL_TI
timeout(T)
timeout(T)
ph_e_data. indication (ph_sdu)
ph_e_data. indication (ph_sdu)
E_END
E_END
(E_End_in)
(E_End_in)
ph_t_data. indication (ph_sdu)
PH_SAP_T
(E_End_out)
PH_SAP_E
ph_e_data. request (ph_sdu)
(E_End_out)
ph_t_data. request (ph_sdu)
ph_e_data. request ph_sdu)
PH_SAP_E
(E_End_in)
E_End_in
PH_Dienst
(E_End_out)
(E_End_out)
E_END
E_END
(E_Trans_out)
(E_Trans_out)
E_TRANS
E_TRANS
signallist T_Sign = set_time(dl,T) reset_time(dl,T) reset_old_times(dl,T)
signallist T_T_Sign = set_time(dl_t,T) reset_time(dl_t,T)
(E_Trans_in)
(E_Trans_in)

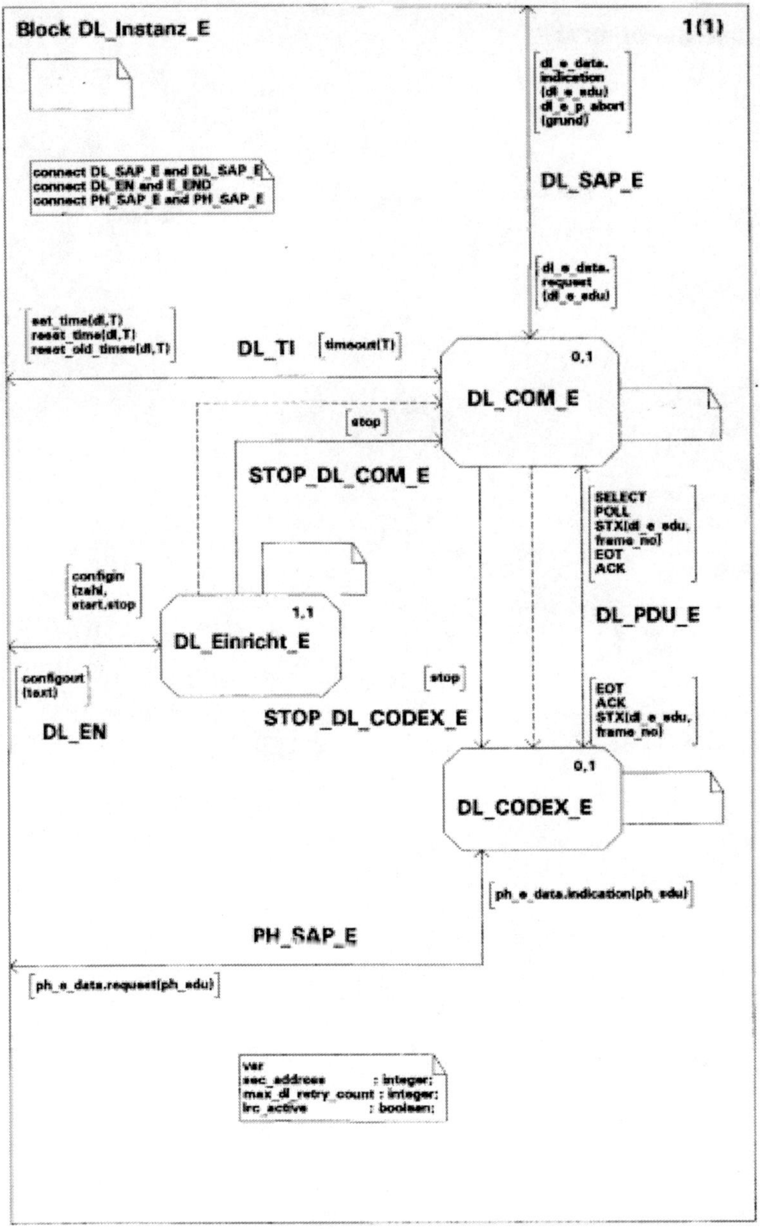
Block DL_Instanz_E
1(1)
connect DL_SAP_E and DL_SAP_E
connect DL_EN and E_END
connect PH_SAP_E and PH_SAP_E
dl_e_data.
indication
(dl_e_sdu)
dl_e_p_abort
(grund)
DL_SAP_E
dl_e_data.
request
(dl_e_sdu)
set_time(dl,T)
reset_time(dl,T)
reset_old_times(dl,T)
DL_TI
timeout(T)
0,1
DL_COM_E
stop
STOP_DL_COM_E
SELECT
POLL
STX(dl_e_sdu,
frame_no)
EOT
ACK
configin
(zahl,
start,stop
1,1
DL_Einricht_E
DL_PDU_E
configout
(text)
stop
EOT
ACK
STX(dl_e_sdu,
frame_no)
DL_EN
STOP_DL_CODEX_E
0,1
DL_CODEX_E
ph_e_data.indication(ph_sdu)
PH_SAP_E
ph_e_data.request(ph_sdu)
var
sec_address : integer;
max_dl_retry_count : integer;
lrc_active : boolean;

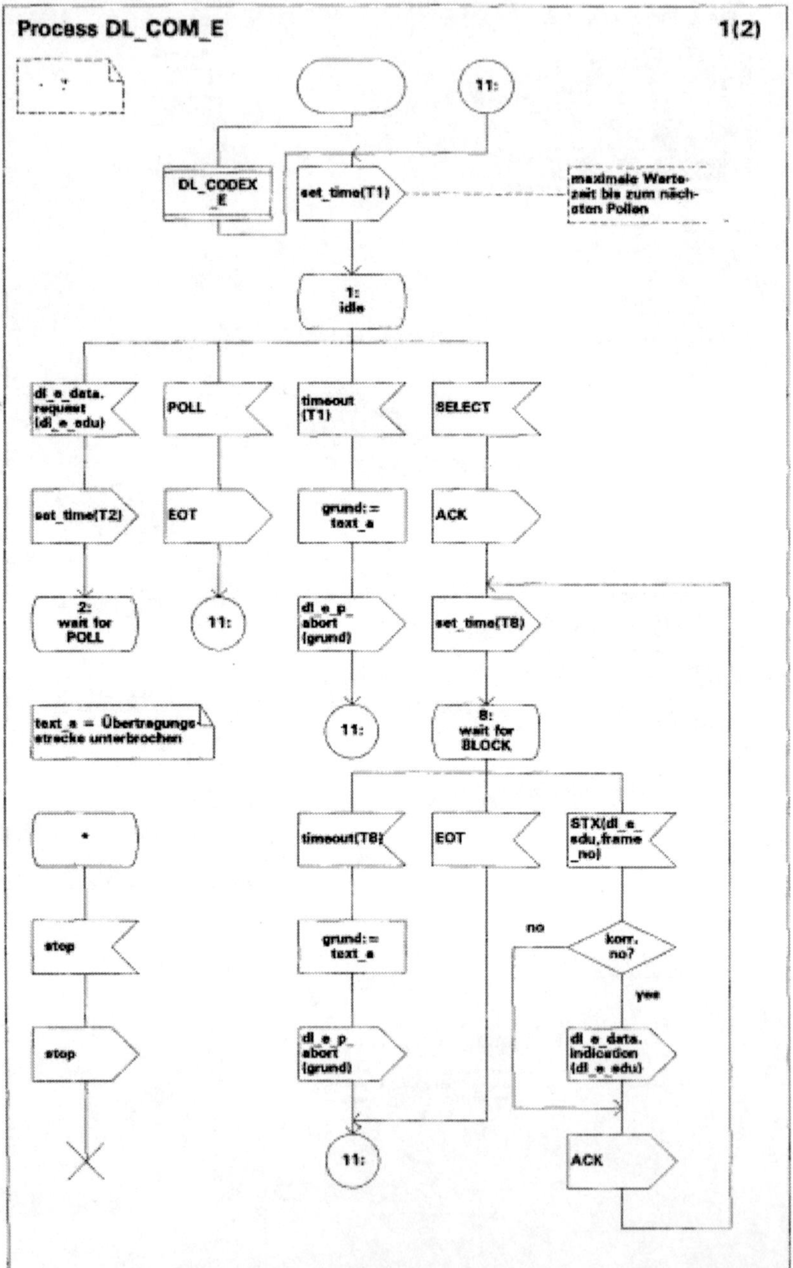
Process DL_COM_E
1(2)
11:
DL_CODEX_E
set_time(T1)
maximale Warte-zeit bis zum näch-sten Pollen
1: idle
dl_e_data. request (dl_e_edu)
POLL
timeout (T1)
SELECT
set_time(T2)
EOT
grund:= text_a
ACK
2: wait for POLL
11:
dl_e_p_ abort (grund)
set_time(T8)
text_a = Übertragungs-strecke unterbrochen
11:
8: wait for BLOCK
*
timeout(T8)
EOT
STX(dl_e_ edu,frame _no)
no
korr. no?
stop
grund:= text_a
yes
stop
dl_e_p_ abort (grund)
dl_e_data. indication (dl_e_edu)
11:
ACK

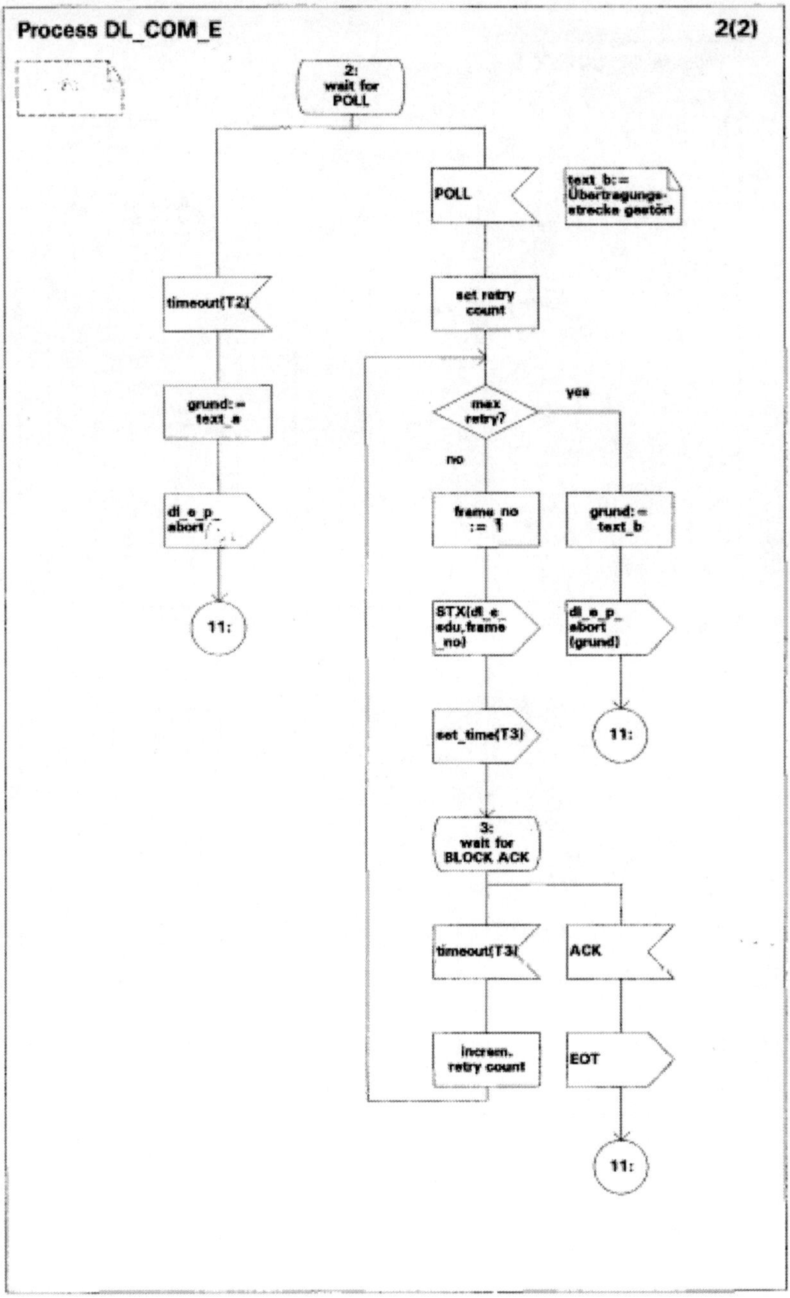
Process DL_COM_E
2(2)
2:
wait for
POLL
POLL
text_b:=
Übertragungs-
strecke gestört
timeout(T2)
set retry
count
max
retry?
yes
no
grund:=
text_a
dl_e_p_
abort
11:
frame_no
:= 1
grund:=
text_b
STX(dl_e_
sdu,frame
_no)
dl_e_p_
abort
(grund)
set_time(T3)
11:
3:
wait for
BLOCK ACK
timeout(T3)
ACK
increm.
retry count
EOT
11:

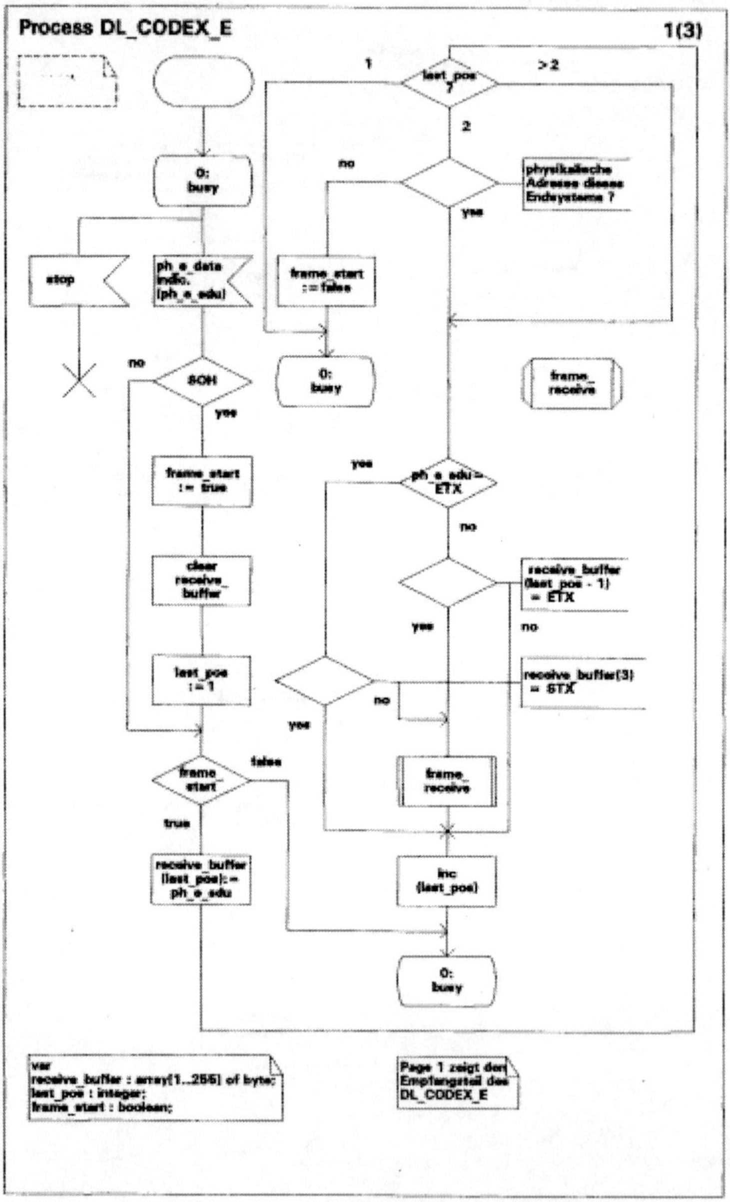
Process DL_CODEX_E
1(3)
last_pos ?
1
> 2
2
physikalische Adresse dieses Endsystems ?
no
yes
0: busy
stop
ph_e_data indic. (ph_e_edu)
frame_start := false
0: busy
frame_receive
no
SOH
yes
frame_start := true
yes
ph_e_edu = ETX
no
clear receive_buffer
receive_buffer (last_pos - 1) = ETX
yes
no
last_pos := 1
receive_buffer(3) = STX
no
yes
frame_start
false
true
frame_receive
receive_buffer (last_pos):= ph_e_edu
inc (last_pos)
0: busy
var
receive_buffer : array[1..256] of byte;
last_pos : integer;
frame_start : boolean;
Page 1 zeigt den Empfangsteil des DL_CODEX_E

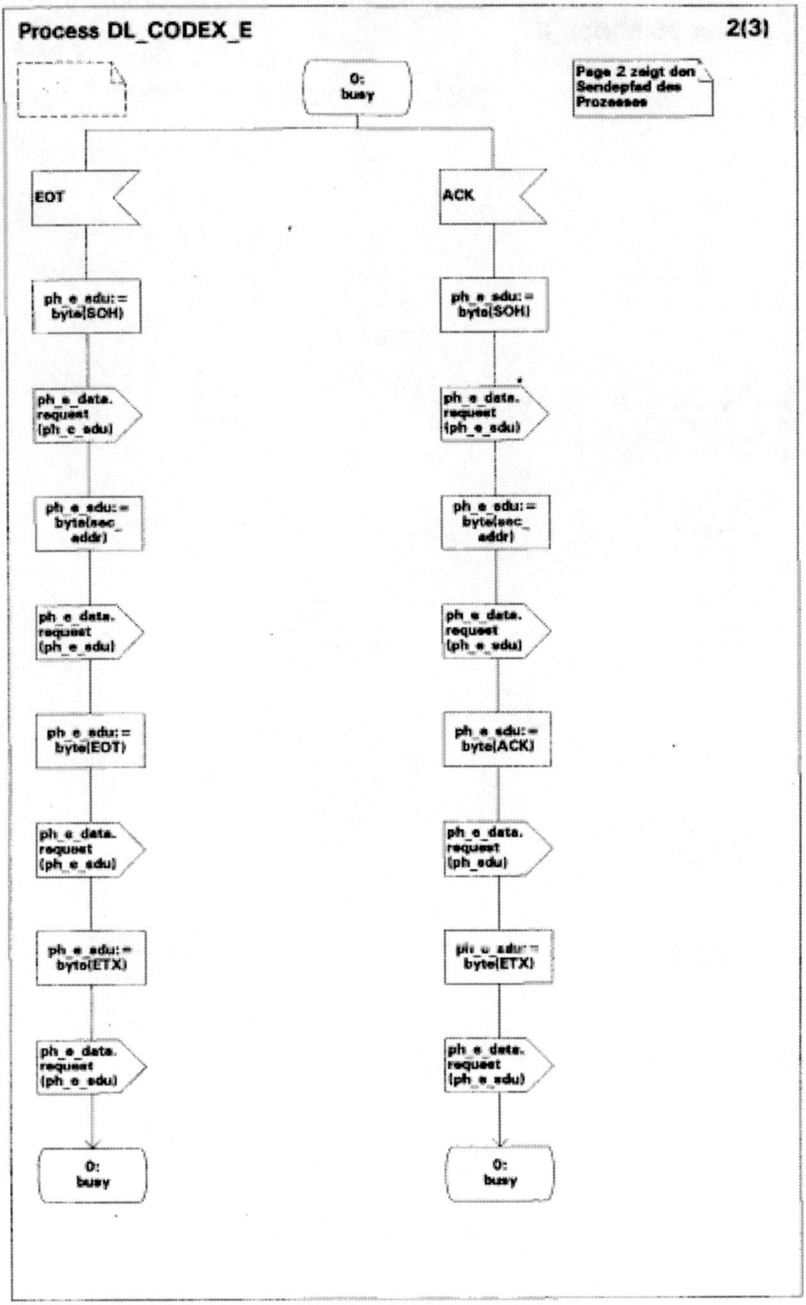
Process DL_CODEX_E
2(3)
0:
busy
Page 2 zeigt den
Sendepfad des
Prozesses
EOT
ACK
ph_e_sdu:=
byte(SOH)
ph_e_sdu:=
byte(SOH)
ph_e_data.
request
(ph_e_sdu)
ph_e_data.
request
(ph_e_sdu)
ph_e_sdu:=
byte(sec_
addr)
ph_e_sdu:=
byte(sec_
addr)
ph_e_data.
request
(ph_e_sdu)
ph_e_data.
request
(ph_e_sdu)
ph_e_sdu:=
byte(EOT)
ph_e_sdu:=
byte(ACK)
ph_e_data.
request
(ph_e_sdu)
ph_e_data.
request
(ph_sdu)
ph_e_sdu:=
byte(ETX)
byte(ETX)
ph_e_data.
request
(ph_e_sdu)
ph_e_data.
request
(ph_e_sdu)
0:
busy
0:
busy

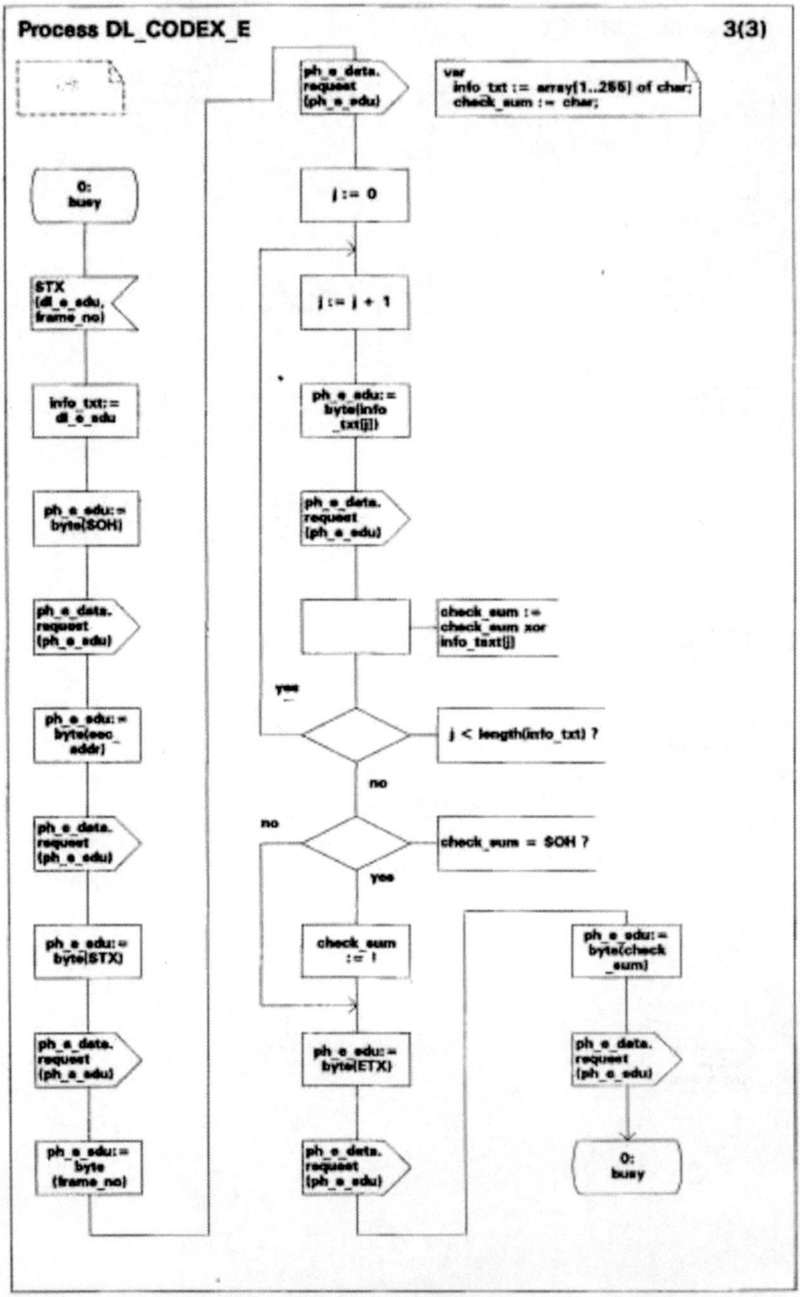
Process DL_CODEX_E
3(3)
var
info_txt := array(1..255) of char;
check_sum := char;
0:
busy
STX
(dl_e_sdu,
frame_no)
info_txt:=
dl_e_sdu
ph_e_sdu:=
byte(SOH)
ph_e_data.
request
(ph_e_sdu)
ph_e_sdu:=
byte(sec_
addr)
ph_e_data.
request
(ph_e_sdu)
ph_e_sdu:=
byte(STX)
ph_e_data.
request
(ph_e_sdu)
ph_e_sdu:=
byte
(frame_no)
ph_e_data.
request
(ph_e_sdu)
j := 0
j := j + 1
ph_e_sdu:=
byte(info
_txt(j))
ph_e_data.
request
(ph_e_sdu)
check_sum :=
check_sum xor
info_txt(j)
yes
j < length(info_txt) ?
no
no
check_sum = SOH ?
yes
check_sum
:= !
ph_e_sdu:=
byte(ETX)
ph_e_data.
request
(ph_e_sdu)
ph_e_sdu:=
byte(check
_sum)
ph_e_data.
request
(ph_e_sdu)
0:
busy

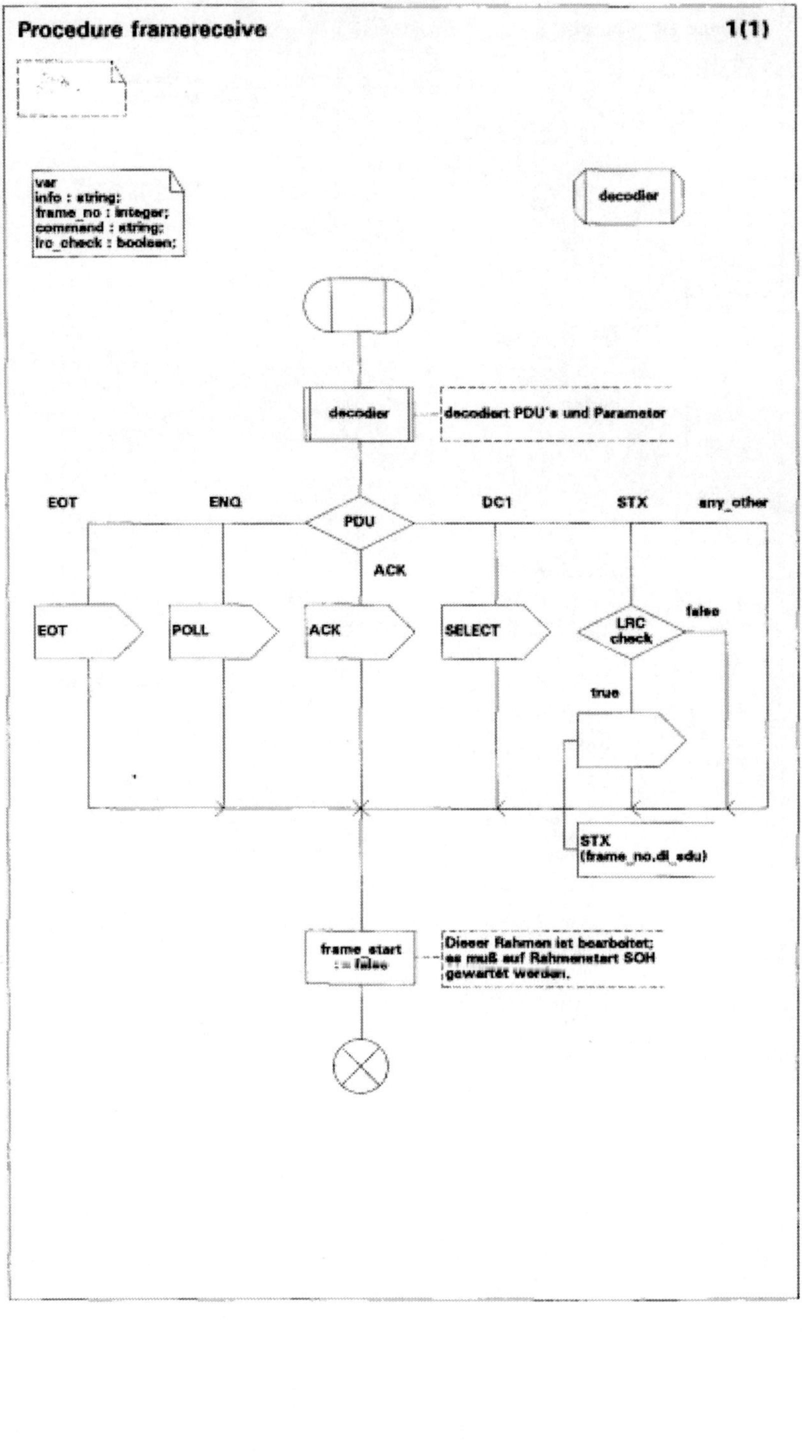
Procedure framereceive
1(1)
var
info : string;
frame_no : integer;
command : string;
lrc_check : boolean;
decodier
decodier
decodiert PDU's und Parameter
EOT
ENQ
PDU
DC1
STX
any_other
ACK
EOT
POLL
ACK
SELECT
LRC check
false
true
STX (frame_no,dl_sdu)
frame_start := false
Dieser Rahmen ist bearbeitet; es muß auf Rahmenstart SOH gewartet werden.

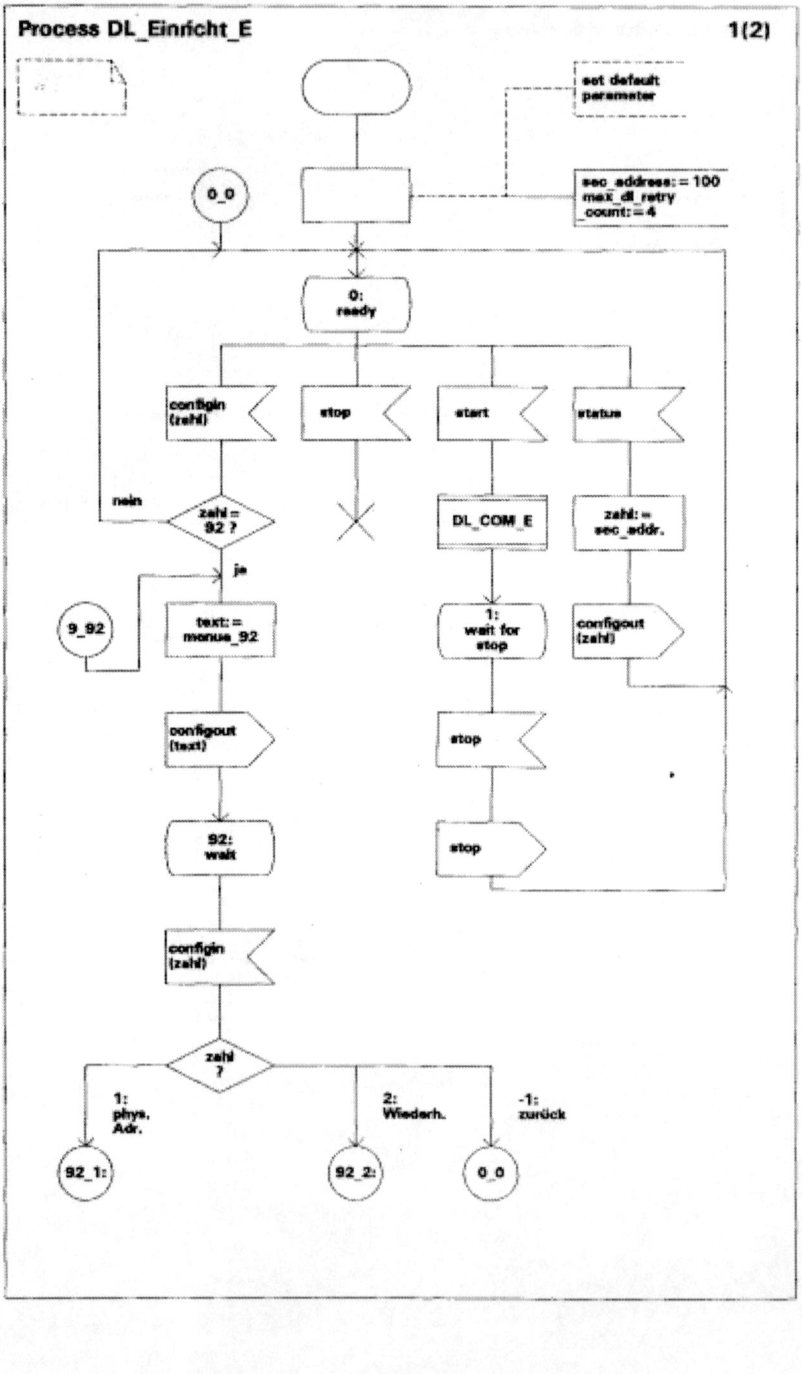
Process DL_Einricht_E
1(2)
set default parameter
sec_address: = 100
max_dl_retry count: = 4
0_0
0: ready
configin (zahl)
stop
start
status
nein
zahl = 92 ?
DL_COM_E
zahl: = sec_addr.
ja
9_92
text: = menue_92
1: wait for stop
configout (zahl)
configout (text)
stop
92: wait
stop
configin (zahl)
zahl ?
1: phys. Adr.
2: Wiederh.
-1: zurück
92_1:
92_2:
0_0

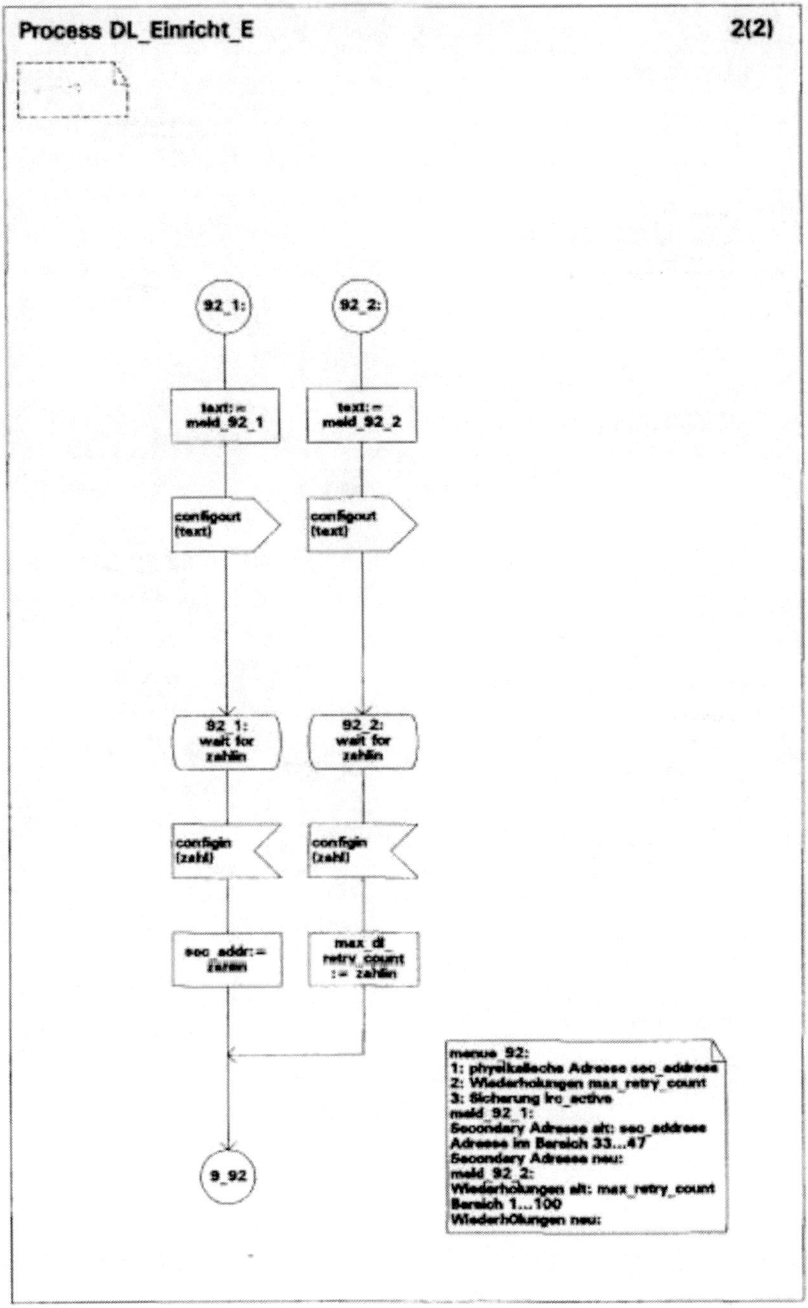
Process DL_Einricht_E
2(2)
92_1:
92_2:
text:=
meld_92_1
text:=
meld_92_2
configout
(text)
configout
(text)
92_1:
wait for
zahlin
92_2:
wait for
zahlin
configin
(zahl)
configin
(zahl)
sec_addr:=
zahlin
max_dl_
retry_count
:= zahlin
9_92
menue_92:
1: physikalische Adresse sec_address
2: Wiederholungen max_retry_count
3: Sicherung lrc_active
meld_92_1:
Secondary Adresse alt: sec_address
Adresse im Bereich 33...47
Secondary Adresse neu:
meld_92_2:
Wiederholungen alt: max_retry_count
Bereich 1...100
WiederhOlungen neu:

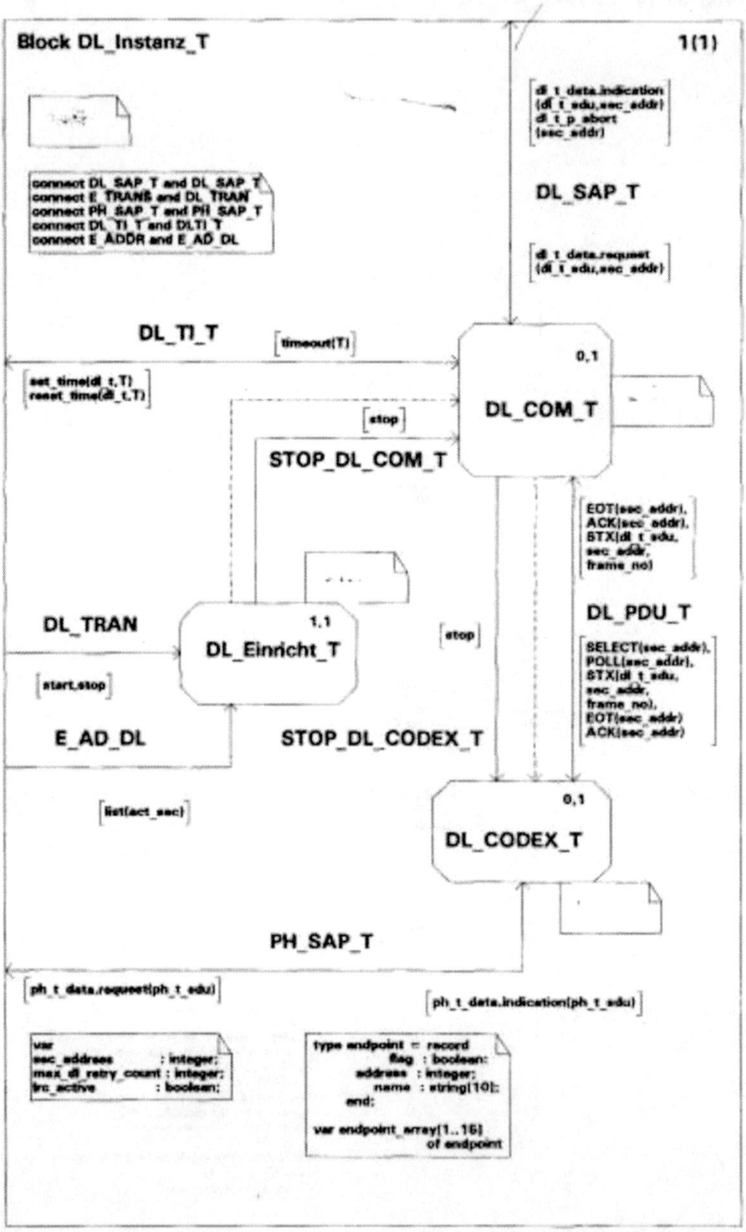
Block DL_Instanz_T
1(1)
connect DL_SAP_T and DL_SAP_T
connect E_TRANS and DL_TRAN
connect PH_SAP_T and PH_SAP_T
connect DL_TI_T and DLTI_T
connect E_ADDR and E_AD_DL
dl_t_data.indication
(dl_t_sdu,sec_addr)
dl_t_p_abort
(sec_addr)
DL_SAP_T
dl_t_data.request
(dl_t_sdu,sec_addr)
DL_TI_T
timeout(T)
set_time(dl_t,T)
reset_time(dl_t,T)
0,1
DL_COM_T
stop
STOP_DL_COM_T
EOT(sec_addr),
ACK(sec_addr),
STX(dl_t_sdu,
sec_addr,
frame_no)
DL_PDU_T
DL_TRAN
1,1
DL_Einricht_T
stop
SELECT(sec_addr),
POLL(sec_addr),
STX(dl_t_sdu,
sec_addr,
frame_no),
EOT(sec_addr)
ACK(sec_addr)
start,stop
E_AD_DL
STOP_DL_CODEX_T
list(act_sec)
0,1
DL_CODEX_T
PH_SAP_T
ph_t_data.request(ph_t_sdu)
ph_t_data.indication(ph_t_sdu)
var
sec_address : integer;
max_dl_retry_count : integer;
trc_active : boolean;
type endpoint = record
flag : boolean;
address : integer;
name : string[10];
end;
var endpoint_array[1..16]
of endpoint

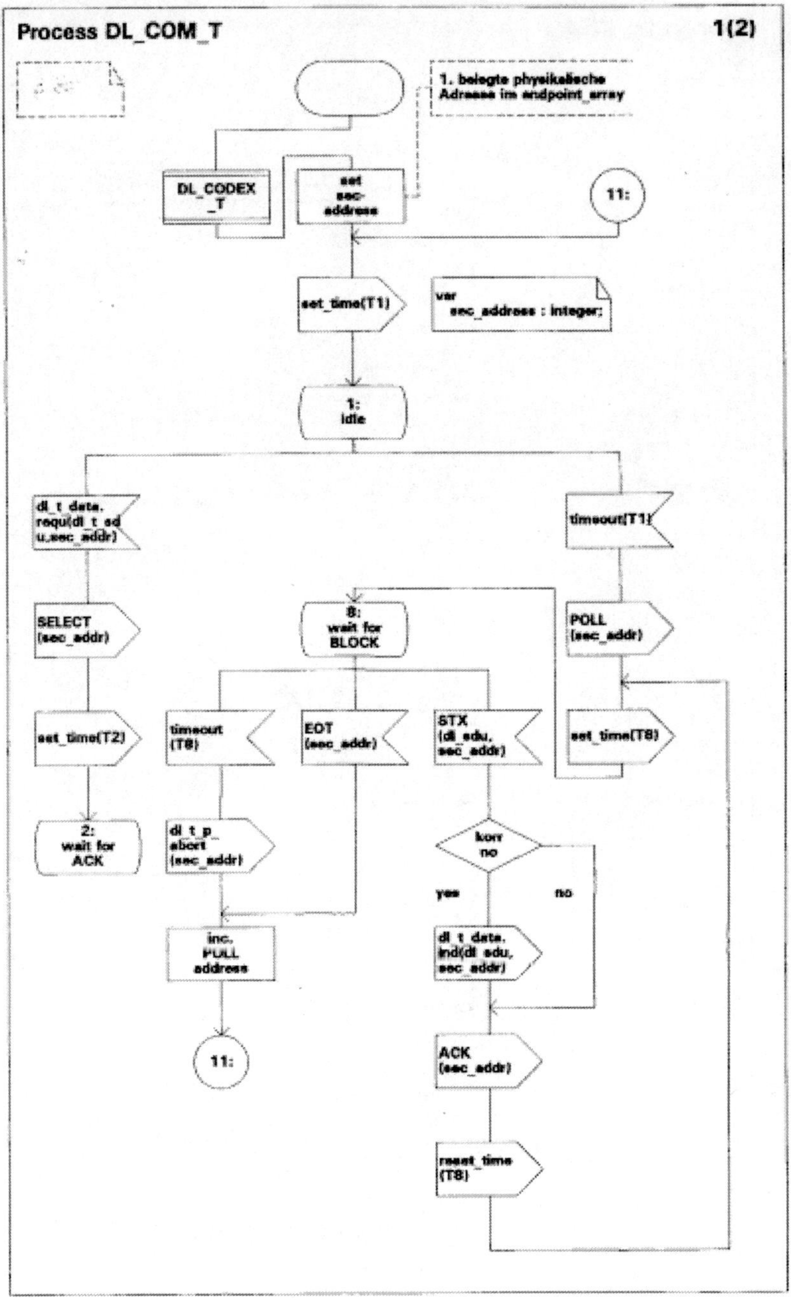
Process DL_COM_T
1(2)
1. belegte physikalische Adresse im endpoint_array
DL_CODEX _T
set sec-address
11:
set_time(T1)
var sec_address : integer;
1: idle
dl_t_data. requ(dl_t_sdu,sec_addr)
timeout(T1)
SELECT (sec_addr)
8: wait for BLOCK
POLL (sec_addr)
set_time(T2)
timeout (T8)
EOT (sec_addr)
STX (dl_sdu, sec_addr)
set_time(T8)
2: wait for ACK
dl_t_p_abort (sec_addr)
korr no
yes
no
inc. POLL address
dl_t_data. ind(dl_sdu, sec_addr)
11:
ACK (sec_addr)
reset_time (T8)

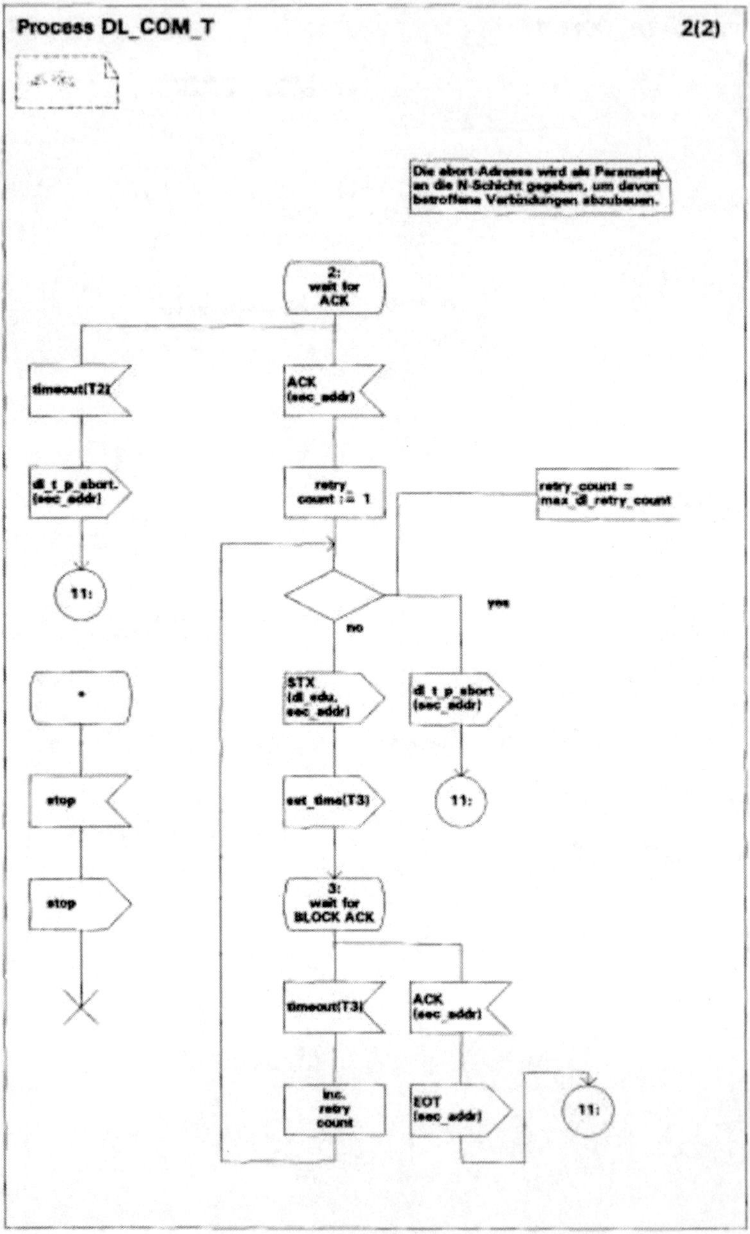
Process DL_COM_T
2(2)
Die abort-Adresse wird als Parameter an die N-Schicht gegeben, um davon betroffene Verbindungen abzubauen.
2:
wait for
ACK
timeout(T2)
ACK
(sec_addr)
dl_t_p_abort.
(sec_addr)
retry_
count := 1
retry_count =
max_dl_retry_count
11:
yes
no
*
STX
(dl_edu,
sec_addr)
dl_t_p_abort
(sec_addr)
stop
set_time(T3)
11:
stop
3:
wait for
BLOCK ACK
timeout(T3)
ACK
(sec_addr)
inc.
retry
count
EOT
(sec_addr)
11:

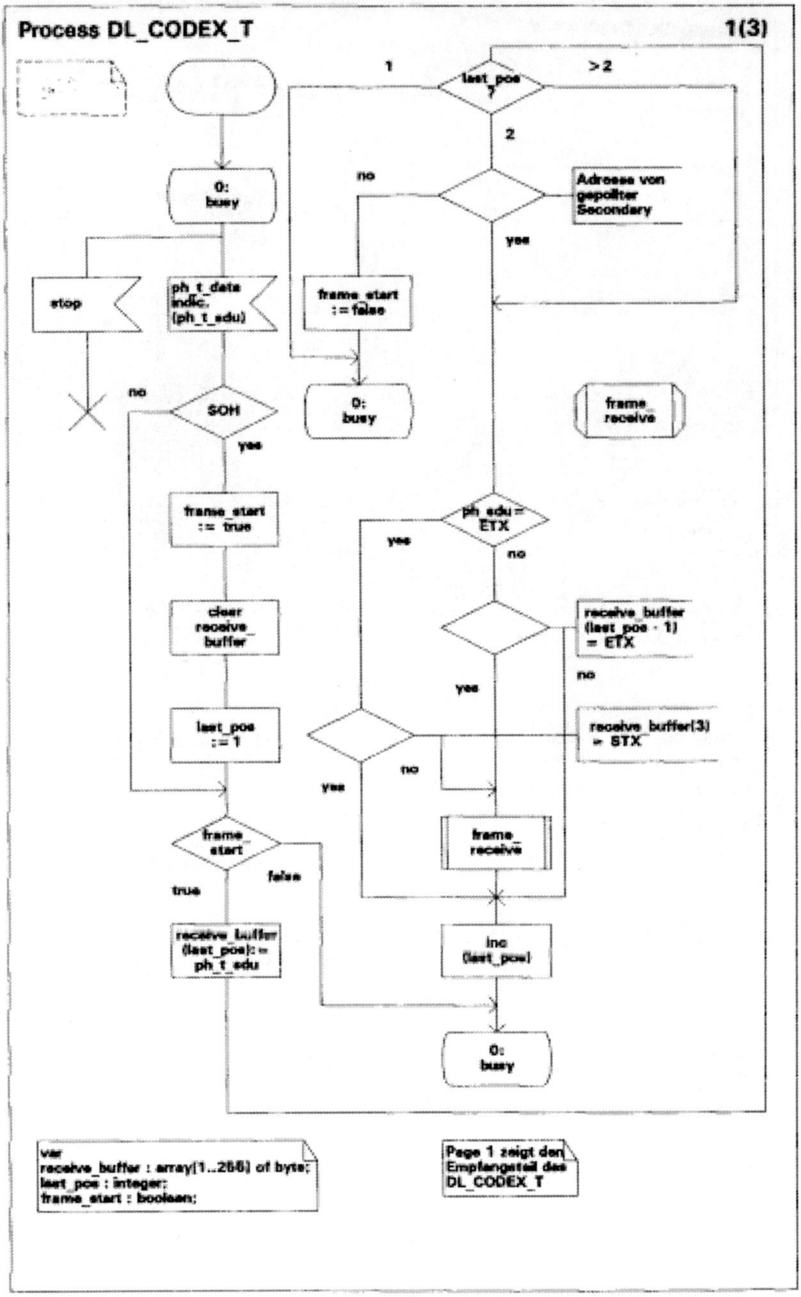
Process DL_CODEX_T
1(3)
0:
busy
stop
ph_t_data
indic.
(ph_t_sdu)
no
SOH
yes
frame_start
:= true
clear
receive_
buffer
last_pos
:= 1
frame_
start
true
false
receive_buffer
(last_pos):=
ph_t_sdu
1
last_pos
?
> 2
2
no
Adresse von
gepollter
Secondary
yes
frame_start
:= false
0:
busy
frame_
receive
ph_sdu =
ETX
yes
no
receive_buffer
(last_pos - 1)
= ETX
no
yes
receive_buffer(3)
= STX
no
yes
frame_
receive
inc
(last_pos)
0:
busy
var
receive_buffer : array(1..256) of byte;
last_pos : integer;
frame_start : boolean;
Page 1 zeigt den
Empfangsteil des
DL_CODEX_T

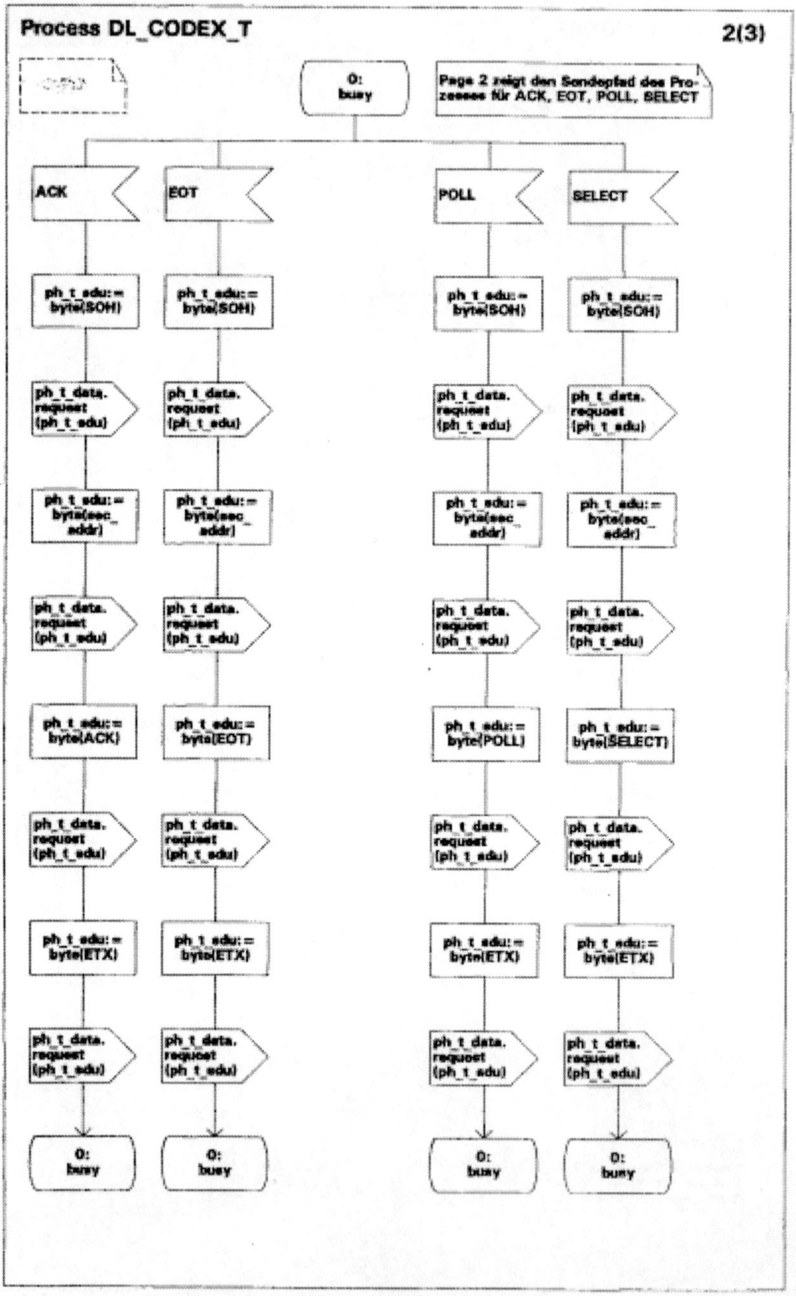
Process DL_CODEX_T
2(3)
0:
busy
Page 2 zeigt den Sendepfad des Prozesses für ACK, EOT, POLL, SELECT
ACK
ph_t_sdu:=
byte(SOH)
ph_t_data.
request
(ph_t_sdu)
ph_t_sdu:=
byte(sec_
addr)
ph_t_data.
request
(ph_t_sdu)
ph_t_sdu:=
byte(ACK)
ph_t_data.
request
(ph_t_sdu)
ph_t_sdu:=
byte(ETX)
ph_t_data.
request
(ph_t_sdu)
0:
busy
EOT
ph_t_sdu:=
byte(SOH)
ph_t_data.
request
(ph_t_sdu)
ph_t_sdu:=
byte(sec_
addr)
ph_t_data.
request
(ph_t_sdu)
ph_t_sdu:=
byte(EOT)
ph_t_data.
request
(ph_t_sdu)
ph_t_sdu:=
byte(ETX)
ph_t_data.
request
(ph_t_sdu)
0:
busy
POLL
ph_t_sdu:=
byte(SOH)
ph_t_data.
request
(ph_t_sdu)
ph_t_sdu:=
byte(sec_
addr)
ph_t_data.
request
(ph_t_sdu)
ph_t_sdu:=
byte(POLL)
ph_t_data.
request
(ph_t_sdu)
ph_t_sdu:=
byte(ETX)
ph_t_data.
request
(ph_t_sdu)
0:
busy
SELECT
ph_t_sdu:=
byte(SOH)
ph_t_data.
request
(ph_t_sdu)
ph_t_sdu:=
byte(sec_
addr)
ph_t_data.
request
(ph_t_sdu)
ph_t_sdu:=
byte(SELECT)
ph_t_data.
request
(ph_t_sdu)
ph_t_sdu:=
byte(ETX)
ph_t_data.
request
(ph_t_sdu)
0:
busy

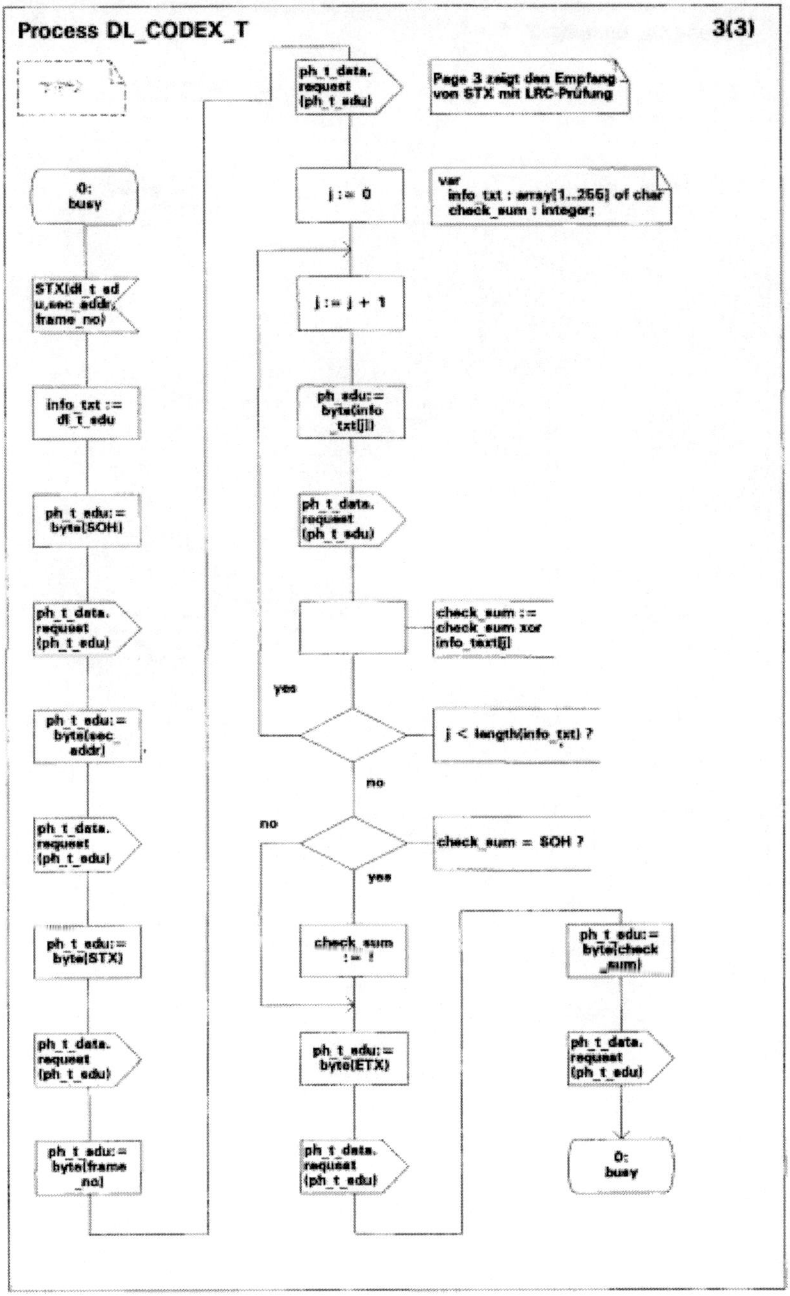
Process DL_CODEX_T
3(3)
ph_t_data.
request
(ph_t_sdu)
Page 3 zeigt den Empfang von STX mit LRC-Prüfung
0:
busy
j := 0
var
info_txt : array[1..255] of char
check_sum : integer;
STX(dl_t_sdu,sec_addr,frame_no)
j := j + 1
info_txt :=
dl_t_sdu
ph_sdu:=
byte(info
_txt[j])
ph_t_sdu:=
byte(SOH)
ph_t_data.
request
(ph_t_sdu)
check_sum :=
check_sum xor
info_text[j]
yes
ph_t_sdu:=
byte(sec_
addr)
j < length(info_txt) ?
no
no
check_sum = SOH ?
yes
ph_t_sdu:=
byte(STX)
check_sum
:= !
ph_t_sdu:=
byte(check
_sum)
ph_t_sdu:=
byte(ETX)
ph_t_sdu:=
byte(frame
_no)
0:
busy

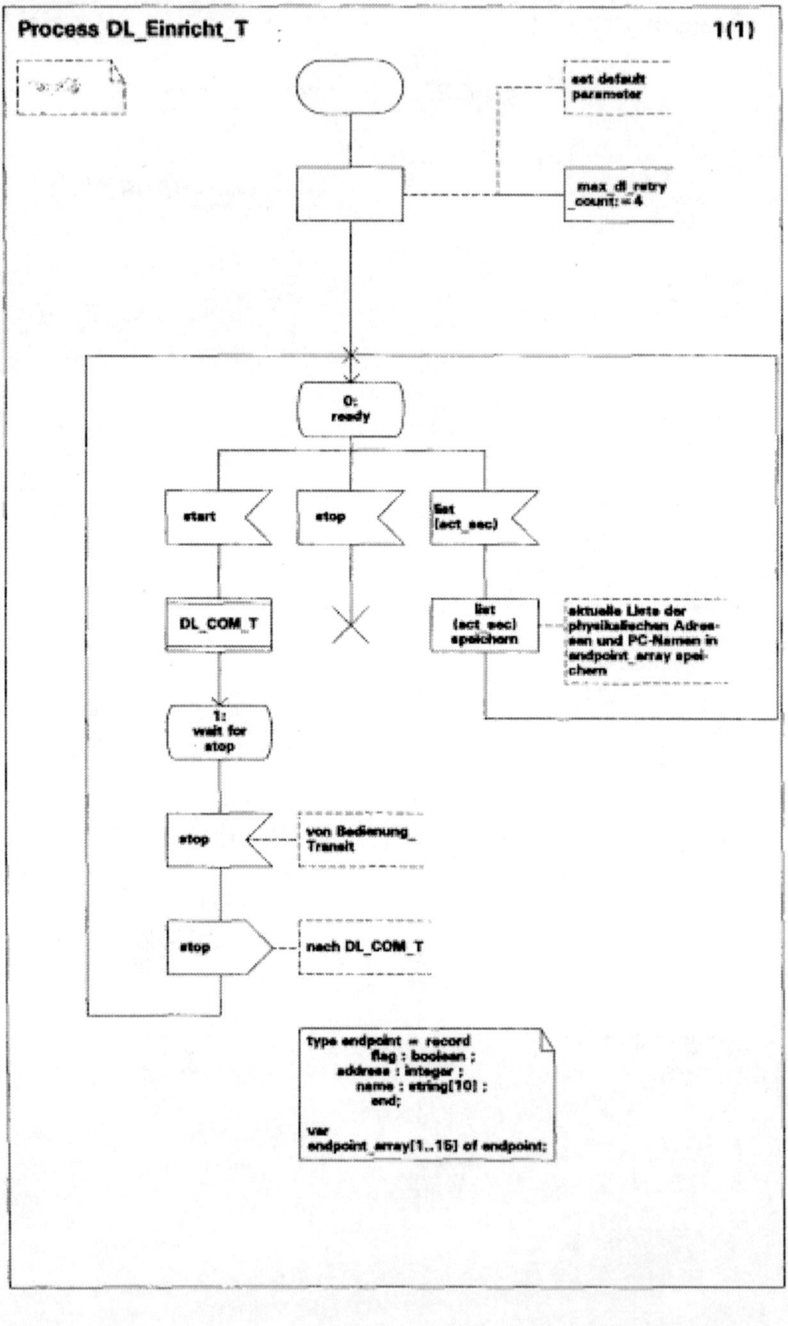
Process DL_Einricht_T
1(1)
set default parameter
max_dl_retry_count: = 4
0: ready
start
stop
list (act_sec)
DL_COM_T
list (act_sec) speichern
aktuelle Liste der physikalischen Adressen und PC-Namen in endpoint_array speichern
1: wait for stop
stop
von Bedienung_Transit
stop
nach DL_COM_T
type endpoint = record
flag : boolean ;
address : integer ;
name : string[10] ;
end;
var
endpoint_array[1..15] of endpoint;

3. 11. 8. PH-Dienst

Dieser Abschnitt enthält die Diagramme:

Block PH_Dienst

Block PH_Instanz_E

Process PH_COM_E
Page1
Process PH_Einricht_E
Page 1
Page 2

Block PH_Instanz_T

Process PH_COM_T
Page1
Process PH_Einricht_T
Page1
Page2

Block Medium

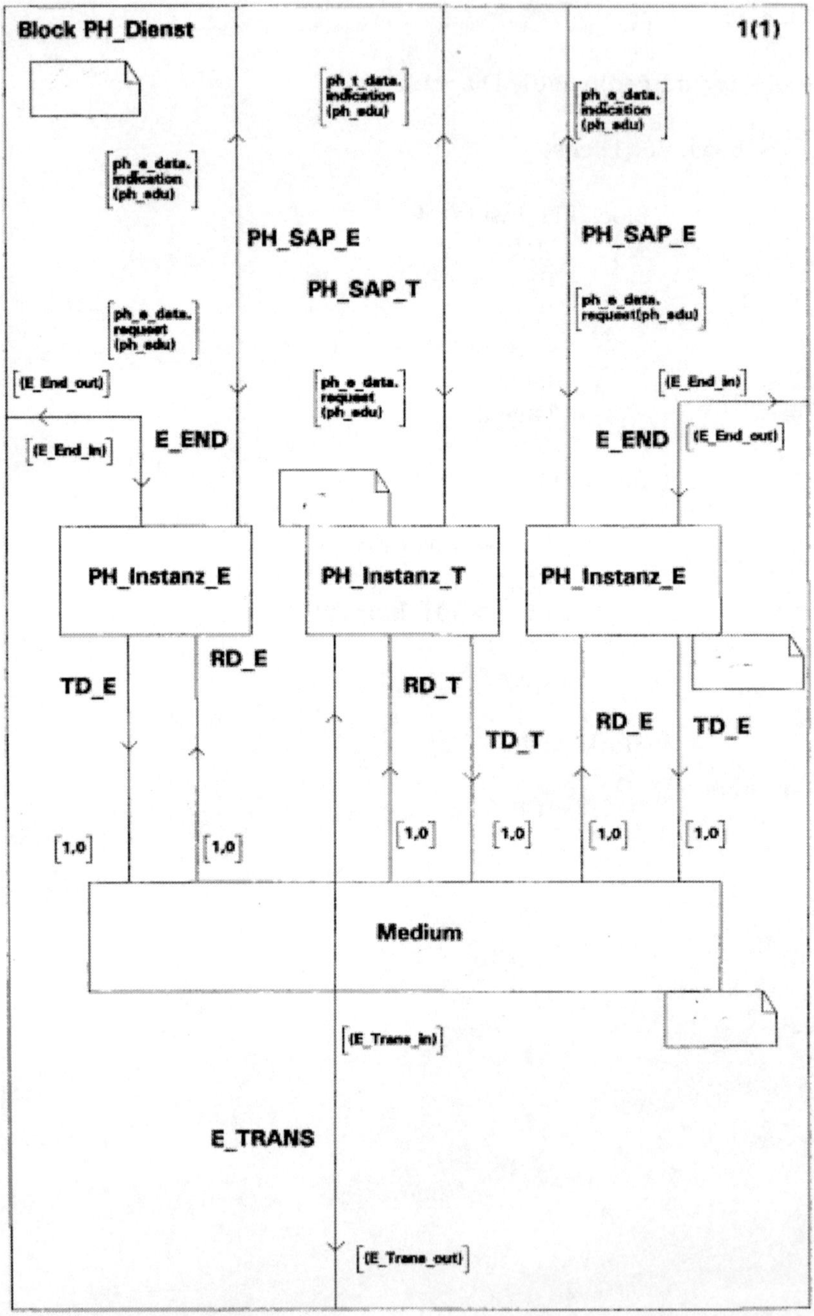
Block PH_Dienst
1(1)
ph_t_data.
indication
(ph_sdu)
ph_e_data.
indication
(ph_sdu)
ph_e_data.
indication
(ph_sdu)
PH_SAP_E
PH_SAP_E
PH_SAP_T
ph_e_data.
request
(ph_sdu)
ph_e_data.
request(ph_sdu)
(E_End_out)
ph_e_data.
request
(ph_sdu)
(E_End_in)
(E_End_in)
E_END
E_END
(E_End_out)
PH_Instanz_E
PH_Instanz_T
PH_Instanz_E
TD_E
RD_E
RD_T
TD_T
RD_E
TD_E
1,0
1,0
1,0
1,0
1,0
1,0
Medium
(E_Trans_in)
E_TRANS
(E_Trans_out)

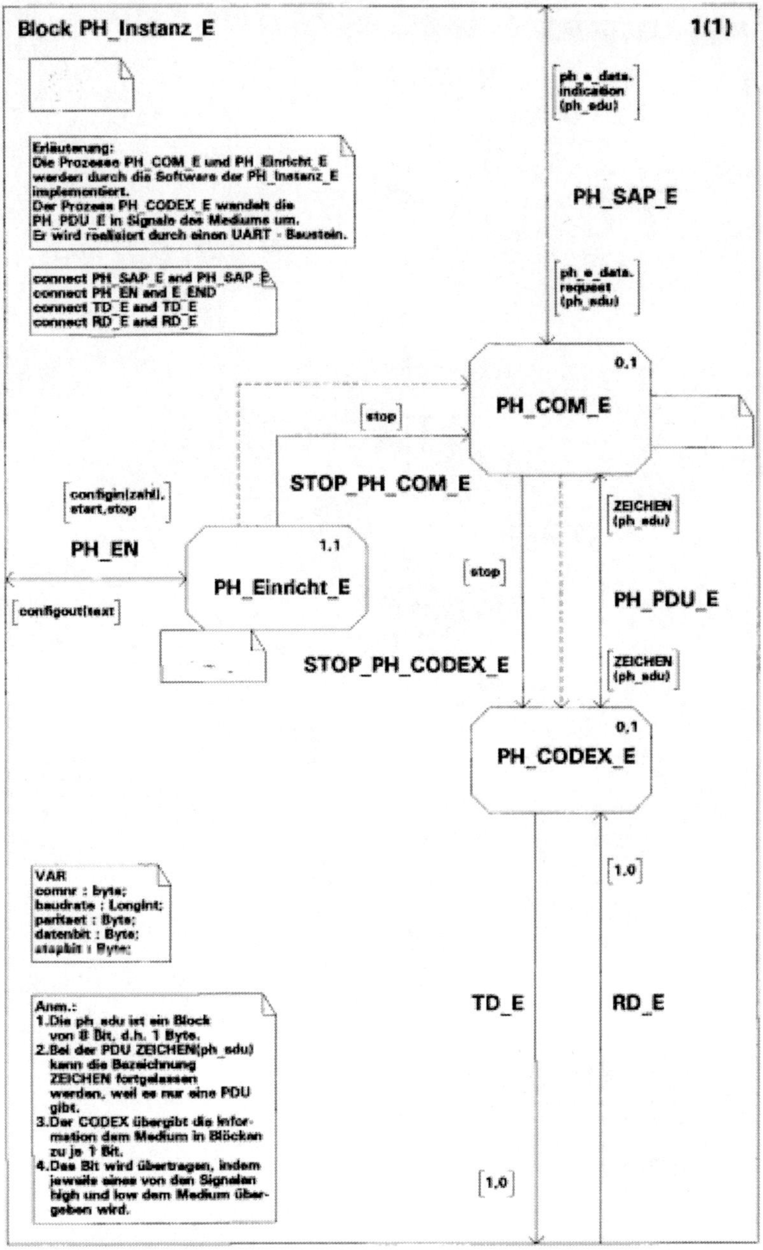
Block PH_Instanz_E
1(1)
Erläuterung:
Die Prozesse PH_COM_E und PH_Einricht_E
werden durch die Software der PH_Instanz_E
implementiert.
Der Prozess PH_CODEX_E wandelt die
PH_PDU_E in Signale des Mediums um.
Er wird realisiert durch einen UART - Baustein.
connect PH_SAP_E and PH_SAP_E
connect PH_EN and E_END
connect TD_E and TD_E
connect RD_E and RD_E
ph_e_data.
indication
(ph_sdu)
PH_SAP_E
ph_e_data.
request
(ph_sdu)
0,1
PH_COM_E
stop
STOP_PH_COM_E
configin(zahl),
start,stop
PH_EN
1,1
PH_Einricht_E
configout(text)
stop
ZEICHEN
(ph_sdu)
PH_PDU_E
STOP_PH_CODEX_E
ZEICHEN
(ph_sdu)
0,1
PH_CODEX_E
1,0
VAR
comnr : byte;
baudrate : Longint;
paritaet : Byte;
datenbit : Byte;
stopbit : Byte;
Anm.:
1.Die ph_sdu ist ein Block
von 8 Bit, d.h. 1 Byte.
2.Bei der PDU ZEICHEN(ph_sdu)
kann die Bezeichnung
ZEICHEN fortgelassen
werden, weil es nur eine PDU
gibt.
3.Der CODEX übergibt die Infor-
mation dem Medium in Blöcken
zu je 1 Bit.
4.Das Bit wird übertragen, indem
jeweils eines von den Signalen
high und low dem Medium über-
geben wird.
TD_E
RD_E
1,0

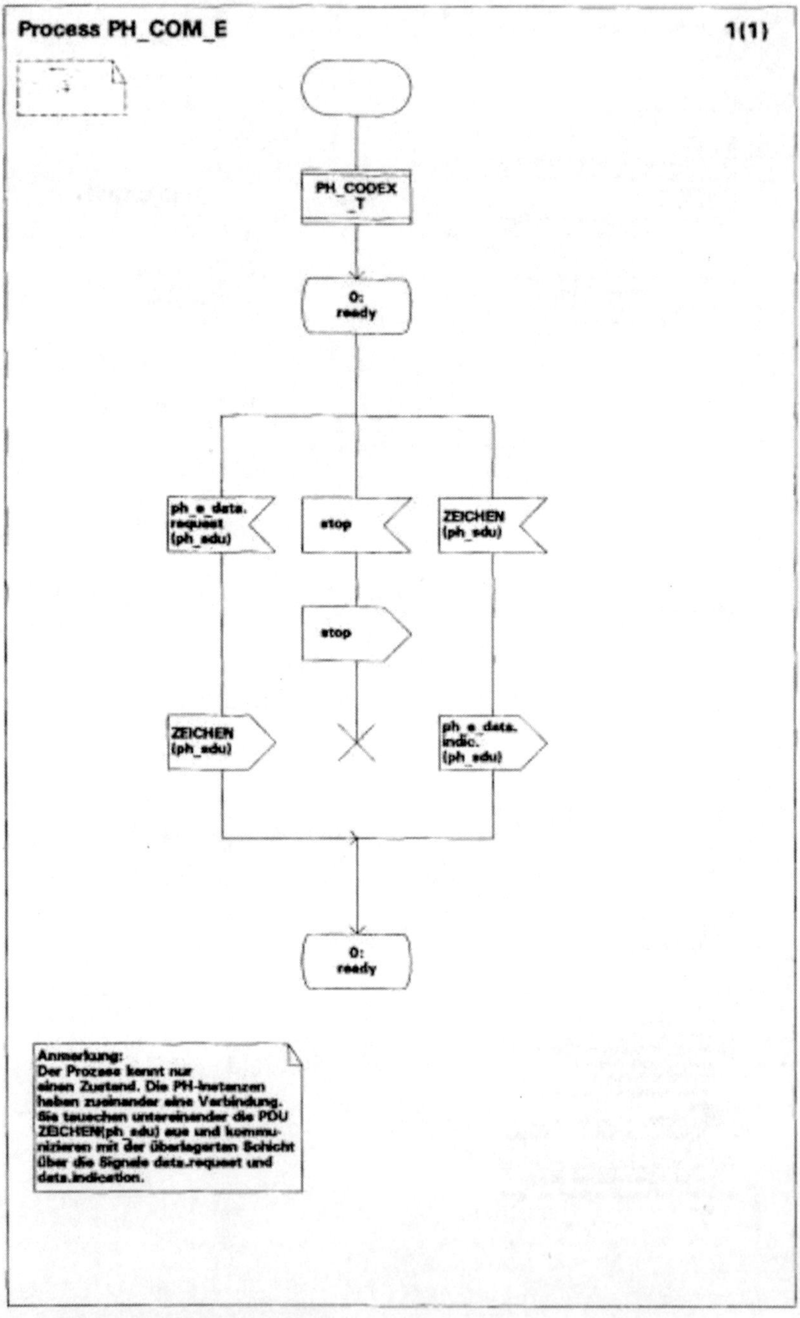

Process PH_COM_E
1(1)
PH_CODEX_T
0: ready
ph_e_data. request (ph_sdu)
stop
ZEICHEN (ph_sdu)
stop
ZEICHEN (ph_sdu)
ph_e_data. indic. (ph_sdu)
0: ready
Anmerkung:
Der Prozess kennt nur
einen Zustand. Die PH-Instanzen
haben zueinander eine Verbindung.
Sie tauschen untereinander die PDU
ZEICHEN(ph_sdu) aus und kommu-
nizieren mit der überlagerten Schicht
über die Signale data.request und
data.indication.

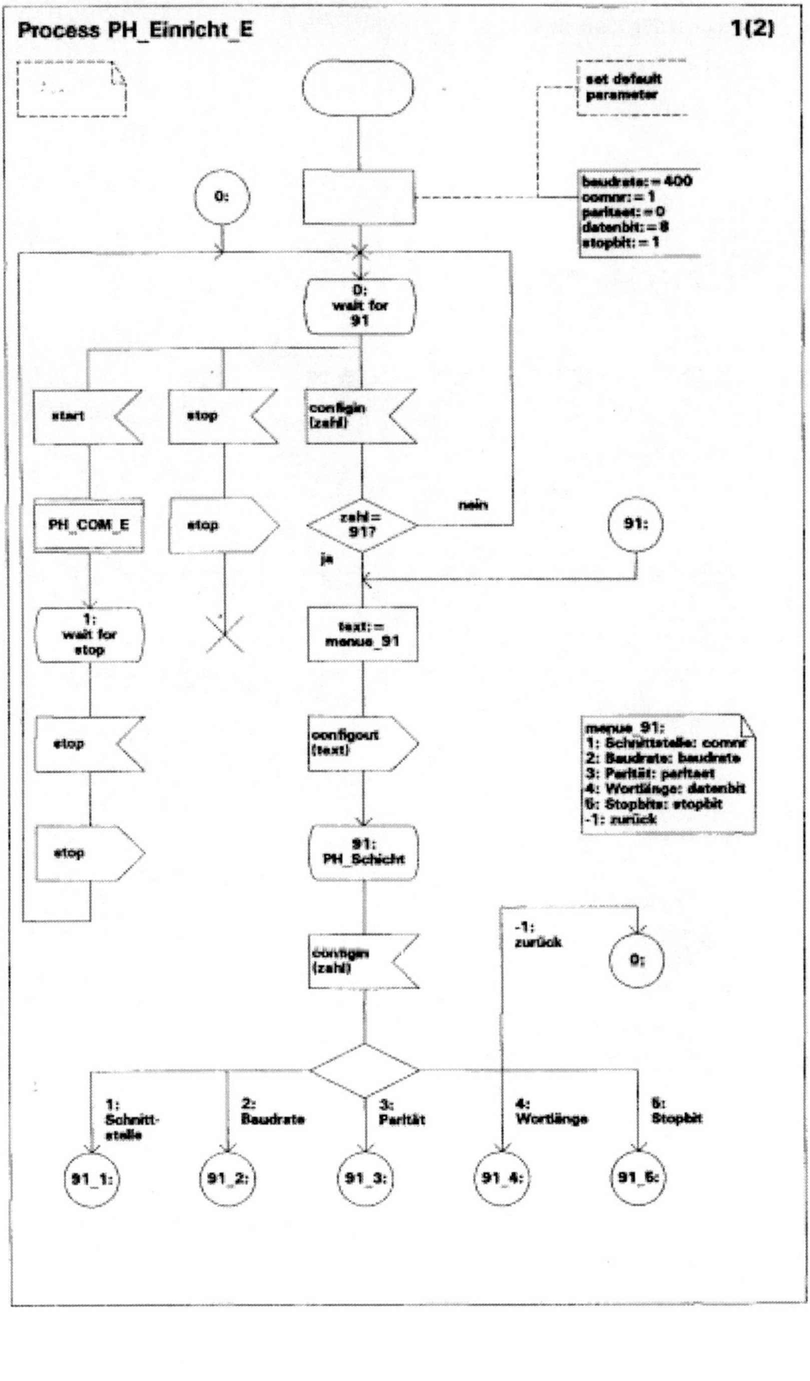
Process PH_Einricht_E
1(2)
set default parameter
baudrate: = 400
comnr: = 1
paritaet: = 0
datenbit: = 8
stopbit: = 1
0:
0: wait for 91
start
stop
configin (zahl)
PH_COM_E
stop
zahl = 91?
nein
ja
91:
1: wait for stop
text: = menue_91
stop
configout (text)
menue_91:
1: Schnittstelle: comnr
2: Baudrate: baudrate
3: Parität: paritaet
4: Wortlänge: datenbit
5: Stopbits: stopbit
-1: zurück
stop
91: PH_Schicht
-1: zurück
0:
configin (zahl)
1: Schnitt-stelle
2: Baudrate
3: Parität
4: Wortlänge
5: Stopbit
91_1:
91_2:
91_3:
91_4:
91_5:

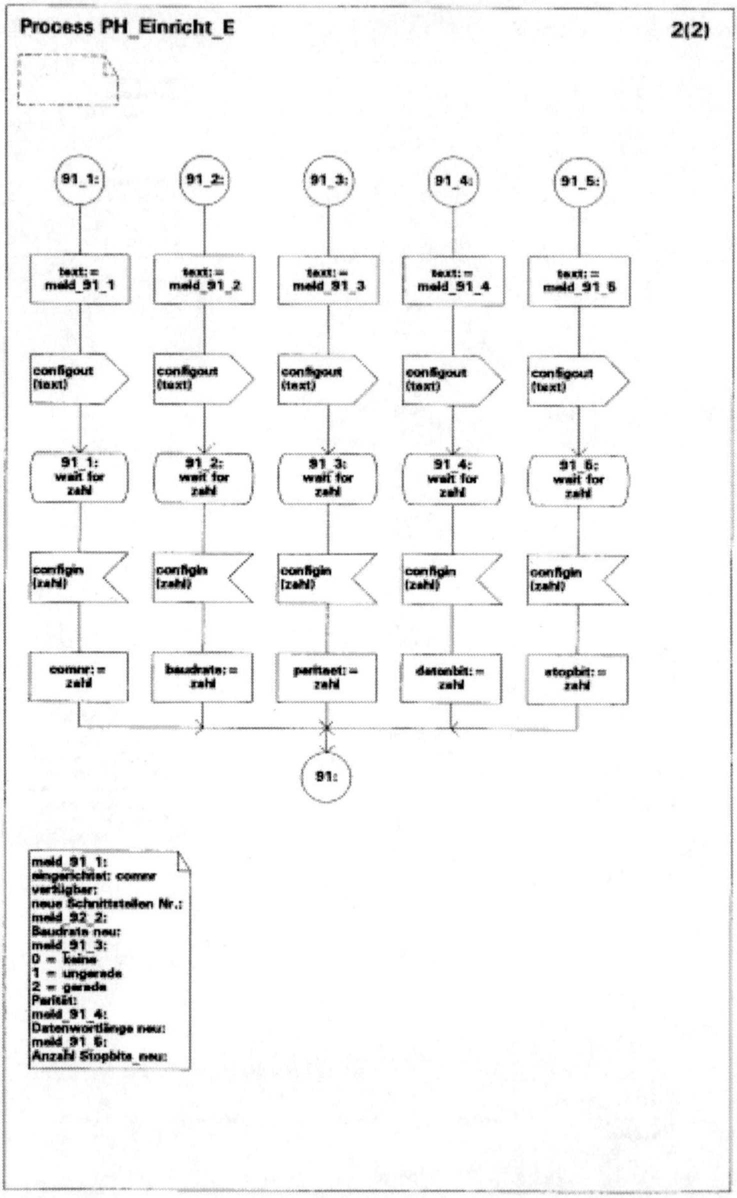
Process PH_Einricht_E
2(2)
91_1:
91_2:
91_3:
91_4:
91_5:
text: = meld_91_1
text: = meld_91_2
text: = meld_91_3
text: = meld_91_4
text: = meld_91_5
configout (text)
configout (text)
configout (text)
configout (text)
configout (text)
91_1: wait for zahl
91_2: wait for zahl
91_3: wait for zahl
91_4: wait for zahl
91_5: wait for zahl
configin (zahl)
configin (zahl)
configin (zahl)
configin (zahl)
configin (zahl)
comnr: = zahl
baudrate: = zahl
paritaet: = zahl
datenbit: = zahl
stopbit: = zahl
91:
meld_91_1:
eingerichtet: comnr
verfügbar:
neue Schnittstellen Nr.:
meld_92_2:
Baudrate neu:
meld_91_3:
0 = keine
1 = ungerade
2 = gerade
Parität:
meld_91_4:
Datenwortlänge neu:
meld_91_5:
Anzahl Stopbits_neu:

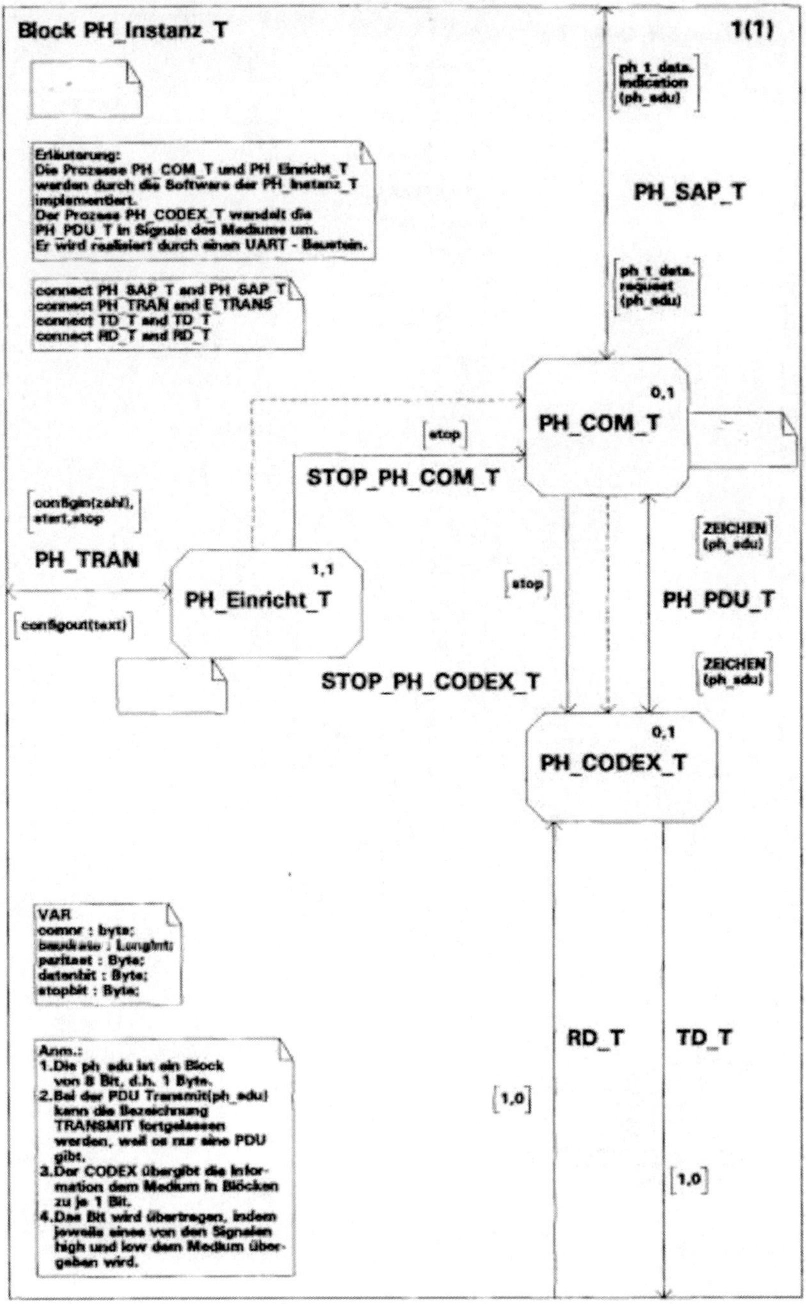
Block PH_Instanz_T
1(1)
Erläuterung:
Die Prozesse PH_COM_T und PH_Einricht_T
werden durch die Software der PH_Instanz_T
implementiert.
Der Prozess PH_CODEX_T wandelt die
PH_PDU_T in Signale des Mediums um.
Er wird realisiert durch einen UART - Baustein.
connect PH_SAP_T and PH_SAP_T
connect PH_TRAN and E_TRANS
connect TD_T and TD_T
connect RD_T and RD_T
ph_t_data.
indication
(ph_sdu)
PH_SAP_T
ph_t_data.
request
(ph_sdu)
0,1
PH_COM_T
stop
STOP_PH_COM_T
configin(zahl),
start,stop
PH_TRAN
1,1
PH_Einricht_T
configout(text)
stop
ZEICHEN
(ph_sdu)
PH_PDU_T
ZEICHEN
(ph_sdu)
STOP_PH_CODEX_T
0,1
PH_CODEX_T
VAR
comnr : byte;
baudrate : LongInt;
paritaet : Byte;
datenbit : Byte;
stopbit : Byte;
Anm.:
1.Die ph_sdu ist ein Block
von 8 Bit, d.h. 1 Byte.
2.Bei der PDU Transmit(ph_sdu]
kann die Bezeichnung
TRANSMIT fortgelassen
werden, weil es nur eine PDU
gibt.
3.Der CODEX übergibt die Infor-
mation dem Medium in Blöcken
zu je 1 Bit.
4.Das Bit wird übertragen, indem
jeweils eines von den Signalen
high und low dem Medium über-
geben wird.
RD_T
TD_T
1,0
1,0

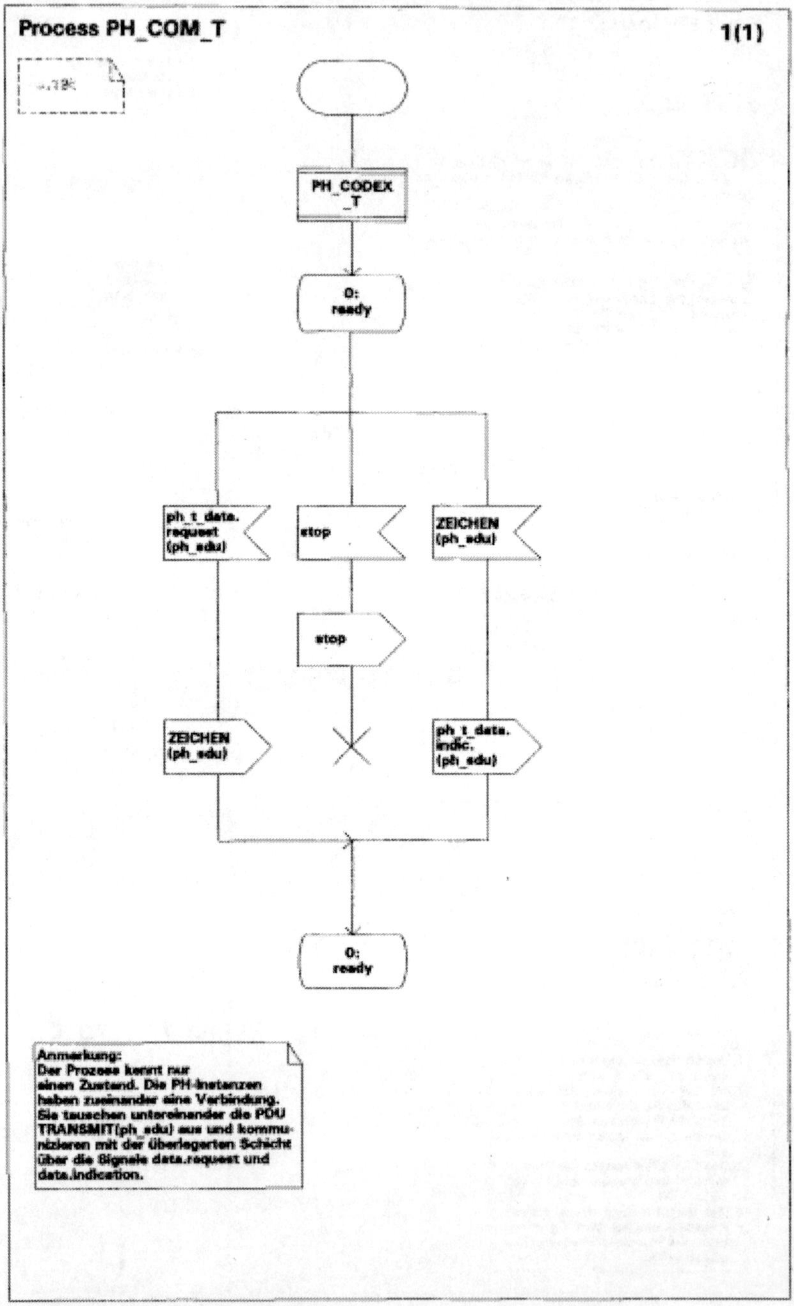
Process PH_COM_T
1(1)
PH_CODEX_T
0: ready
ph_t_data. request (ph_sdu)
stop
ZEICHEN (ph_sdu)
stop
ZEICHEN (ph_sdu)
ph_t_data. indic. (ph_sdu)
0: ready
Anmerkung:
Der Prozess kennt nur
einen Zustand. Die PH-Instanzen
haben zueinander eine Verbindung.
Sie tauschen untereinander die PDU
TRANSMIT(ph_sdu) aus und kommu-
nizieren mit der überlagerten Schicht
über die Signale data.request und
data.indication.

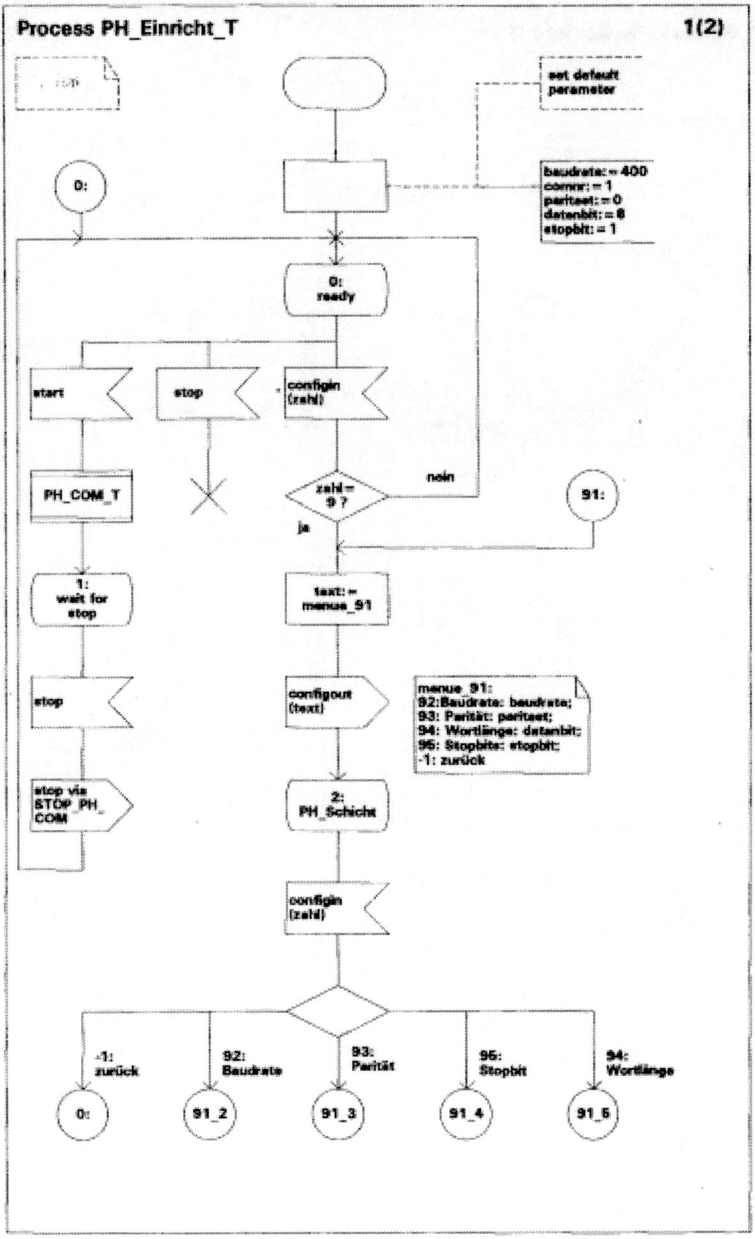
Process PH_Einricht_T
1(2)
set default parameter
baudrate:=400
comnr:=1
paritaet:=0
datenbit:=8
stopbit:=1
0:
0: ready
start
stop
configin (zahl)
PH_COM_T
zahl= 9 ?
nein
ja
91:
1: wait for stop
text:= menue_91
stop
configout (text)
menue_91:
92:Baudrate: baudrate;
93: Parität: paritaet;
94: Wortlänge: datenbit;
95: Stopbits: stopbit;
-1: zurück
stop via STOP_PH_COM
2: PH_Schicht
configin (zahl)
-1: zurück
92: Baudrate
93: Parität
95: Stopbit
94: Wortlänge
0:
91_2
91_3
91_4
91_5

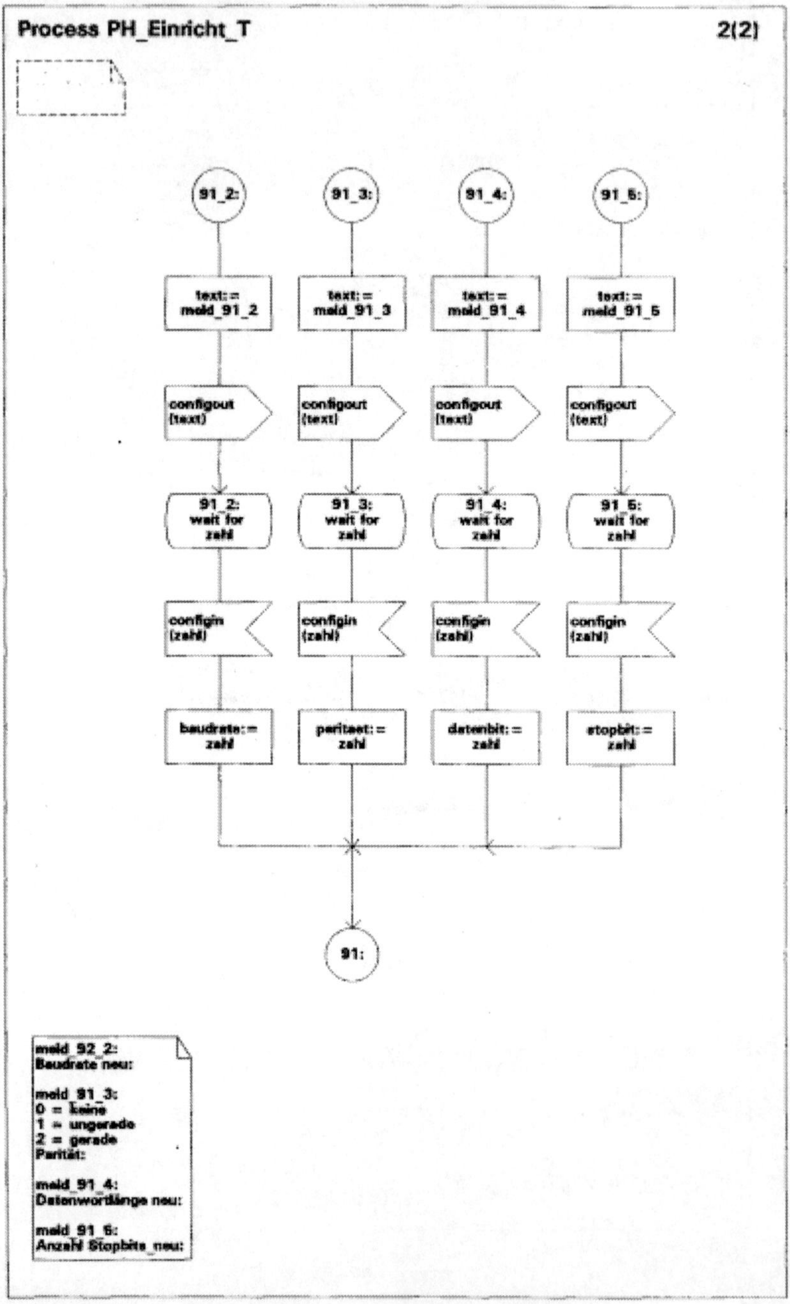
Process PH_Einricht_T
2(2)
91_2:
91_3:
91_4:
91_5:
text: = meld_91_2
text: = meld_91_3
text: = meld_91_4
text: = meld_91_5
configout (text)
configout (text)
configout (text)
configout (text)
91_2: wait for zahl
91_3: wait for zahl
91_4: wait for zahl
91_5: wait for zahl
configin (zahl)
configin (zahl)
configin (zahl)
configin (zahl)
baudrate: = zahl
paritaet: = zahl
datenbit: = zahl
stopbit: = zahl
91:
meld_92_2:
Baudrate neu:
meld_91_3:
0 = keine
1 = ungerade
2 = gerade
Parität:
meld_91_4:
Datenwortlänge neu:
meld_91_5:
Anzahl Stopbits_neu:

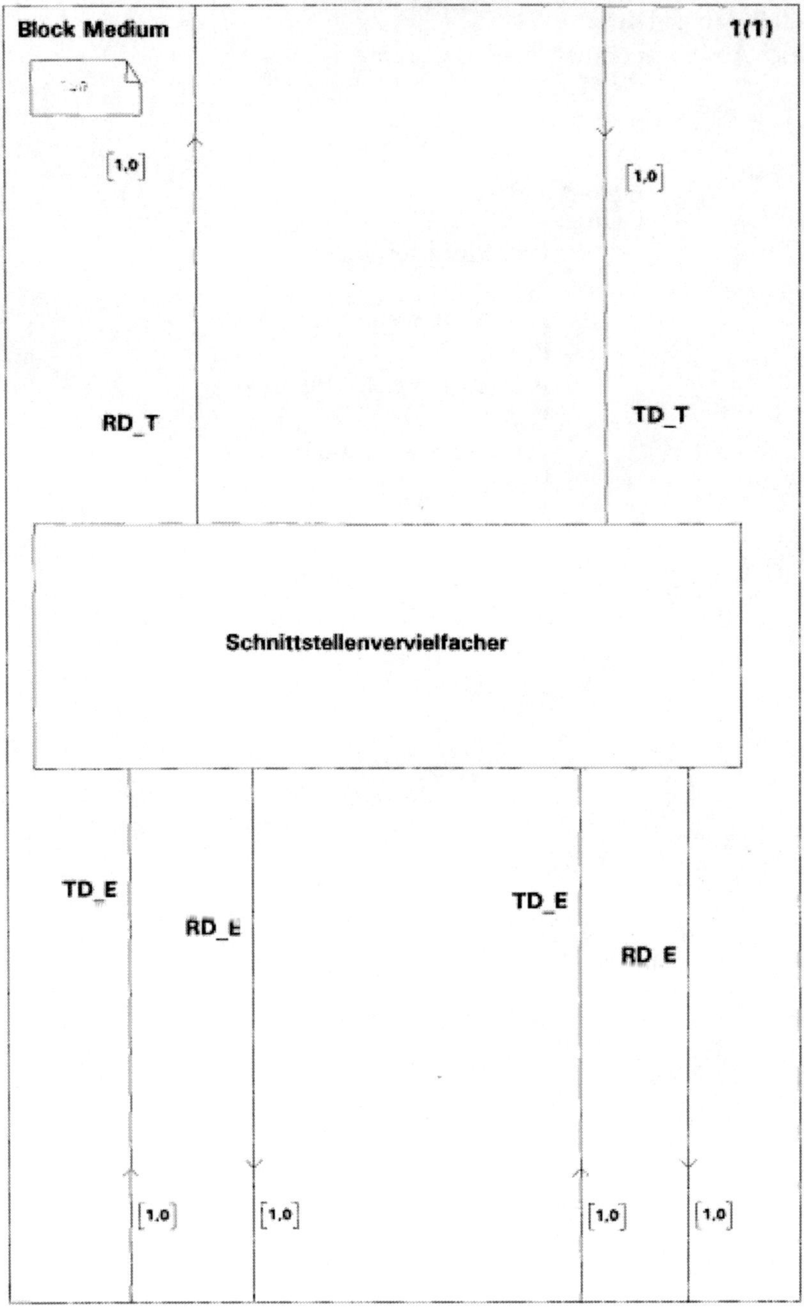
Block Medium
1(1)
[1,0]
[1,0]
RD_T
TD_T
Schnittstellenvervielfacher
TD_E
RD_E
TD_E
RD_E
[1,0]
[1,0]
[1,0]
[1,0]

3. 11. 9. Timer-Dienst

Dieser Abschnitt enthält die Diagramme

- Block Timer
  - Process Timer
    Page1
    - Procedure settime
      Page1
    - Procedure resettime
      Page1
    - Procedure resetoldtimes
      Page1
    - Procedure watchtime
      Page1

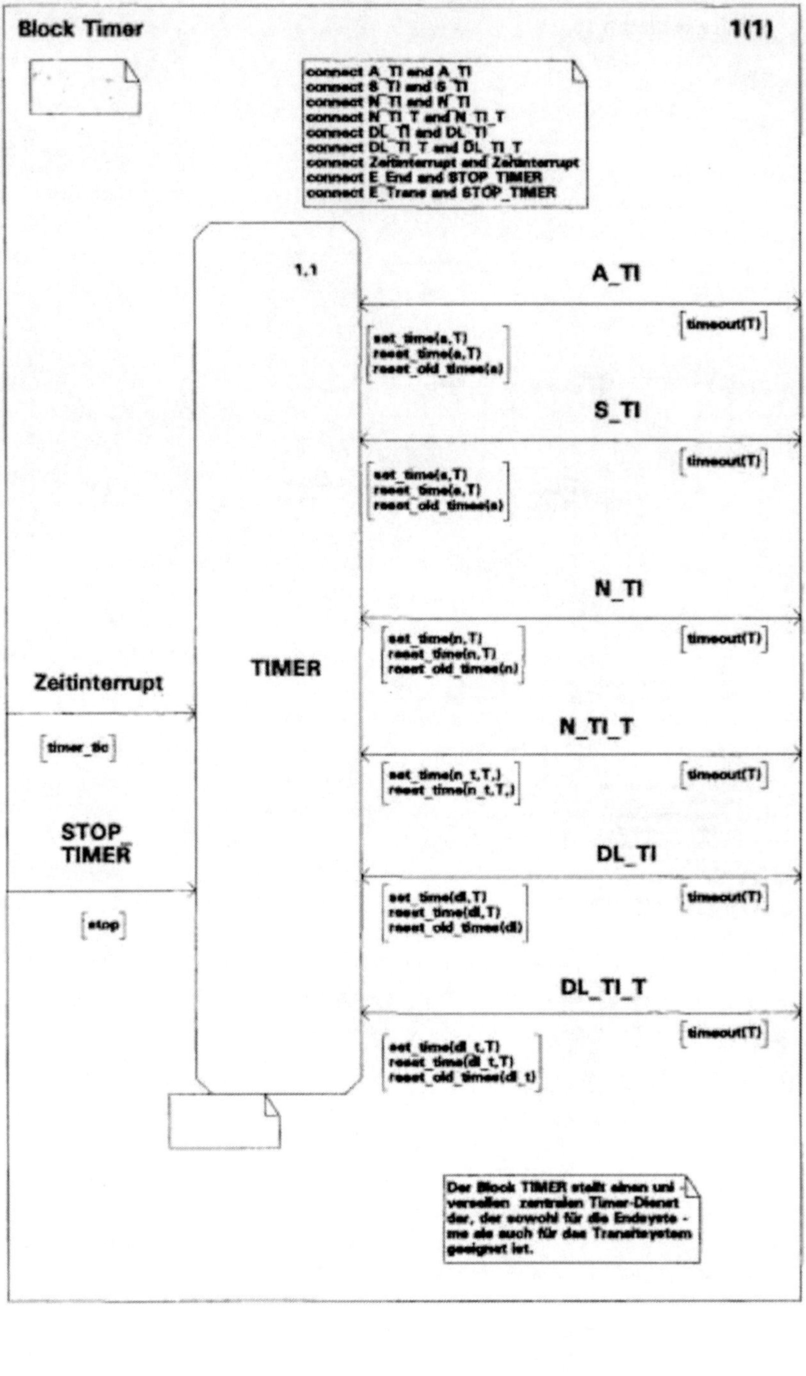
Block Timer
1(1)
connect A_TI and A_TI
connect S_TI and S_TI
connect N_TI and N_TI
connect N_TI_T and N_TI_T
connect DL_TI and DL_TI
connect DL_TI_T and DL_TI_T
connect Zeitinterrupt and Zeitinterrupt
connect E_End and STOP_TIMER
connect E_Trans and STOP_TIMER
1,1
TIMER
A_TI
timeout(T)
set_time(a,T)
reset_time(a,T)
reset_old_times(a)
S_TI
timeout(T)
set_time(s,T)
reset_time(s,T)
reset_old_times(s)
N_TI
set_time(n,T)
reset_time(n,T)
reset_old_times(n)
timeout(T)
Zeitinterrupt
timer_tic
N_TI_T
set_time(n_t,T,)
reset_time(n_t,T,)
timeout(T)
STOP_TIMER
stop
DL_TI
set_time(dl,T)
reset_time(dl,T)
reset_old_times(dl)
timeout(T)
DL_TI_T
timeout(T)
set_time(dl_t,T)
reset_time(dl_t,T)
reset_old_times(dl_t)
Der Block TIMER stellt einen universellen zentralen Timer-Dienst dar, der sowohl für die Endsysteme als auch für das Transitsystem geeignet ist.

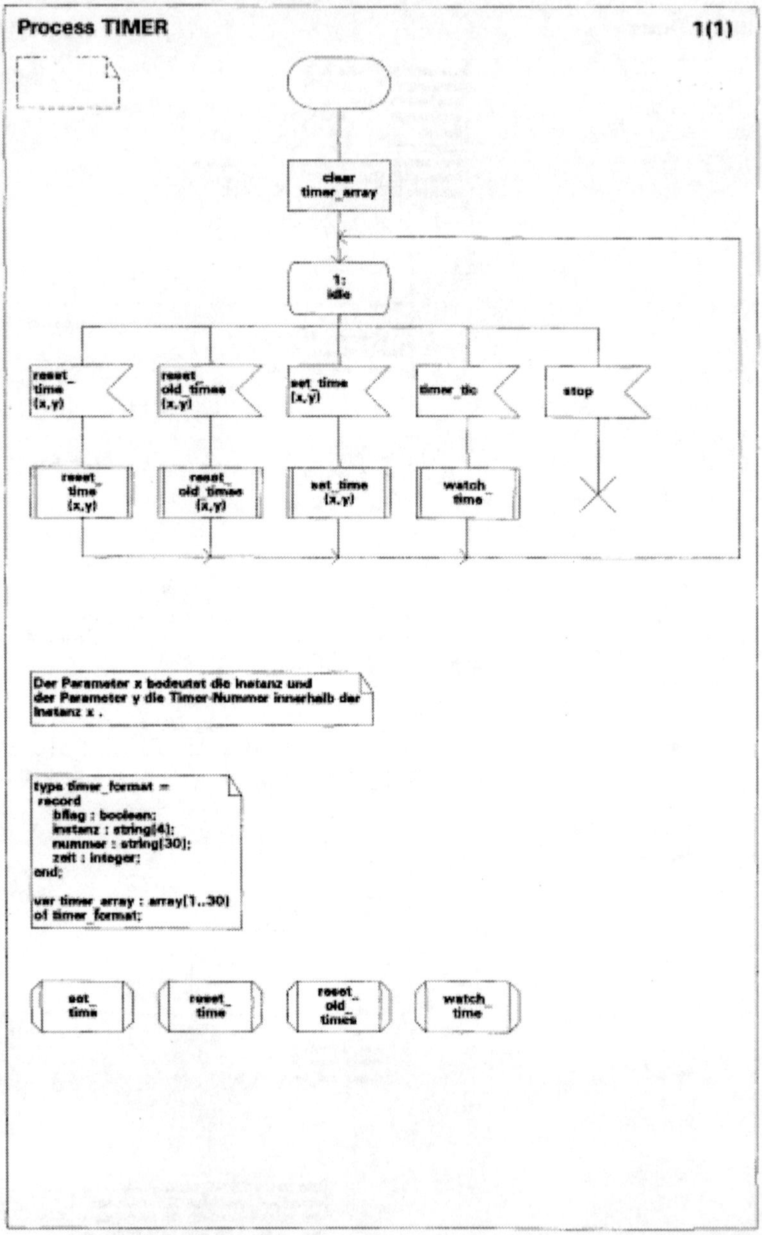
Process TIMER
1(1)
clear timer_array
1: idle
reset_ time (x,y)
reset_ old_times (x,y)
set_time (x,y)
timer_tic
stop
reset_ time (x,y)
reset_ old_times (x,y)
set_time (x,y)
watch_ time
Der Parameter x bedeutet die Instanz und der Parameter y die Timer-Nummer innerhalb der Instanz x .
type timer_format =
record
bflag : boolean;
instanz : string[4];
nummer : string[30];
zeit : integer;
end;
var timer_array : array[1..30] of timer_format;
set_ time
reset_ time
reset_ old_ times
watch_ time

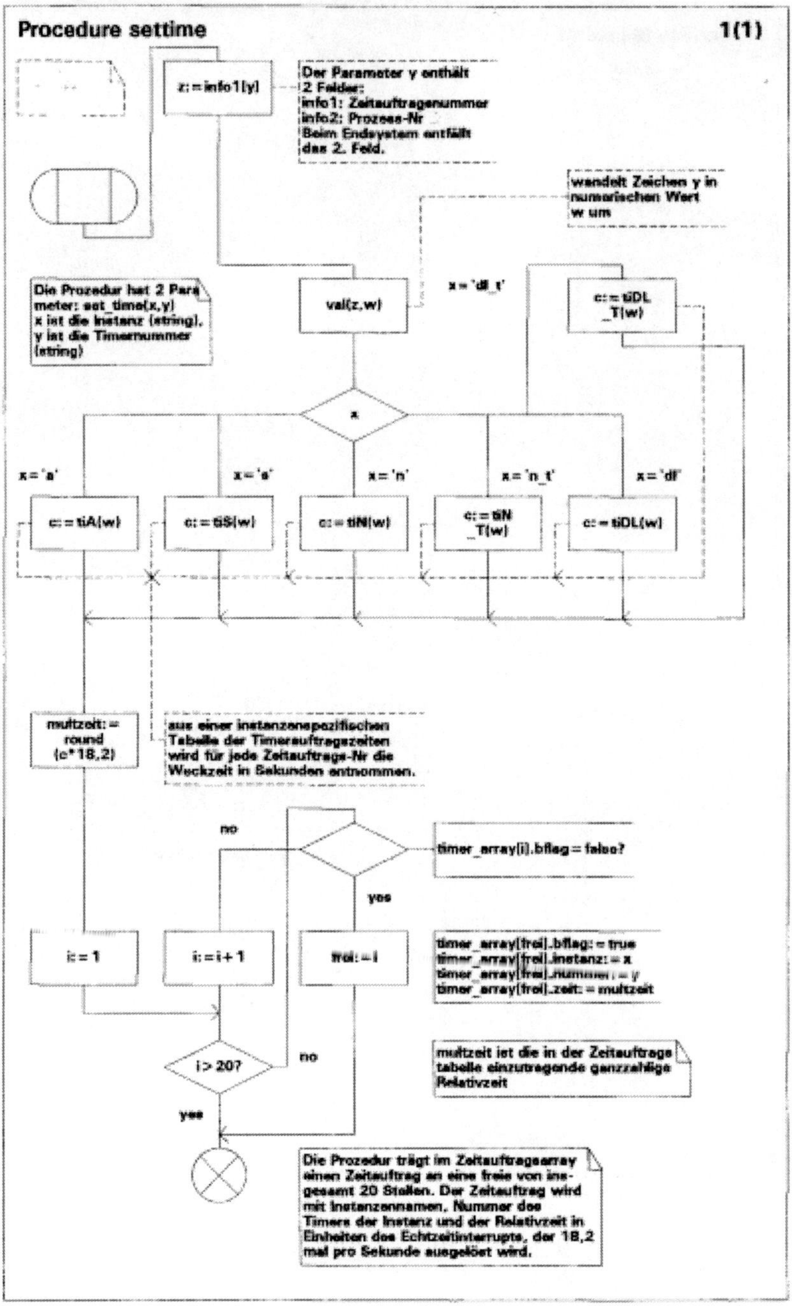
Procedure settime
1(1)
z: = info1(y)
Der Parameter y enthält 2 Felder:
info1: Zeitauftragenummer
info2: Prozess-Nr
Beim Endsystem entfällt das 2. Feld.
wandelt Zeichen y in numerischen Wert w um
Die Prozedur hat 2 Parameter: set_time(x,y)
x ist die Instanz (string),
y ist die Timernummer (string)
val(z,w)
x = 'dl_t'
c: = tiDL_T(w)
x
x = 'a'
x = 's'
x = 'n'
x = 'n_t'
x = 'dl'
c: = tiA(w)
c: = tiS(w)
c: = tiN(w)
c: = tiN_T(w)
c: = tiDL(w)
multzeit: = round (c*18,2)
aus einer instanzenspezifischen Tabelle der Timerauftragszeiten wird für jede Zeitauftrags-Nr die Weckzeit in Sekunden entnommen.
no
timer_array[i].bflag = false?
yes
i: = 1
i: = i + 1
frei: = i
timer_array[frei].bflag: = true
timer_array[frei].instanz: = x
timer_array[frei].nummer: = y
timer_array[frei].zeit: = multzeit
i > 20?
no
yes
multzeit ist die in der Zeitauftragetabelle einzutragende ganzzahlige Relativzeit
Die Prozedur trägt im Zeitauftragsarray einen Zeitauftrag an eine freie von insgesamt 20 Stellen. Der Zeitauftrag wird mit Instanzennamen, Nummer des Timers der Instanz und der Relativzeit in Einheiten des Echtzeitinterrupts, der 18,2 mal pro Sekunde ausgelöst wird.

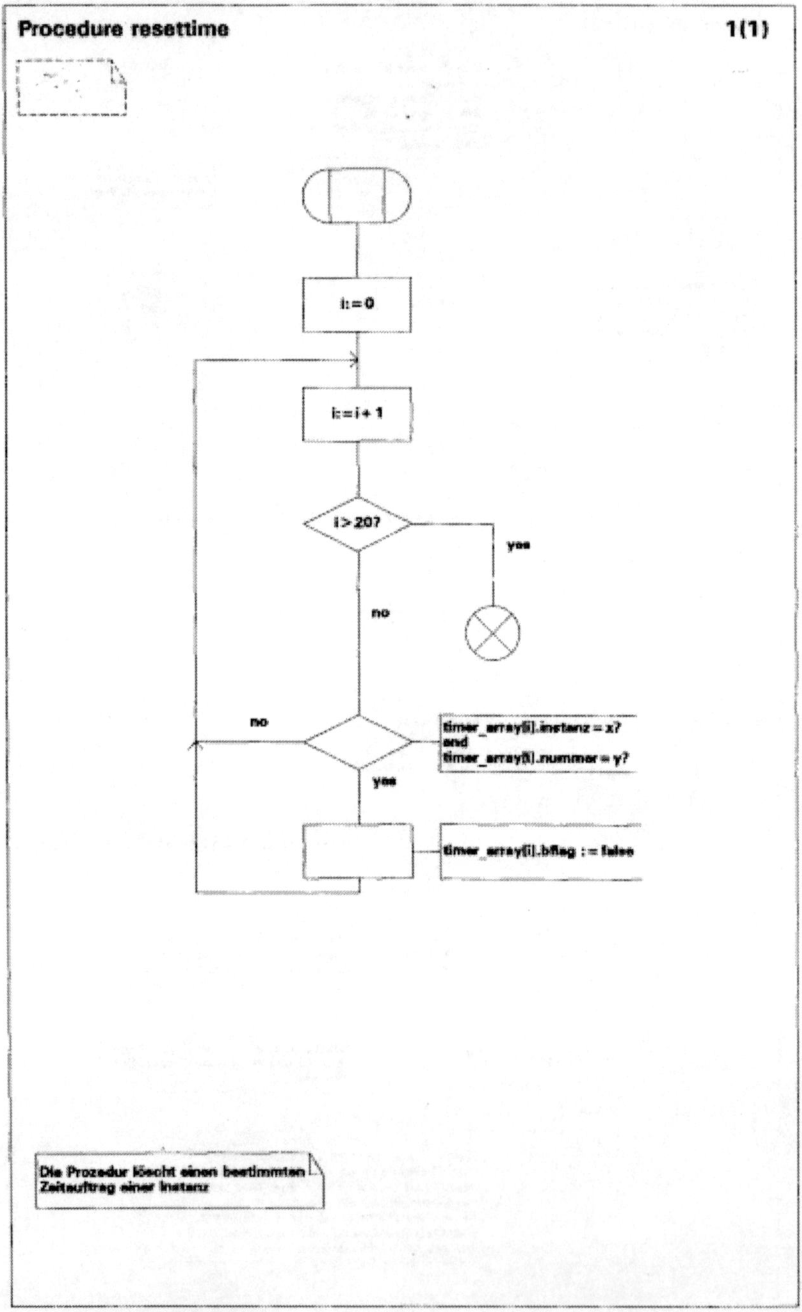
Procedure resettime
1(1)
i:=0
i:=i+1
i>20?
yes
no
no
timer_array[i].instanz = x?
and
timer_array[i].nummer = y?
yes
timer_array[i].bflag := false
Die Prozedur löscht einen bestimmten
Zeitauftrag einer Instanz

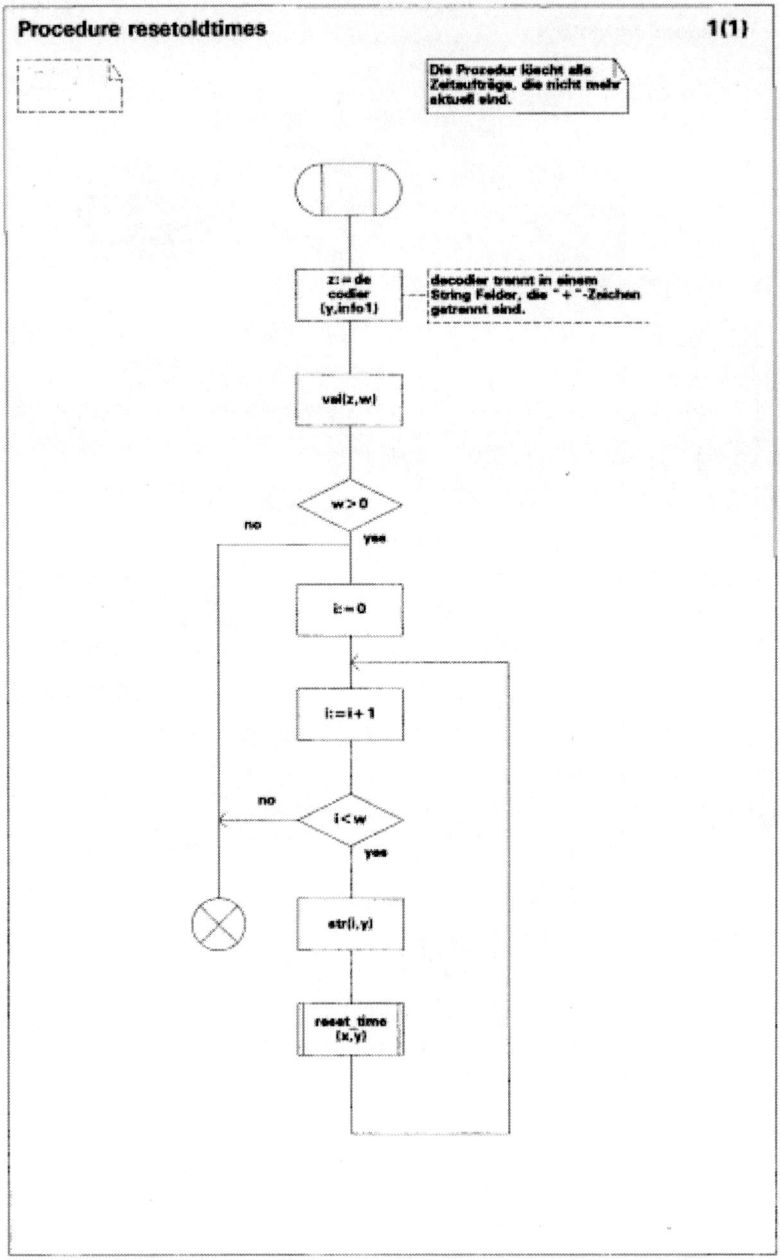
Procedure resetoldtimes
1(1)
Die Prozedur löscht alle Zeitaufträge, die nicht mehr aktuell sind.
z: = de codier (y,info1)
decodier trennt in einem String Felder, die " + "-Zeichen getrennt sind.
val(z,w)
w > 0
no
yes
i: = 0
i: = i + 1
no
i < w
yes
str(i,y)
reset_time (x,y)

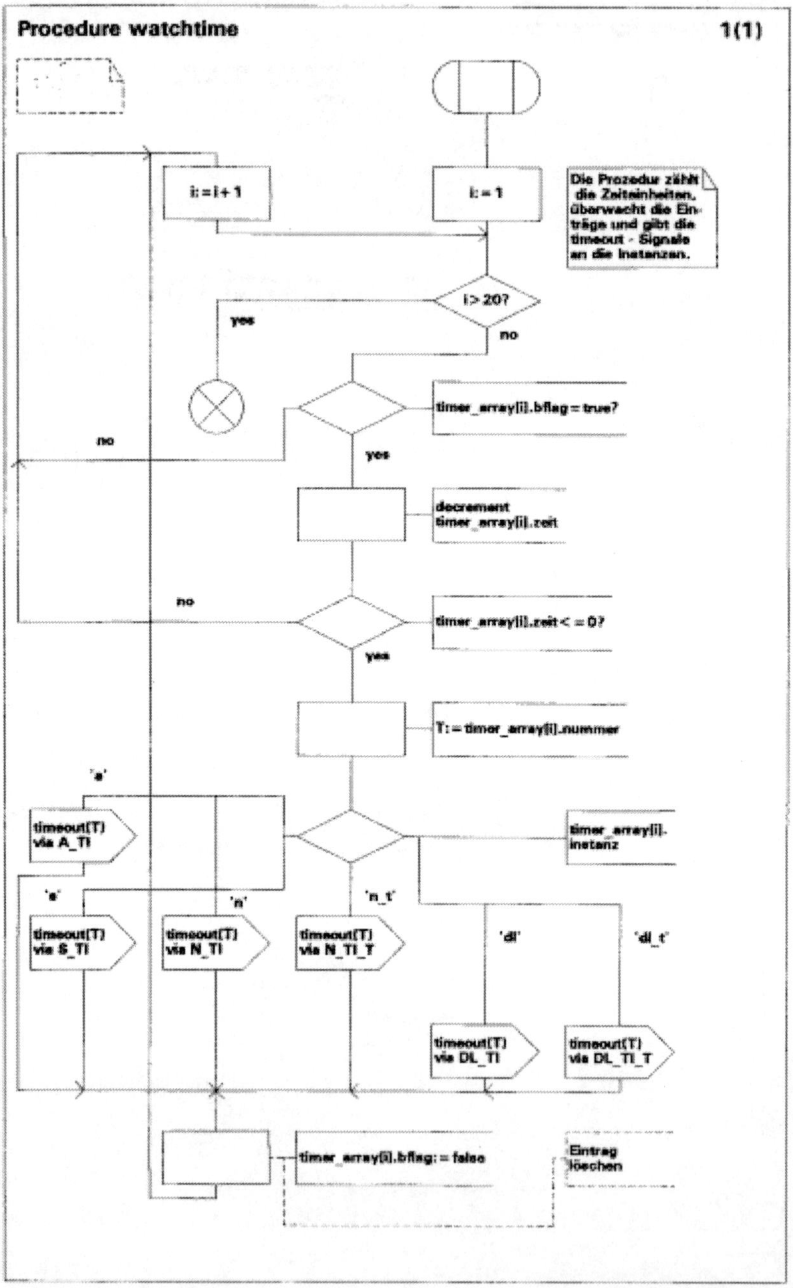
Procedure watchtime
1(1)
i: = i + 1
i: = 1
Die Prozedur zählt die Zeiteinheiten, überwacht die Einträge und gibt die timeout - Signale an die Instanzen.
i> 20?
yes
no
timer_array[i].bflag = true?
no
yes
decrement timer_array[i].zeit
no
timer_array[i].zeit < = 0?
yes
T: = timer_array[i].nummer
'a'
timeout(T) via A_TI
timer_array[i].instanz
's'
'n'
'n_t'
timeout(T) via S_TI
timeout(T) via N_TI
timeout(T) via N_TI_T
'dl'
'dl_t'
timeout(T) via DL_TI
timeout(T) via DL_TI_T
timer_array[i].bflag: = false
Eintrag löschen

4. Realisierungskonzept

Nachdem auf der Grundlage der Anforderungsanalyse und der Analyse der Ebenenfunktionen die SDL-Spezifikation des Gesamtsystems erarbeitet wurde, gilt es jetzt, in Anlehnung an die Abschnitte 7.3 (Realisierung in Hardware/Software) und 7.4 (Softwarekonzepte) aus Band I des Buches, die Details der Realisierung festzulegen. Dabei werden für die Prozess-Umgebung aus der Anforderungsanalyse wichtige Vorgaben gemacht (vgl. Abschnitt 1.4).

4. 1. Aufteilung Hardware-Software

Die Realisierung einer Station eines Kommunikationssystems erfordert sowohl Hardware als auch Software, wobei die Aufteilung variabel und nicht fest vorgegeben ist. Die Überlegungen zur Aufteilung zwischen Hardware und Software finden sich im Abschnitt 7.3.1 (Modularer Aufbau) aus Band I des Buches. Wie dort gezeigt wird, sind die Geschwindigkeitsanforderungen das Kriterium für die Grenze zwischen Hardware und Software. Die Anforderungen nehmen mit abnehmender Schichtenhöhe zu. Sollen hohe Geschwindigkeiten erreicht werden, müssen bei der Realisierung der Bitübertragungsinstanz und der Sicherungsinstanz Telekommunikationsbausteine eingesetzt werden. Der vorrangige Zweck des in diesem Teil des Buches zu entwickelnden Kommunikationssystems für einen PC-Datei-Transfers besteht jedoch darin, das System bis in die untersten Ebenen seiner Realisierung durchsichtig und verständlich zu machen. Daher werden die Instanzen soweit wie möglich in Software realisiert. Wird die Grenze zwischen Hardware und Software an das unterste Ende geschoben, so gelangt man an den CODEX-Prozess der Bitübertragungsinstanz, dessen Realisierung in Hardware unverzichtbar ist, weil seine Aufgabe in der Umsetzung der ph_sdu's in elektrische Signale besteht.

4. 2. Hardware

Im Abschnitt 7.3.2 (Hardware-Basis) aus Band I werden die Charakteristika der Hardware-Grundlage eines End- oder eines Transitsystems erläutert. Wie in der Anforderungsanalyse bereits vorgegeben, soll die Hardware-Grundlage für eine Station des Kommunikationssystems durch einen IBM-kompatiblen Personalcomputer gebildet werden. Eine besondere Rolle spielen dabei

1. der Zeitgeberbaustein zur Realisierung des Timer-Prozesses und
2. der UART-Baustein zur Realisierung des CODEX-Prozesses in der PH-Instanz.

Die Verbindung der Endsysteme und des Transitsystems soll auf der Basis eines einfachen Bussystems erfolgen, das in der Form eines Schnittstellenvervielfachers verwirklicht wird. Die Funktionsweise dieses Vervielfachers wurde bereits im Abschnitt 2.7 (Übertragungsmedium) und dort in Bild 2.3 erläutert. Von den 25 Leitungen der durch den UART-Baustein realisierten Schnittstelle nach CCITT V.24 (RS-232C) werden aufgrund der softwaregesteuerten Datenübertragung nur die Datenleitungen, also **T**ransmit **D**ata, **R**eceive **D**ata sowie Signal **G**rou**nd** benötigt.

Zusammengefasst sind somit für den Aufbau des kompletten Kommunikationssystems folgende Hardware-Komponenten erforderlich:

1. ein Personalcomputer für das Transitsystem,
2. je ein Personalcomputer für die Endsysteme,
3. ein Schnittstellenvervielfacher,
4. serielle Schnittstellenkabel entsprechend der Anzahl der Endsysteme.

4. 3. Software

Für die Realisierung der Ebenenfunktionen in Software soll, wie bereits in der Anforderungsanalyse vorgegeben, die Programmiersprache Turbo-Pascal benutzt werden. Sie besitzt alle Elemente einer strukturierten SW-Entwicklung und ist unter PC-Anwendern sehr verbreitet, so dass Programmierkenntnisse vorausgesetzt werden können. Die Sprache erlaubt zudem durch besondere Befehle die direkte Behandlung von Hardware-Ports des Rechners, was für die Programmierung der Bitübertragungsebene wichtig ist. Dadurch und weil an die Geschwindigkeit des Kommunikationsprogramms keine hohen Anforderungen gestellt sind, kann auf das Einbinden von Assembler-Programmen hier verzichtet werden.

Im Folgenden gilt es eine Verbindung herzustellen zwischen den SDL-Diagrammen und der Pascal-Implementierung. Die Diagramme der SDL-Spezifikation des Abschnitts 3 stellen eine vollständige Beschreibung des Kommunikationssystems dar. Jeweils die unterste Ebene dieser hierarchisch gegliederten Systembeschreibung bilden die Prozesse und die zwischen ihnen und mit der Systemumgebung ausgetauschen Signale. Daher ist zunächst ein Software-Konzept für die Prozesse und für den Signalaustausch festzulegen. Grundsätzlich lässt die SDL-Spezifikation hinsichtlich der Realisierung alle Möglichkeiten offen.

4. 3. 1. Prozesse und Signale

Der Abschnitt 7.4 Software-Konzepte aus Band I des Buches zeigt die grundsätzlichen Möglichkeiten der Realisierung der Prozesse auf. Zunächst ist von den Möglichkeiten des Betriebssystems auszugehen. Bei den Gegebenheiten des hier zu beschreibenden Projektbeispiels liegt ein Single-Task-Betriebssystem vor. Daher kann auf dem Prozessor des Rechnersystems nur ein Programm zurzeit ablaufen. Auf dieser Grundlage sind dann Realisierungskonzepte für Prozesse, Signalaustausch zwischen Prozessen, Starten und Stoppen von Prozessen festzulegen.

4. 3. 1. 1. Prozess

Im Abschnitt 6.5 aus Teil I des Buches werden für die Programmierung eines Prozesses zwei prinzipielle Schemata angegeben:

1. die direkte Code-Implementierung, bei der die SDL-Prozessspezifikation direkt mit Hilfe von case-Anweisungen in eine Pascal-Notation umgesetzt wird, und
2. die tabellengetriebene Implementierung, die von einer Spezifikation des Prozesses durch eine Zustandsübergangstabelle ausgeht.

In beiden Fällen sind die Prozesse innerhalb eines Pascal-Programms Prozeduren, die nach einem bestimmten Schema nacheinander aufzurufen sind. Wegen der direkten Abbildung der SDL-Prozessspezifikation auf eine Pascal-Notation wird für das Projektbeispiel die direkte Code-Implementierung gewählt.

4. 3. 1. 2. Signalaustausch zwischen Prozessen

In der SDL-Spezifikation sind die Prozesse untereinander mit der Umgebung über Routes verbunden. Auf diesen Routes fließen die Signale. Grundsätzlich bieten sich zur Realisierung dieses Signalflusses zwei Möglichkeiten an, die beide angewendet werden sollen:

1. Signalaustausch mit Hilfe einer globalen Variablen: Der Signalaustausch erfolgt dann in zwei Phasen. Im sendenden Prozess werden die Signaldaten in eine Variable geschrieben; die eigentliche Signalübergabe erfolgt dann beim Aufruf der empfangenden Prozessprozedur.

2. Signalaustausch mit Hilfe von Prozedurparametern: Die Signalübergabe erfolgt durch Aufruf der empfangenden Prozedur, wobei das Signal in Form von Prozedurparametern übergeben wird.

4. 3. 1. 3. Prozeduraufruf

Das Single-Task-Betriebssystem erfordert den zeitsequentiellen und zyklisch wiederholenden Aufruf der die Prozesse realisierenden Prozeduren. Dabei gibt es wie in Abschnitt 7.4.1 aus Band I beschrieben, zwei Möglichkeiten des Prozeduraufrufs:

1. Aufruf mit fester Reihenfolge, bei dem periodisch nacheinander alle Prozessprozeduren aufgerufen werden, und
2. Unterprozeduraufruf, bei dem der Prozeduraufruf signalabhängig erfolgt.

Gewählt wird hier das Verfahren des Unterprogrammaufrufs, weil sich dieses Verfahren, dynamisch an den DatenFluss anpasst.

4. 3. 1. 4. Starten und Stoppen von Prozessen

Die SDL-Spezifikation legt fest, dass der Bedienungs-Prozess und die Einricht-Prozesse der Instanzen beim Einschalten des Systems gestartet werden. Von der Bedienung her gibt es nur die beiden Vorgänge Einrichten und Kommunizieren. Beide müssen gegeneinander verriegelt sein; während des Einrichtens muss die Kommunikation gesperrt sein und umgekehrt darf während der Kommunikation das Einrichten nicht möglich sein. Dies wird bei der SDL-Spezifikation mit Hilfe eines Mechanismus des Startens und Stoppens der Prozesse verhindert. Zusätzlich werden ausgehend vom BedienungsProzess im Falle eines Abbruchs die Prozesse des File-Transfer-Dienstes gestoppt.

Bei der Prozess-Realisierung durch Prozeduren auf der Basis eines Single-Task-Betriebssystems vereinfachen sich diese Vorgänge wesentlich. Jeder durch eine Prozedur realisierte Prozess wird beim Aufruf der Prozedur per Prinzip gestartet und beim Verlassen dieser Prozedur wieder gestoppt.

Beim Starten des Hauptprogramms für den PC-Datei-Transfer kann z.B. in einer *repeat-until*-Schleife die Prozedur für den BedienungsProzess aufgerufen werden. Von dieser Prozedur wird dann im Falle des Einrichtens einer der Einricht-Prozesse oder im Falle des Datei-Transfers der Prozess A_COM aufgerufen. Damit ist die gegenseitige Verriegelung von Kommunizieren oder Einrichten automatisch gegeben.

Die Spezifikation des Systems PC-Datei-Transfer sieht nur das Einrichten der Anwendungs-, der Netzwerk-, der Sicherungs- und der Bitübertragungsschicht vor. Die in der Spezifikation vorgesehenen übrigen Einricht-Prozesse erfüllen nur die Aufgabe der gegenseitigen Verriegelung und können somit in dieser Prozedur-Implementierung entfallen.

Eine Sonderrolle bei dem Prozess-Aufruf spielt der COM-Prozess der Netzwerk-Transit-Instanz. In den SDL-Diagrammen wird immer nur ein Exemplar eines Prozess-Typs aufgeführt. Von dem Prozess-Typ N_COM_T werden, gesteuert vom Manager-Prozess, soviele Exemplare ins Leben gerufen wie Verbindungen vorhanden sind. Der Prozess-Typ N_COM_T wird durch eine Prozedur realisiert, wobei die verschiedenen Exemplare dieses Typs auf der Grundlage von Tabelleneinträgen existieren. Die Einzelheiten dieses Verfahren werden im nächsten Abschnitt anhand der Implementierung erläutert.

4. 3. 2. Benutzeroberfläche und Programmablaufsteuerung

Das Programm soll anhand eines Menues im Ablauf gesteuert werden. Das Endsystem unterscheidet sich in den einzelnen Menuepunkten vom Transitsystem. Beim Endsystem (s. Bild 4.1) können von der Hauptmenuebene fünf Unterpunkte aufgerufen werden.

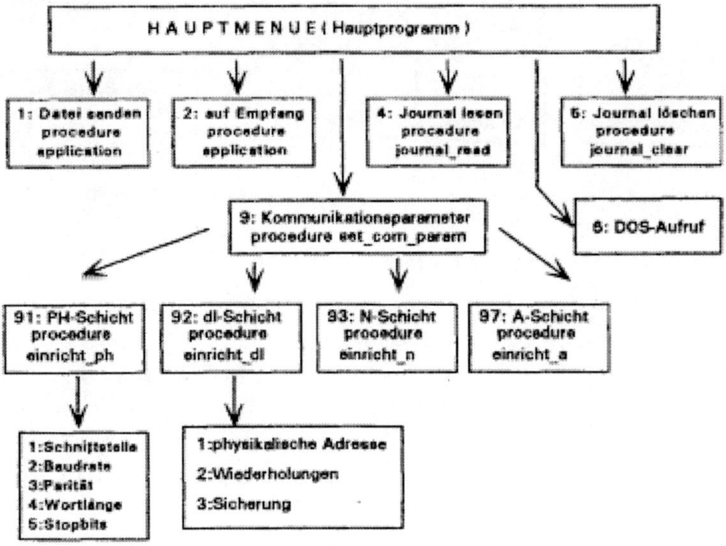

Bild 4.1. Programmablauf Endsystem

Das Senden und Empfangen von Dateien geschieht mit den Punkten 1 und 2. Hierunter werden die eigentlichen Programmteile der Kommunikationsebenen aufgerufen, deren Konzept gesondert im nächsten Abschnitt beschrieben ist.

Weitere Punkte sind:

- *4: Journal lesen* : Hier wird eine Prozedur aufgerufen, die eine Liste aller empfangenen Dateien mit Quelle, Datum und Uhrzeit ausgibt.
- *5: Journal löschen* : Eine Prozedur löscht alle Listeneinträge.
- *9: Kommunikationsparameter*: Setzen der in der Menueliste gezeigten Parameter. Unter den verschiedenen Menuepunkten 91, 92, usw. werden Einrichtprozeduren für die verschiedenen Instanzen aufgerufen.

Zusätzlich wird mit dem Menuepunkt 6 ein Übergang auf die DOS-Ebene vorgesehen. Von jeder Menueebene kehrt das Programm automatisch nach Abarbeitung eines Menuepunktes in nächsthöhere Menueebene zurück.

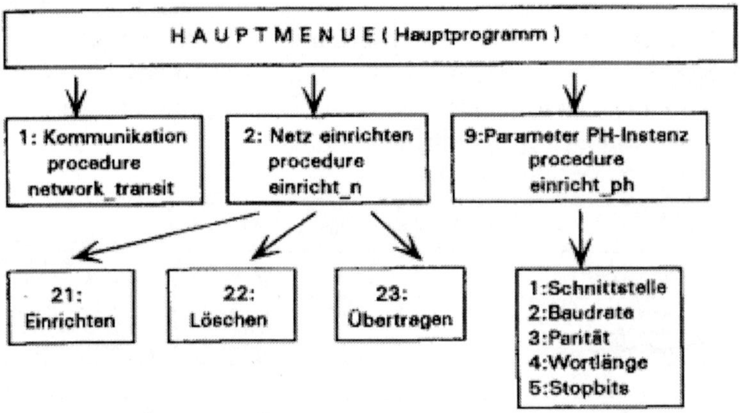

Bild 4.2. Programmablauf Transitsystem

Beim Transitsystem (s. Bild 4.2) entfallen einige Menuepunkte und dementsprechen die Prozeduren. Stattdessen ist unter 1 der Betrieb und unter Punkt 2 das Konfigurieren des PC-Netzes zu finden. Es besteht aus:

-*21: Einrichten* : Mit Hilfe einer Prozedur können physikalische Adressen von Secondaries mit logischen PC-Namen in eine Konfigurationstabelle eingetragen werden. Mit dieser Tabelle arbeitet das Programm im Menuepunkt 1: Kommunikation

-*22: Löschen*: Secondaries können gelöscht werden.

-*23: Speichern / Laden / Drucken*: Unter diesem Punkt kann man mit Hilfe spezieller Prozeduren die Konfigurations-Tabelle abspeichern, wieder laden oder ausdrucken.

Unter dem Punkt 1 verbergen sich wieder die eigentlichen Programmteile für die Kommunikationsebenen.

4. 3. 3. Prozedurkonzept für die Kommunikationsebenen

Das Dienstekonzept besagt, dass eine Instanz ihren unterlagerten Dienst benutzt, der wiederum aus Instanzen besteht. Es liegt nahe, zur Implementierung ein Prozedurkonzept zu wählen, bei dem jede Instanz durch eine Pascal-Prozedur realisiert ist und nach dem Ebenenmodell die höher liegende Prozedur die niedriger liegende als Unterprogramm aufruft. Bei entsprechender Namensgebung der Instanzenprozeduren erhält man dann folgendes Aufrufschema:

```
application--+
             !
       presentation--+
                     !
               .............
                         network--+
                                  !
                              datalink--+
                                        !
                                    physical
```

Dieses Prozedurkonzept wird hier gewählt. Lediglich die unteren beiden Ebenen erfordern einige Modifikationen.

Grundsätzlich könnten beim Prozeduraufruf die Daten, das sind die PDU`s bzw. SDU`s an den verschiedenen SAP`s, als Prozedurparameter oder in Form von Variablen übergeben werden. Da die SAP`s jedoch in Sende- und Empfangsrichtung betrieben werden, wird die Variablenübergabe bevorzugt, wobei je eine SAP-Variable für Sende- und Empfangsrichtung deklariert werden. Damit gelangt man zu dem in Bild 4.3 gezeigten Prozedurkonzept. Es sind hier zwei benachbarte Ebenen i und i-1 dargestellt.

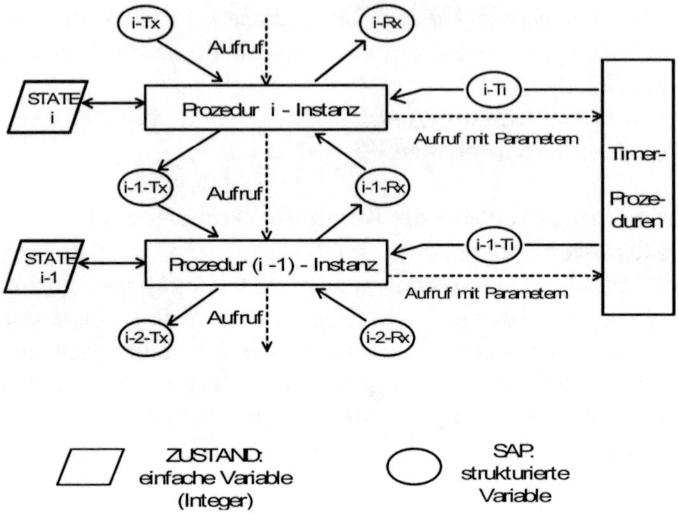

Bild 4.3. Prozedurkonzept für die Schichten

Insgesamt 3 SAP`s für jede Instanz sind als Variable deklariert, ein *SAP-Tx* für die Senderichtung, ein *SAP_Rx* für die Empfangsrichtung sowie ein *SAP-Ti* in dem sich Timeoutmeldungen des zentralen Zeitgebers befinden. Jede Instanzenprozedur kommuniziert also mit der Umgebung über 5 SAP`s. Beim Aufruf liest die i-Instanzenprozedur nacheinander die Meldungen aus den SAP`s:

i_SAP-Tx, (i-1)_SAP-Rx und *i_SAP-Ti,*

und beschreibt gemäß dem Zustand i die SAP`s:

(i-1)_SAP-Tx und *i_SAP-Rx* .

Nach jedem Lesen führt sie ggf. Aufgaben durch und verändert ihren Zustand. Zeitaufträge, die während des Prozedurlaufs zu setzen oder rückzusetzen sind, werden durch direktes Aufrufen einer Timer-Prozedur mit entsprechender Parameterübergabe realisiert.

Eine Instanzenprozedur läuft solange, bis alle Meldungen an den zu lesenden SAP`s abgearbeitet sind. Danach ruft sie die unterlagerte Prozedur, hier i-1, auf usw.. Die insgesamt sieben Instanzenprozeduren laufen dadurch im Unterprogrammaufrufverfahren ab (Ausnahmen: siehe nächster Abschnitt).

4. 3. 4. Einbindung der Ebene 1- HW-Steuerung

Das Prozedurkonzept der DL- und der PH-Instanz ist durch die Übertragungsmöglichkeiten des UART-Bausteins 8250 geprägt. Der PC ist mit zwei seriellen Schnittstellen COM 1 und COM 2 ausrüstbar, von denen hier die COM 1 benutzt wird.

Der Baustein besitzt ein Senderegister (THR) und ein Empfangsregister(RBR), die mit Hilfe des Pascal-PORT-Befehls beschrieben bzw. gelesen werden können. Dies stellt die Schnittstelle zwischen Hardware und Software dar. Der Baustein kann (abhängig von seiner programmierbaren Betriebsweise) aufgrund verschiedener Ereignisse einen Prozessor-HW-Interrupt (*Interruptnummer: $0C*) auslösen. Zum Beispiel kann ein Interrupt erscheinen, wenn im RBR-Register ein Zeichen zum Empfang bereit steht oder ein Interrupt kann ausgelöst werden, wenn das THR-Register leer ist, d.h ein Zeichen auf das Medium übertragen wurde. Neben dieser Interrupt-Betriebsart können die beiden Register unabhängig voneinander im Polling-Modus betrieben werden, d.h. das Programm muss dann selbst prüfen, ob Inhalte in den betreffenden Registern vorliegen.

Es ist naheliegend, dass sich für das hier vorhandene Problem empfangsseitig die Interruptverarbeitung und sendeseitig die Pollverarbeitung besser eignet, denn

- sendeseitig bestimmt das Anwendungsprogramm, wann ein Byte in das THR-Register zu schreiben ist und
- empfangsseitig treffen Zeichen asynchron zum Programmlauf über die Leitung in das RBR-Register.

Die Verarbeitung eines im RBR-Registers stehenden Bytes muss von einem besonderen Programmteil, Interrupt-Prozedur genannt, geschehen. Turbo-Pascal ab Version 5.5 erlaubt die Deklaration eigener Interrupt-Prozeduren. Die Benutzung einer eigenen Interrupt-Prozedur setzt voraus, dass der ausgelöste HW-Interrupt zu einem Sprung vom gerade laufenden Programm an die Adresse dieser Interrupt-Prozedur führt. Alle HW-Interrupts des PC`s führen normalerweise auf bestimmte Programmeinsprungadressen, die in der Interrupt-Vektor-Tabelle des Prozessors niedergelegt sind. Mit den Pascal-Befehlen *GetIntVec* und *SetIntVec* kann man diese Adressen ändern, d.h. den Interrupt von einer ursprünglichen Behandlungs-Routine auf die gewünschte, eigene Prozedur umlenken. [8]

Der interruptgesteuerte <u>Empfang</u> von Zeichen bedeutet, das die PH-Instanz durch zwei getrennte Prozeduren realisiert wird:

- PH-Sendeprozedur im Polling-Modus
- PH-Empfangsprozedur im Interrupt-Modus.

---

[8] Liebetrau, Anton: *Turbo-Pascal von A...Z.* Ein alphabetisches Nachschlagewerk zur Programmiersprache, Vieweg 1989.

Das Empfangen von kompletten Rahmen auf der Ebene 2 sowie das Prüfen auf Übertragungsfehler erfolgt unabhängig vom Zustand der DL-Instanz in dem DL-CODEX-Prozess und sollte mit dem Eintreffen des letzten Zeichens eines Rahmens möglichst zügig abgewickelt werden. Das bedeutet, auch dieser Teil der Ebene 2 sollte mit in die Interruptbehandlung einbezogen werden, indem auch für die DL-Instanz eine Trennung in Poll-und Interrupt-Prozedur vorgenommen wird.

Mit diesen Randbedingungen sieht das Prozedurkonzept für die DL-und die PH-Instanz wie folgt aus (s. Bild 4.4).

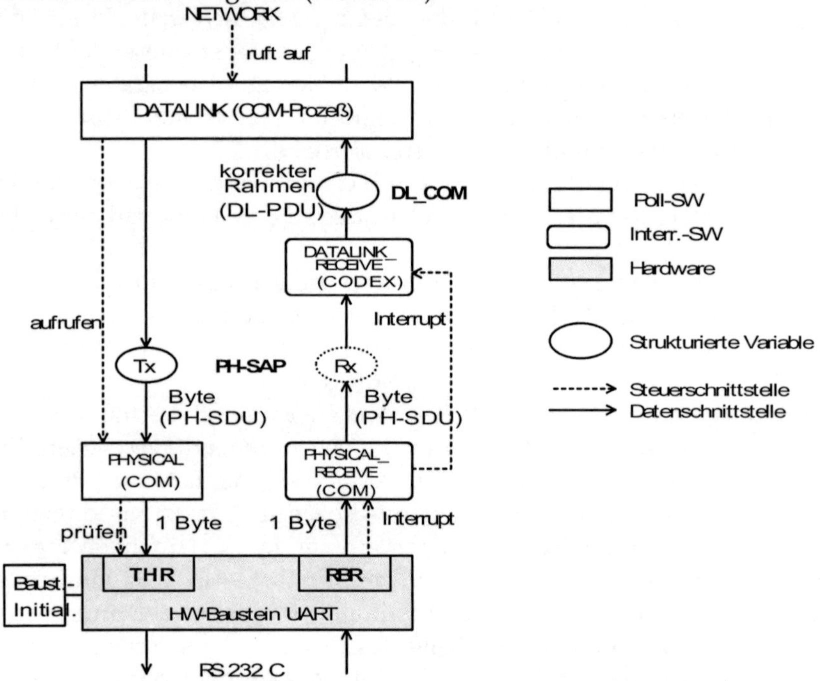

Bild 4.4 Prozedurkonzept für die Poll / Interrup-Schnittstelle

Die PH-Instanz ist durch zwei Prozeduren, physical und physical_receive, realisiert, von denen physical_receive eine vom UART-Interrupt angestoßene Interrupt-Prozedur und physical eine Poll-Prozedur ist. Die Sende-Prozedur physical wird von der Ebene 2 aufgerufen. Sie wird nach Aufruf solange nicht verlassen, wie das THR-Register noch besetzt ist sondern erst, wenn sie den Baustein mit dem zu sendenden Byte beschrieben hat. Die beiden Prozeduren *physical* und *physical_receive* bilden den PH-COM-Prozess und der UART-Baustein den PH-CODEX-Prozess.

Die DL-Instanz besteht ebenfalls aus zwei Prozeduren: datalink als Poll-Prozedur und datalink_receive, welche durch physical_receive sofort nach dem Empfang eines Zeichens aufgerufen wird und damit auch zur Interrupt-Behandlung gehört. Datalink_receive hat folgende Aufgaben: die empfangen Zeichen zu einem Rahmen zu komplettieren, die Art des Rahmens zu erkennen und die Fehlerprüfung (LRC) durchzuführen, wenn ein Textrahmen erkannt wurde.
Diese Prozedur arbeitet unabhängig vom DL-Instanzen-Zustand und übergibt den decodierten Rahmen (Meldungs- oder Textrahmen) an die Poll-Prozedur datalink. Zur Übergabe ist ein in der Ebene 2 zusätzlich deklarierter SAP DL_COM vorhanden, aus dem *datalink* den Rahmen lesen kann. Dieser SAP fungiert als unterlagerter SAP für die Prozedur datalink. Seine Zwischenschaltung mit der vorgeschalteten Interrupt-Prozedur hat den Vorteil, dass die Pollprozedur bereits komplett decodierte Rahmen zur Verarbeitung angeboten bekommt und dass damit *datalink* nach dem gleichen Schema wie die übrigen Instanzen-Prozeduren der höheren Ebenen arbeiten kann.

4. 3. 5. Timer-Echtzeitaufgaben

Die grundlegenden Überlegungen zur Realisierung des Timer-Dienstes wurden in Abschnitt 7.4.2.2 aus Band I dargelegt. Der Timer-Prozess muss Zeitaufträge der Instanzen verwalten und die Instanzen nach Ablauf der Zeiten "wecken". Dies erfordert eine Timer-Prozedur für Kurzzeitmessungen. Das wiederholte Abfragen der Systemzeit des PC`s ist zur Lösung dieser Aufgabe ungeeignet, weil es zu zeitaufwendig ist.

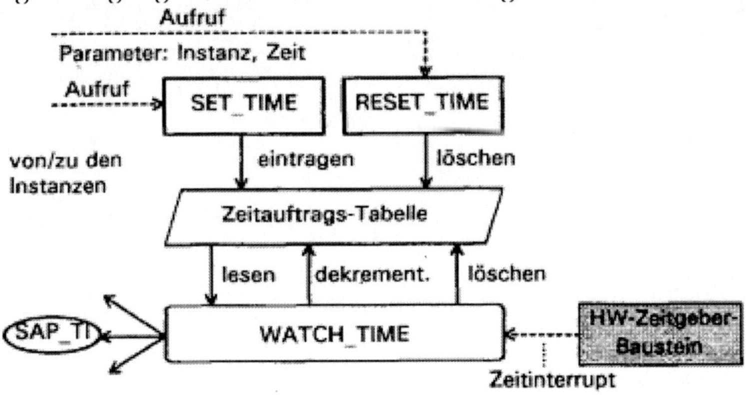

Bild 4.5 Prozedurkonzept des Timer-Prozesses

Eine Interruptlösung unter Ausnutzung der im PC vorhandenen HW-Zeitgeberbausteine 8253/8254 ist zu bevorzugen. Für die Realisierung des PC-Datei-Transfers wird das in Bild 4.5 dargestellte Prozedurkonzept für den Timer-Prozess zugrundegelegt .

Instanzen, die einen Zeitauftrag setzen bzw. rücksetzen wollen, rufen die Prozeduren *set_time* bzw. *reset_time* als Unterprogramm auf. Im Prozeduraufruf sind der Instanzenname und die Weckzeit (relativ) als Parameter enthalten. Die Prozedur *set_time* trägt einen Zeitauftrag dann mit den Parametern in eine *Zeitauftragstabelle,* in der alle aktuellen, noch nicht ausgelaufenen Aufträge stehen, ein. Entsprechend löscht *reset_time* in der Tabelle einen aktuellen Eintrag.

Der Systemzeitinterrupt $1C des HW-Zeitgebers ist auf eine Interruptprozedur *watch_time* umgelenkt und ruft diese 18,2 mal in einer Sekunde unabhängig vom laufenden Programm auf. Diese Prozedur liest bei jedem Zeitinterrupt aus der Tabelle alle aktuellen Aufträge und dekrementiert die in den Aufträgen enthaltenen Weckzeiten um eins. Falls die Weckzeit den Wert Null erreicht hat, informiert die Prozedur *watch_time* die entsprechende Instanz, indem sie an den zugehörigen SAP_TI der Instanz eine Meldung absetzt. Außerdem wird der Auftrag in der Tabelle gelöscht.

5. Software-Implementierung

Aufbauend auf die Abschnitte 3 (SDL-Spezifikation) und 4 (Realisierungskonzept) soll in diesem Abschnitt eine Anleitung zur Software-Implementierung für die Endsysteme und das Transitsystem gegeben werden. Bei der Entwicklung der Pascal-Programme auf der Grundlage der SDL-Spezifikation kann folgendermaßen vorgegangen werden: Am Anfang steht die Erläuterung des Programm-Aufbaus an Hand eines Blockschaltbildes. Die Bausteine des Pascal-Programms sind die Prozeduren. Dabei sind zu unterscheiden

1. Prozeduren als Realisierung von Prozessen
2. Prozeduren als Realisierung von Funktionen der SAP-Behandlung und der Initialisierung

Das Blockschaltbild soll einen Überblick über die Prozeduren als Realisierung von Prozessen und die Signalflüsse durch Prozeduraufrufe geben. Danach werden die Grundkonstruktionen des Programms erläutert. Hierzu gehören der Dienstzugangspunkt, die Instanz bestehend aus COM-Prozess, CODEX-Prozess und Einricht-Prozess, und der Timer. Abschließend erfolgt die Beschreibung der Implementierung der Bedienungsschicht sowie spezieller Implementierungen einzelner Instanzen.

5. 1. Programmaufbau

Einen Überblick über einen möglichen Programmaufbau gibt Bild 5.1. Es zeigt im wesentlichen die Prozeduren des Programms, die Prozess-Realisierungen darstellen, und verdeutlicht die Abläufe der Prozeduraufrufe. In der Beschreibung eines Kommunikationssystems sind die Prozesse die unterste Realisierungsebene, denen hier Pascal-Prozeduren zugeordnet werden. Das Bild zeigt die Prozeduren mit sinnvoller Namensgebung. Pfeile bedeuten die Aufrufrichtung.

Beim Start des Hauptprogramms *program endsystem* wird zunächst durch den Aufruf der Prozedur *procedure menue* der BedienProzess aktiviert, der mit dem Bediener kommuniziert. Die Eingabe 9 : Einrichten veranlasst den Aufruf der Prozedur *procedure set_com_param*, die je nach weiterer Eingabe die den Einricht-Prozessen der einzelnen Instanzen entsprechenden Prozeduren aktiviert.

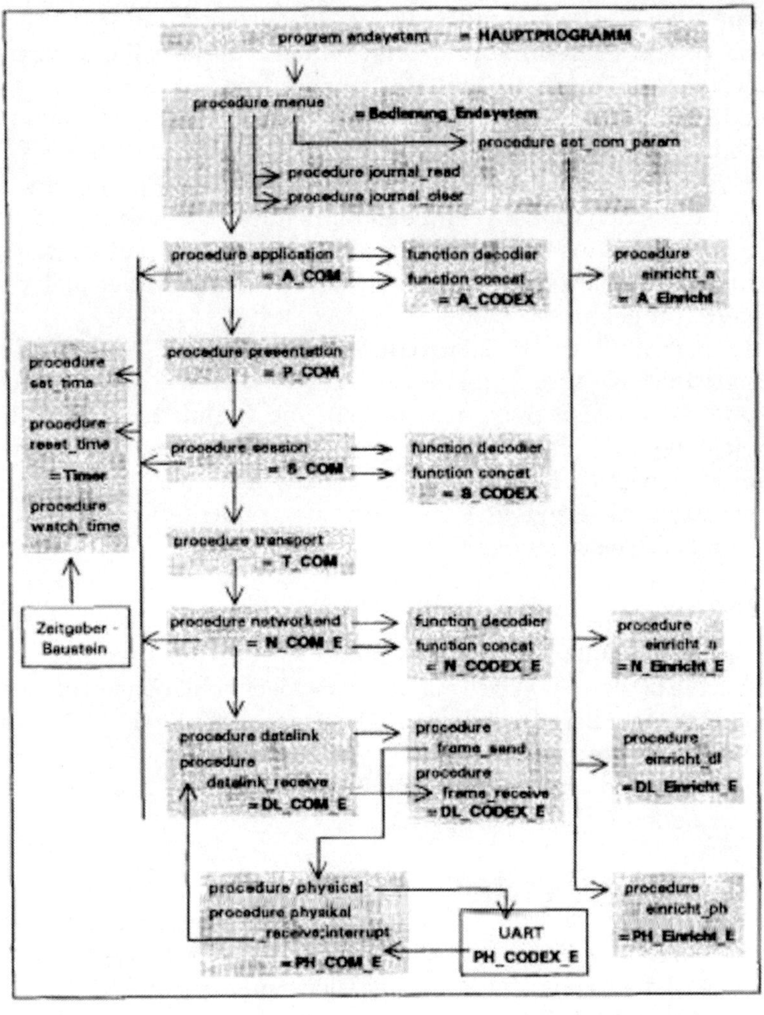

Bild 5.1. Programmaufbau Endsystem

Der Möglichkeit des Lesens und Löschens des Empfangsjournals entsprechen die Prozeduren *procedure journal_read* und *procedure journal_clear.*

Die Inanspruchnahme des File-Transfer-Dienstes zum Senden und Empfangen von Dateien erfolgt durch den Aufruf der *procedure application*. Diese Prozedur realisiert den COM-Prozess der Anwendungsinstanz. Dabei wird der CODEX-Prozess durch den Aufruf der Funktionsprozeduren *function decodier* und *function* concat innerhalb der Instanzenprozedur realisiert. Entsprechend dem Prozedurkonzept ruft nun eine Instanz die nächst niedere auf bis zur Aktivierung der Bitübertragungsebene.

Bild 5.1 zeigt insgesamt einen matrixartigen Aufbau. Unterhalb des Blockes Bedienung_Endsystem gibt es 7 Zeilen, die den Schichten des OSI-Referenzsystems entsprechen, mit je 3 Spalten, in denen sich für jede Instanz die den COM-, den CODEX- und den EinrichtProzess realisierenden Prozeduren befinden. Links neben der Spalte der Kommunikationsprozeduren der einzelnen Instanzen sind in einem Block die den Timer realisierenden Prozeduren angeordnet.

In der Schicht 2 werden 2 Prozeduren für den CODEX-Prozess gewählt: Die *procedure frame_send* formatiert eine DL-PDU zum Senden über den PH-SAP und die *procedure frame_receive* stellt eine komplette DL-PDU in Empfangsrichtung unter Fehlererkennung zusammen. Sendet eine Instanz einen Zeitauftrag, so entspricht diesem Signal der Aufruf der Prozedur *procedure set_time*; das Rücksetzen eines Zeitauftrags geschieht durch Aufruf von *reset_time* aus der betreffenden COM-Prozedur heraus.

5. 2. Grundkonstruktionen

In diesem Abschnitt sollen angewendete Grundkonstruktionen des Programms, die in gleicher Weise auf den verschiedenen Ebenen auftreten, wiederholt werden. Hierzu gehören: 1. Dienstzugangspunkte, 2. Instanzen, 3. Timer, 4. Einrichtung.

Die Grundlagen dazu wurden bereits im Abschnitt 7.5 (Imlementierung) aus Band I erläutert.

5. 2. 1. Dienstzugangspunkte

Über die Dienstzugangspunkte findet der Austausch von Dienstsignalen zwischen den Instanzen innerhalb des File-Transfer-Dienstes statt. Im Folgenden wird die Implementierung der Dienstzugangspunkte, deren Grundprinzip im Abschnitt 7.1 aus Band I erläutert wurde, behandelt. Anschließend erfolgt die Darstellung wichtiger Hilfsfunktionen wie das Beschreiben, Kopieren und Löschen von SAP's. Die später zu beschreibenden Instanzenprozeduren lesen und schreiben Dienstsignale aus bzw. in die verschiedenen SAP`s. Diese Vorgänge wiederholen sich sehr oft, so dass die Deklaration von Parameterprozeduren für diese Zwecke angebracht ist. Da diese

Funktionen von allen Instanzenprozeduren benutzt werden, sind die folgenden Prozeduren global deklariert. Auf eine spezielle Leseprozedur wird verzichtet, und stattdessen beim Lesen direkt auf das betreffende Element des SAP´s zugegriffen. Schließlich sei erwähnt, dass in den Implementierungen der Endsysteme und des Transitsystems in diesem Entwicklungsbeispiel nicht alle Möglichkeiten der SAP-Prozeduren ausgenutzt sind. Um für spätere Programmergänzungen offen zu bleiben, werden diese Hilfsprozeduren dennoch universell geschrieben.

5. 2. 1. 1. Record-Variable

Die SAP`s sollen als Variable deklariert werden. Da die Instanzen durch verschiedene Prozeduren realisiert sind, müssen die SAP-Variablen im Programm global deklariert sein. Die Variablen-Namen beinhalten den Dienst-Namen, dem der jeweilige SAP zugeordnet ist sowie die Richtung (sendeseitig/empfangsseitig). Beispielsweise hat der P-Dienst zwei SAP´s

psap_tx sendeseitig,

psap_rx empfangsseitig.

Die Dienstsignale an allen SAP`s haben verschiedene Felder. Deswegen müssen die SAP-Variablen eine bestimmte Struktur aufweisen. Sie beinhalten in der Regel:

- den betreffenden Teildienst,
- das Dienstprimitiv,
- u.U. ein Ergebnis,
- u.U. Adresseinformationen (Quelle und Ziel) und
- PDU bzw. SDU-Information.

Mit Pascal bietet es sich an, für die SAP-Variablen einen besonderen Varianten-Record-Typ mit dieser Struktur zu vereinbaren:

```
TYPE  sap_format1  = record

          sap_id        : string[5];
          flag          : boolean;
          control1      : service;
          control2      : primitiv;
          control3      : result;
          qaddress      : string[10];
          zaddress      : string[10];
```

```
case infotype : information of
      zeichen : (info_txt   : string);
      feld    : (info_array : byte_array);
      bite    : (info_byte  : byte);
end;
```

In diesem record-Typ *sap_format1* haben die einzelnen Feldelemente folgende Bedeutung und sind z.T. wieder durch eigene nichtstandardisierte Typen deklariert:

sap_id : In diesem Feld steht der Kurzname für den jeweiligen SAP (z.B. PH, DL usw.)

flag : Das Feldelement zeigt an, ob der SAP leer oder besetzt ist. (für Schreib- und Leseoperationen wichtig)

control1: in diesem Kontrollfeld steht der Teildienst(service), der selbst wieder ein eigener (nicht Standard) Typ ist:

```
TYPE  service     = (noservice[9],
                     connect,
                     data,
                     release,
                     activity_start,
                     activity_end,
                     timeout,
                     send,
                     receive,
                     u_abort,
                     p_abort);
```

Die Teildienste *send* und *receive* werden nur in der Anwendungsebene an dem Pseudo-SAP asap_tx zur Übergabe eines Sendeauftrags bzw. der Einstellung des Programms auf Empfang aus dem Menue heraus benötigt.

control2: in diesem Kontrollfeld steht das Dienstprimitiv, mit eigenem Typ:

```
TYPE primitiv    = (noprimitiv[10] ,
                    request,
                    indication,
                    response,
                    confirmation);
```

---

9 Die Werte noservice, noprimitiv und noresult werden zugewiesen, wenn in dem Dienstsignal keine standardisierten Werte vorkommen.

10 Die Werte noservice, noprimitiv und no result werden zugewiesen, wenn in dem Dienstsignal keine der standardisierten Werte vorkommen.

control3: in diesem Kontrollfeld steht das Ergebnis des Typs

```
TYPE  result       = (noresult[2] ,posi,nega);
```

qaddress und *zaddress*: diese beiden Felder werden benutzt, um Adressinformationen zwischen den Ebenen zu transportieren.

information: in diesem Feld steht die zu transportierende PDU bzw. SDU. Das Informationsfeld besteht bei den SAP`s der Ebenen 2 bis 7 aus ASCII-Text-Zeichen, bei der Ebene 1, also in den PH_SAP`s, aus einem byte. Um zu einer möglichst universellen SAP-Struktur zu kommen, wird der SAP als sog. Variantenrecord deklariert. Bei diesem Typ können einzelne Feldelemente des records wahlweise aus verschiedenen Typen bestehen. Hier können drei Varianten eingesetzt werden, die vor der Typ-Deklaration des records aufzuzählen sind:

```
type information = (zeichen, feld, bite);
     byte_array  =  array[1..255] of byte;
```

In der Auswahl *zeichen* kann das Informationsfeld mit einem 255 Zeichen langen string beschrieben werden, in *feld* sind es ein 255 Feldelemente umfassendes Byte-Array und in *bite* ist das Informationsfeld 1 byte.

Mit diesen Typ-Festlegungen können dann die SAP`s auf allen Ebenen vom gleichen (Varianten)record-Typ *sap_format1* als Variable deklariert werden:

```
VAR  asap_rx, asap_tx      : sap_format1;{Pseudo-SAP(Anwen-
dung)}
     psap_rx, psap_tx      : sap_format1;
     ssap_rx, ssap_tx      : sap_format1;
     tsap_rx, tsap_tx      : sap_format1;
     nsap_rx, nsap_tx      : sap_format1;
     dlsap_rx, dlsap_tx    : sap_format1;

     phsap_rx, phsap tx    : sap_format1;
     asap_ti, psap_ti, ssap_ti, tsap_ti,
     nsap_ti, dlsap_ti, phsap_ti : sap_format1;
```

Letztere Variable repräsentieren die Timer-SAP`s zu den Instanzen.

Nachfolgend seien zwei Beispiele zum Beschreiben eines SAP`s aufgeführt:

Vor einer Wertzuweisung im Informationsfeld muss der Typ des Informationsfeldes ausgewählt werden, z.B. mit:

```
info_type := zeichen;
```

Soll z.B. am N_SAP (in Senderichtung) der connect-Dienst angefordert werden, wobei ein Ziel-PC mit dem Namen mini erreicht werden soll, so lautet das Dienstsignal *n_connect.request(mini).*

Das kann durch folgende Pascal-Notation programmiert werden:

```
info_type := zeichen;
with nsap_tx do
begin

    flag := true;
    control1 := connect;
    control2 := request;
    control3 := noresult;
    qaddress := '';
    zaddress := 'mini';
    info_txt := '';
  end;
```

Das Informationsfeld und das Feld *q_address* enthalten hierbei den Leerstring, da keine Information auftritt. Ein Ergebnis ist ebenfalls nicht als Parameter im Dienstsignal enthalten, weswegen hier *noresult* zugewiesen wird.

Die N-Instanz setzt dies in eine N_PDU um und beschreibt den DL_SAP in Senderichtung mit einer DL-SDU. In PASCAL könnte dies lauten:

```
info_type := zeichen;
with dlsap_tx do
begin
    flag := true;
    control1 := data;
    control2 := request;
    control3 := noresult;
    qaddress := '';
    zaddress := '';
    info_txt := 'cnrq+maxi+mini+'; {DL-SDU}
end;
```

Als Trennzeichen der PDU-Parameter soll immer das "+"-Zeichen vereinbart sein, wenn der Typ *zeichen* angesprochen ist.

5. 2. 1. 2. SAP-Schreibprozedur

Für das häufig vorkommende Beschreiben eines SAP's ist die Verwendung einer Hilfsprozedur geschickt. Mit der Prozedur *write_sap* kann ein Dienstsignal in eine bestimmte SAP-Variable geschrieben werden. Der Prozedur werden folgende Parameter übergeben:

- sap: der SAP-Variablenname, d.h. in welchen SAP geschrieben werden

soll,
- meldung: der Teildienst,
- grund: das Dienstprimitiv,
- ergebnis: eines der drei Ergebnisse (noresult,posi,nega),
- a,b: ggf. Quell- und Zielinformation,
- info: der Typ der übergebenen Information,
- txt: die Information als Text.

Die Prozedur wählt dann den angesprochen SAP aus, kennzeichnet den SAP als besetzt (flag:=true) und beschreibt die record-Elemente mit den übergebenen Parametern. Der Informationsparameter *txt* ist in jedem Fall vom Typ *string*. In der Prozedur wird abhängig vom Informationstyp (zeichen, feld oder bite) eine Umcodierung des txt-Parameters vorgenommen.

Die Prozedur *write_sap* wird auch von Interrupt-Prozeduren, so z.B. von der PH-Instanzenprozedur in Empfangsrichtung, benutzt. Um beim Schreiben undefinierte Inhalte des SAP`s durch fortlaufend eintreffende, weitere Interrupts zu vermeiden, werden alle Interrupts beim Eintritt in die Schreibprozedur gesperrt und vor Verlassen der Schreibprozedur wieder freigegeben. Dies geschieht mit den Assemblerbefehlen $FA und $FB.

```
PROCEDURE write_sap(var sap:  sap_format1;meldung: service;
grund :primitiv;ergebnis: result; a,b :string;info:infor-
mation;
txt : string);
(*schreibt in einen SAP*)
var i,lang : integer;
        begin
        INLINE($FA);
        with sap do
                begin
                flag    :=true;
                control1:=meldung;
                control2:=grund;
                control3:=ergebnis;
                qaddress:=a;
                zaddress:=b;
                case info of
                zeichen : begin
                        infotype := zeichen;
                        info_txt := txt;
                    end;
```

```
feld    : begin
        lang := length(txt);
        infotype :=feld;
        for i := 1 to lang do
                info_array[i] := byte(txt[i]);
        end;
bite    : begin
        infotype := bite;
        info_byte := byte(txt[1]);
    end;
end;
end;
INLINE($FB);
end;
```

In Zusammenhang mit dem Beschreiben von SAP`s tritt häufig der Fall auf, dass ein record-Element mit einem Leerstring zu beschreiben ist, weil das betreffende Element keine Information trägt. Deswegen wird ist zur Abkürzung ein Leerstring global mit

var s: string;   s:= '';

festgelegt. Dies vereinfacht die Benutzung von Leerstrings. Nachfolgend seien einige Beispiele zur Benutzung gegeben:

a. Ein Dienstsignal am N_SAP zur Verbindungsanforderung zwischen zwei PC`s mit dem Ziel mini kann durch folgenden Aufruf implementiert werden:

```
write_sap(nsap_tx,connect,request,
                    noresult,s,mini,zeichen,s);
```

b. Die N-Instanz schreibt zur Bestätigung dann in der Regel in den Empfangs-SAP nsap_rx mit Hilfe des Aufrufs:

```
write_sap(nsap_rx,connect,confirmation,
                                posi,s,s,zeichen,s);
```

c. Soll am PH-SAP in Senderichtung ein Byte gesendet werden, das dem ASCII-Zeichen "a" entspricht, so geschieht dies durch den Aufruf:

```
write_sap(phsap_tx,data,request,noresult,s,s,bite,'a');
```

d. Das Beschreiben eines PH-SAP's in Senderichtung mit einem ASCII-Steuerzeichen ETX sieht folgendermaßen aus:

```
write_sap(phsap_tx,data,request,noresult,s,s,bite,char(3));
```

5. 2. 1. 3. Löschen eines SAP's

Mit einer Prozedur *clear_sap* kann ein SAP gelöscht werden, indem sein flag zurückgesetzt wird. Es wird als Parameter nur der SAP-Variablenname übergeben. Instanzenprozeduren, die aus einem SAP lesen, prüfen zuvor anhand des flags, ob ein gültiges Dienstsignal vorliegt und löschen den SAP mit dieser Prozedur, wenn sie das Dienstsignal verarbeitet haben. Das tatsächliche, laufzeitaufwendigere Löschen aller record-Elemente kann damit entfallen. Ein Aufruf

```
clear_sap(dlsap_rx);
```

löscht z.B. den DL_SAP in Empfangsrichtung.

```
PROCEDURE clear_sap(var sap : sap_format1);
(*setzt flag eines SAP auf false, damit wird der SAP leer in-
terpretiert*)
begin
sap.flag := false;
end;
```

5. 2. 1. 4. Kopieren

Die Prozedur *copy_sap* erlaubt das Kopieren eines kompletten SAP-Inhaltes in einen anderen SAP. Sie wird häufig von Instanzenprozeduren leerer Ebenen benutzt, bei denen alle Dienstsignale über diese Ebenen weitergereicht werden. Mit dem Kopieren kann gleichzeitig eine Umcodierung des Informationsfeldes in einen anderen Typ vorgenommen werden. Es sind folgende Parameter zu übergeben:

- quell_sap : der Ursprungs-SAP,
- ziel_sap : der Ziel-SAP,
- q_info : Typ des Informationsfeldes im Ursprungs-SAP,
- z_info : Typ des Informationsfeldes im Ziel-SAP.

Mit den in der Prozedur enthaltenen CASE-Anweisungen werden alle sinnvollen Typ-Umsetzungen abgehandelt; das sind:

- *zeichen* nach *zeichen*
- *zeichen* nach *feld*
- *zeichen* nach *bite* nur das 1. Zeichen wird byte-gewandelt
- *feld* nach *zeichen*
- *feld* nach *feld*
- *bite* nach *bite*

Ein Prozeduraufruf

```
copy_sap(nsap_rx,tsap_rx,zeichen,zeichen)
```

kopiert in Empfangsrichtung das Dienstsignal des N_SAP in den T_SAP und zwar ohne Umcodierung des Informationsteils.

```
ROCEDURE copy_sap(var quell_sap, ziel_sap: sap_format1;q_info,
z_info :information);
(*kopiert Inhalt eines SAP von flag bis info auf einen anderen
SAP*)
var i,lang : integer;
begin
with ziel_sap do
  begin
  flag     := quell_sap.flag;
  control1 := quell_sap.control1;
  control2 := quell_sap.control2;
  control3 := quell_sap.control3;
  qaddress := quell_sap.qaddress;
  zaddress := quell_sap.zaddress;
   case q_info of
    zeichen: case z_info of
             zeichen : begin
                       infotype := zeichen;
                       info_txt := quell_sap.info_txt;
                       end;
             feld    : begin
                       lang := length(quell_sap.info_txt);
                       infotype := feld;
                       for i := 1 to lang do
info_array[i]:=byte(quell_sap.info_txt[i]);
                        end;
             bite    : begin
                       infotype := bite;
                       info_byte:=
byte(quell_sap.info_txt[1]);
                       end;
             end;
    feld   : case z_info of
             feld : begin
                    infotype := feld;
                    info_array:= quell_sap.info_array;
                    end;
             zeichen : begin
                       infotype := zeichen;
```

```
                    info_txt:= wandel(quell_sap.info_ar-
ray);
                    end;
           end;
    bite   : begin
           infotype := bite;
           info_byte := quell_sap.info_byte;
           end;
   end;
  end;
 end;
```

In der Prozedur copy_sap wird die Funktionsprozedur

```
FUNCTION wandel  (var z : byte_array ) : string;
(* wandelt byte-array  z  in string  txt  um*)
var i,lang : integer;
begin
  for i := 1 to (lang) do
  wandel[i] := char(z[i]);
end;
```

benutzt, die ein byte-array in einen string umwandelt. Um sie allgemein benutzen zu können, wird sie global deklariert.

5. 2. 2. Instanzen

Im Abschnitt 8.2.6 SDL-Spezifikation nach dem OSI-Referenzmodell aus Band I wurde in der statischen Protokoll-Spezifikation der Standard-Aufbau einer Instanz erläutert. Die Instanz besteht aus dem das Automatenverhalten festlegenden COM-Prozess, dem das Verpacken und Entpacken der PDU's übernehmenden CODEX-Prozess und dem die Arbeitsparameter der Instanz festlegenden Einricht-Prozess. Im folgenden werden die allen Instanzen gemeinsamen Prozedurcharakteristika für den COM- und den CODEX-Prozess dargelegt.

5. 2. 2. 1. COM-Prozess

Die Instanzenprozeduren der COM-Prozesse können nach einem bestimmten Grundschema programmiert werden, welches sich auf allen Ebenen wiederfindet. Mit diesem Schema und den vorhandenen SDL-Prozessdiagrammen gelingt eine einfache, übersichtliche Umsetzung der Prozessspezifikation in ein lauffähiges Programm. Die Prozeduren realisieren den SDL-Prozessablauf. Dieser Ablauf ist in jeder Prozedur grundsätzlich ähnlich:

1. es müssen die Signale der Empfangs-SAP`S gelesen werden,
2. abhängig vom Instanzenzustand müssen Prozess-Reaktionen durchgeführt werden,
3. es wird ein neuer Instanzenzustand angenommen und
4. bei jedem Prozedurlauf wird eine Transition des SDL-Prozessdiagramms durchlaufen (von einem Zustand zum nächsten).

Für die effiziente Programmierung bietet es sich an, für dieses ähnliche Verhalten zunächst eine Musterprozedur zu programmieren, die dann für jede Instanz kopiert und durch spezifische Programmteile der einzelnen Instanzen ergänzt werden kann. Der folgende Programmabschnitt verdeutlicht die gewählte Musterprozedur, hier beispielhaft für die T-Instanz der Kommunikationsebene 4. In der inneren repeat-until-Schleife enthält sie 3 SAP-Bearbeitungsblöcke, die den Empfangs-SAP`s

tsap_tx nsap_rxtsap_ti

zugeordnet sind. Wenn einer dieser SAP`s ein Signal beinhaltet, erkennbar am gesetzten flag, so wird der entsprechende Block ausgeführt, d.h. es werden nacheinander alle Signale an diesen SAPs verarbeitet.

```
PROCEDURE transport;(***MUSTER-INSTANZEN-PROZEDUR ***)
       begin
       repeat
        begin
        if tsap_tx.flag then
        BEGIN (*Bearbeitung des überlagerten SAP`s T_TX*)
             case stateT of
             1:copy_sap(tsap_tx,nsap_tx,zeichen,zeichen);
             2: ; (* hier die cases für Empfang vom USER-SAP*)
             3: ;
             end;
             clear_sap(tsap_tx);        (*löschen SAP t_tx*)
          END;  (*T_TX*)
          if nsap_rx.flag then
        BEGIN (*Bearbeitung des unterlagerten SAP`s N_RX*)
         case stateT of
          0  : ;
          1  : copy_sap(nsap_rx,tsap_rx,zeichen,zeichen);
          2    :; (* hier weitere cases für Empfang vom PROVIDER-
       SAP*)
```

```
    3 : ;
      end;
      clear_sap(nsap_rx);         (*löschen SAP n_rx*)
    END; (*N_RX*)
    if tsap_ti.flag then
    BEGIN (*Bearbeitung des Timer-SAP`s T_TI*)
      case stateT of
      1 : ; (* hier die cases für Empfang vom Timer-SAP*)
      2 : ;
      end;
      clear_sap(tsap_ti);         (*löschen SAP t_ti*)
    END; (*T_TI*)
    reset_old_times('t',stateT);             (*Zeitauftr.lö-
schen*)
   end;
  networkend;      (*unterlag. Instanz aufrufen*)
  until (tsap_tx.flag=false) and (nsap_rx.flag=false)
                             and (tsap_ti.flag=false);
  end;
end;  (*transport*)
```

Das Schema innerhalb der drei Blöcke ist gleich. Mit *case*-Anweisungen wird der Instanzenzustand (hier stateT) unterschieden. Hinter jedem *case* wird die spezifische Bearbeitung durch Einfügung sog. Prozessanweisungen programmiert. Für das gewählte Beispiel der T-Instanz existert nur der Zustand 1. Die Ebene 4 ist leer; Signale der an die Ebene angrenzenden SAP`s werden mit Hilfe der Prozessanweisung *copy_sap* weitergereicht. Die T-Instanz setzt keine Timer, also findet man innerhalb des Timer-SAP-Blockes hier keine Prozessanweisung vor.

Nach einer Bearbeitung eines Signals wird der zugehörige SAP mit dem Aufruf *clear_sap* gelöscht. Schließlich werden alle nicht mehr aktuellen Zeitaufträge mit *reset_old_times* gelöscht und die unterlagerte Instanz (hier die N-Instanz *networkend*) aufgerufen.

Die Prozedur wird innerhalb der repeat-until-Schleife solange wiederholt, bis in den drei SAP`s keine Signale mehr eintreffen. Es ist zu beachten, dass der Aufruf der unterlagerten Instanzen-Prozedur *netwokend* innerhalb der Schleife steht, da ja diese unterlagerte Instanz selbst wieder Dienstsignale produzieren kann, die dann erneut zu verarbeiten sind, bevor die Kontrolle an die überlagerte Instanzen-Prozedur, das wäre z.B. *session*, abgegeben wird.

Hinsichtlich einer weitergehenden Beschreibung der Programmierung eines COM-Prozesses sei auf Band I, Abschn. 7.5.2.1 verwiesen, wo mit großer Ausführlichkeit der Zusammenhang zwischen dem SDL-Prozessdiagramm und einer entsprechenden Pascalprogrammierung erläutert wird.

5. 2. 2. 2. CODEX-Prozess

Bei der Behandlung des CODEX-Prozesses können drei verschiedene Fälle unterschieden werden:

1. Instanzen der Anwendungs-, der Darstellungs-, der Transport-, der Sitzungs- und der Netzwerkschicht,
2. Sicherungsinstanz,
3. Bitübertragungsinstanz.

Die Daten sind im Fall 1 vom Typ *string*, im Fall 2 vom Typ *array of byte* und im Fall 3 vom Typ *byte*. Im Fall 1 werden die CODEX-Prozesse nach einem einheitlichen Schema, das in diesem Abschnitt dargestellt wird, implementiert. Die Implementierung des CODEX-Prozesses der Sicherungsschicht ist komplizierter und erfolgt im Abschnitt 5.5.3. In der Bitübertragungsschicht wird der CODEX-Prozess durch den UART-Baustein realisiert.

Bei der Implementierung wird der CODEX-Prozess in einen Empfangsteil und einen Sendeteil zerlegt. Beide Teile werden durch je eine Pascal-Funktionsprozedur implementiert. Für die oberen Schichten des Falles 1 wird die Zerlegung und die Anwendung der Funktionsprozeduren durch Bild 5.2 verdeutlicht. Das Entpacken einer sdu, die mit dem Dienstsignal *data.indication(sdu)* übergeben wird, erfolgt mit der Funktionsprozedur *decodier*.

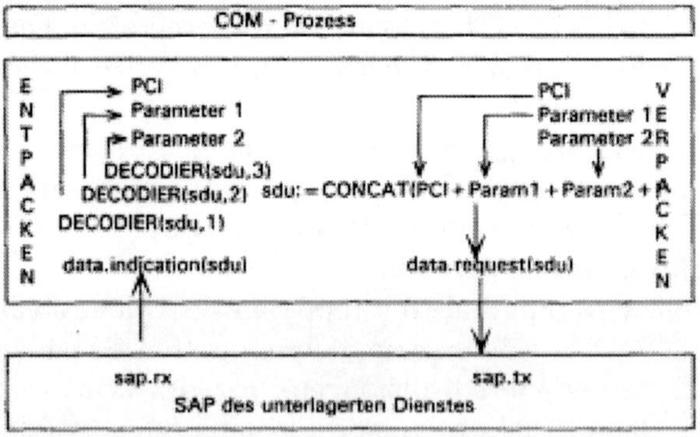

Bild 5.2. Implementierung des Codex-Prozesses

Als Parameter wird ihr das Informationsfeld des SAP`s, das die *sdu* enthält, und die Stelle des angesprochenen sdu-Teils übergeben. Die Funktion liefert die angesprochenen PDU-Teile Parameter 1, Parameter 2 als string zurück. Die Funktion ist nur verwendbar, solange das Informationsfeld vom Typ *zeichen* ist.

Eine N_PDU beispielsweise

'cnrq+mini+maxi+'

kann damit folgendermaßen zerlegt werden:

decodier('cnrq+mini+maxi+',1) liefert den 1.Teil : 'cnrq' als PCI
decodier('cnrq+mini+maxi+',2) liefert den 2.Teil : 'mini' als Adressparameter1
decodier('cnrq+mini+maxi+',3) liefert den 3.Teil : 'maxi' als Adressparameter2

Die Programmierung dieser Prozedur ergibt dann:

```
FUNCTION decodier(var t : string ; p : integer) : string;
                                    (*decodiert Info-Feld*)

      var l,i : integer;
          g   : string;
      begin
      g :=t;
       for i := 1 to p do
         begin
         l := pos('+',g);

         decodier := copy(g,1,l-1);
         delete(g,1,l);
         end;
      end;
```

Das Verpacken in Gegenrichtung übernimmt die interne Pascal-Funktionsprozedur

```
      FUNCTION concat(s1, s2, s3 ... sn: string) :string;
```

die die Zeichenketten s1, s2, s3 ... sn zu einer Gesamtzeichenkette zusammenfügt, wobei bei der hier dargelegten Anwendung darauf zu achten ist, dass die '+'-Trennzeichen ebenfalls als Zeichen in die Prozedur aufgenommen werden.

5. 2. 3. Zentraler Timerdienst

Die SDL-Spezifikation des Timerdienstes enthält einen Prozess, der auf die Eingangssignale set_time, reset_time und reset_old_times jeweils Prozeduren gleichen Namens aufruft. Auf das Eingangssignal timer_tic hin erfolgt der Aufruf einer Prozedur *watch_time*, die bei Auslaufen eines Timers ein

Ausgangssignal *timeout* an eine betroffene Instanz sendet. Die Prozeduren des SDL-Prozesses arbeiten auf der Basis einer Zeitauftragstabelle.

Bei der Pascal-Implementierung werden die SDL-Prozeduren des Timer-Prozesses direkt in Pascal-Prozeduren und die Zeitauftragstabelle durch eine entsprechende Variablen-Vereinbarung in eine Pascal-Notation übersetzt. Das *timeout*-Signal des Timer-Prozesses gelangt an eine Instanz, indem es in einen zu ihr gehörenden Dienstzugangspunkt geschrieben wird.

5. 2. 3. 1. Zeitauftragstabelle

Im Verlaufe des Kommunikationsvorganges senden die COM-Prozesse der Instanzen Zeitaufträge an den Timerdienst durch Aufruf der Prozedur *set_time*. Als Prozedur-Parameter werden dabei die auftraggebende Instanz und die Nummer des Timers übergeben. Die Zeitaufträge werden in einer Zeitauftragstabelle gespeichert. Zusätzlich muss dem Timerdienst bekannt sein, welche Weckzeit zu den einzelnen Timern der verschiedenen COM-Prozesse gehören. Dazu wird für den Timerdienst eine Tabelle der Timerauftragszeiten angelegt.

Nr. des Eintrags	Flag	Instanz	Timer-Nummer	Relativzeit
1.	x	DL	3	60
2.	x	A	6	10
....	....	....	....	....

Bild 5.3. Beispiel einer Zeitauftragstabelle

Zu realisieren ist dies in Form von Konstanten-Arrays:

```
                                            Timer-Nummer
                                   1 ,2, 3, 4, 5, 6, 7, 8, 9,10
const tiA : array[1..10] of integer=(80,80,80,80,80,80,80,80,80,80)
      tiS : array[1..10] of integer=(80,80,80,80,80,80,80,80,80,80)
      tiN : array[1..10] of integer=(80,80,80,80,80,80,80,80,80,80)
      tiDL: array[1..10] of integer=(70,70, 3,80,80,80,80,15,80,80)
```

Die Tabelleneinträge erfolgen in Sekunden, wobei die Werte sorgfältig dimensioniert werden müssen. Die Werte dieser Arrays können individuell für jede Instanz und jeden im Prozessdiagramm verwendeten Timer geändert und dadurch das Zeitverhalten eines Dienstes justiert werden. Die Dimensionierung der Zeitwerte für das hier behandelte Entwicklungsbeispiel erfolgt in einem späteren Abschnitt.

Die Realisierung der Zeitauftragstabelle, zu der man sich an Hand von Bild 5.3 eine Vorstellung bilden kann, erfolgt in Form eines Variablen-Arrays:

```
VAR timer_array : array[1..20/30] of timer_format;
```

In dem Array können also 20 (Endsystem) bzw. 30 (Transitsystem) Zeitaufträge gespeichert und von den Timer-Prozeduren bearbeitet werden. Das Transitsystem benötigt eine größere Speichertiefe, da bei ihm der COM-Prozess der N-Instanz je nach der Anzahl der Verbindungen in mehreren Exemplaren auftritt. Jeder Eintrag in der Zeitauftragstabelle ist vom record-Typ, der die einzelnen Informationen des Zeitauftrags trägt:

```
VAR timer_format = record
                        bflag       : boolean;
                        instanz     : char;
                        nummer      : string[2/30];
                        zeit        : integer;
                   end;
```

Das Feld *bflag* kennzeichnet, ob der Platz im Array für einen weiteren Eintrag frei ist, das Feld *instanz* gibt die auftraggebende Instanz an, das Feld `nummer` beinhaltet die Timer-Nummer gemäß SDL-Diagramm des COM-Prozesses und im Feld *zeit* wird eine relative Zeit eingetragen.

Der Timerbaustein sendet 18,2 Impulse pro Sekunde an den Interruptbaustein. Das ergibt eine Taktperiode von $\frac{1}{18{,}2}$ Sekunden. Die in die Zeitauftragstabelle einzutragende relative Zeit T_{rel} berechnet sich dann aus der Zeit Δt in Sekunden, die der Tabelle der Timerzeiten entnommen wird, mit Hilfe der Formel

$$T_{rel} * \frac{1}{18{,}2} = \Delta t \qquad (5.1)$$

Im Transitsystem wird im Feld `nummer` ein kompletter Verbindungs-Datensatz gespeichert, weswegen dort ein 30 Zeichen langer String vereinbart ist. Dieser String ist von dem auftraggebenden COM-Prozess der N-Transitinstanz folgendermaßen zu formatieren:

```
.nummer := '2+a_point+b_point+';
```

Hierbei gibt die 2 die Timer-Nummer gemäß SDL-Diagramm an und a_point und b_point sind die logischen Adressen der Verbindungsteilnehmer, für die der Zeitauftrag gesetzt wird. Damit wird gekennzeichnet welches Exemplar des COM-Prozesses der Auftraggeber ist.

Im Endsystem ist das Feld `nummer` lediglich mit der Ziffer des jeweiligen Timers zu belegen, z.B.:

```
.nummer := '3';
```

Folgende Instanzenkürzel sind dem Feld *instanz* zuzuweisen:

'a' : A-Instanz

'p'   : P-Instanz
's'   : S-Instanz
't'   : T-Instanz
'n'   : N-Instanz
'l'   : DL-Instanz
'h'   : PH-Instanz

Läuft ein Zeitauftrag aus, so wird an den zugehörigen SAP-Ti der Instanz ein *timeout*-Signal gesendet. Es enthält gewissermaßen als Weckinformation für die Instanz den gespeicherten *nummer*-Eintrag. Die Auswertung dieser Weckinformation obliegt dem auftraggebenden COM-Prozess.

5. 2. 3. 2. Prozedur set_time

Durch den Aufruf dieser Prozedur wird dem Timer-Prozess ein Zeitauftrag übermittelt. Als Parameter werden der Instanzenname und die Timer-Nummer übergeben. Beispielweise wird von der A-Instanz ein Zeitauftrag für den Timer mit der Nummer 3 gegeben, so sind folgende Aktionen abzuwickeln:

1. Aus der Tabelle der Timer-Zeiten wird die Timerzeit ausgelesen und mit Hilfe der Formel (5.1) die in die Zeitauftragstabelle einzutragende relative Timerzeit ermittelt.

```
c := tiA[3];
multzeit := round(c*18.2);
```

2. In der Zeitauftragstabelle wird der nächste frei Tabellenplatz ermittelt.
3. Danach wird in den freien Tabellenplatz eingetragen: die Belegung, der Instanzenname, die Timer-Nummer und die Relativzeit.

So ergibt sich der folgende Pascal-Text:

```
PROCEDURE set_time(k: char; b: string);
var frei,i,c,w,err: integer;
    multzeit      : integer;  (*Vielfaches der timer-tics*)
begin
  val(b,w,err);
  case k of
  'a': c := tiA[w];
  'p': c := tiP[w];
  's': c := tiS[w];
  't': c := tiT[w];
  'n': c := tiN[w];
  'l': c := tiDL[w];
```

```
    'h': c := tiPH[w];
    end;
    multzeit := round(c * 18.2);
    INLINE($FA);
    for i := 1 to 20 do
    if timer_array[i].bflag = false then frei := i;
    timer_array[frei].bflag := true;
    timer_array[frei].instanz :=k;
    timer_array[frei].nummer := b;
    timer_array[frei].zeit := multzeit;
    INLINE($FB);
  end;
```

Die Zeitauftragstabelle *timer_array* wird auch von der Interrupt-Prozedur *watch_time* bearbeitet. Zur Vermeidung von Dateninkonsistenzen werden Interrupts bei Eintritt in die Prozedur *set_time* mit der Pascal-Anweisung INLINE $FA gesperrt und bei Beendigung mit INLINE $FB wieder freigegeben.

5. 2. 3. 3. Prozeduren reset_time und reset_old_times

Durch den Aufruf der Prozedur *reset_time* wird ein bestimmter Zeitauftrag in der entsprechenden Tabelle gelöscht. Der Prozedur *reset_time* werden die Parameter k : Instanzenkürzel und b : Timernummer übergeben.

reset_time durchsucht die Zeitauftragstabelle nach einem Eintrag mit identischen Werten von k und b. Das Löschen geschieht dann einfach durch false-Setzen des Feldes `bflag`.

```
PROCEDURE reset_time(k : char; b : string);
var i : integer;
begin
   INLINE($FA);
   for i := 1 to 20 do
         if (timer_array[i].instanz = k) and
            (timer_array[i].nummer  = b)
         then timer_array[i].bflag := false;
   INLINE($FB);
end;
```

Die Prozedur *reset_old_times* löscht alle Zeitaufträge einer Instanz, deren Nummern kleiner sind als der momentane Instanzenzustand. Die Prozedur kann von Instanzen benutzt werden, wenn die Timernummern im SDL-Prozessdiagramm synchron zum darauffolgenden Zustand vergeben werden.

Dies lässt sich meist einrichten (vergl. hierzu ein beliebiges SDL-Diagramm). Das bedeutet, nach einem gesendeten Zeitauftrag Tj muss der Zustand j eingenommen werden. Im Zustand k > j sind dann alle Timer Tj mit j<k überholt, können also gelöscht werden.

Der Prozedur *reset_old_times* werden als Parameter übergeben:

a: Instanzenkürzel und b: Instanzenzustand.

Solange der Zustand b > 0 ist, löscht die Prozedur alle Aufträge dieser Instanz mit einer nummer < b, wobei sie sich wiederum der Prozedur *reset_time* bedient. Ist der Zustand b = 0, was i.a. einem Grundzustand entspricht, werden alle Zeitaufträge dieser Instanz gelöscht. Wichtig ist, dass die Prozedur nur verwendet werden darf, wenn die Instanz einen Grundzustand 0 besitzt, in dem außerdem kein Zeitauftrag aktiv sein kann. Die Pascal-Notation der Prozedur ergibt unter Verwendung der Prozedur *reset_time*:

```
PROCEDURE reset_old_times (a : char; b : integer);
       (* löscht nicht mehr aktuelle Zeitaufträge*)
        (* Zustand der Instanz > Auftragsnummer   *)
var n,i : integer;
    g   : string[5];
begin
if b > 0 then
for n := 0 to (b-1) do
 begin
 str(n,g);
 reset_time(a,g);
 end else
 for i := 1 to 20 do
 if timer_array[i].instanz = a then timer_array[i].bflag :=
false;
end;
```

5. 2. 3. 4. Prozedur watch_time

Diese Prozedur wird 18.2 mal in der Sekunde vom Systemzeitinterrupt aufgerufen. Sie ist eine Interruptprozedur. Bei jedem Aufruf erniedrigt sie in den Feldern *zeit* die Relativzeiten aller in der Zeitauftragstabelle enthaltenen Aufträge um eins:

```
dec(timer_array[i].zeit);
```

Wenn dabei eine Relativzeit < 0 wird, d.h. die Weckzeit abgelaufen ist, wird in der nachfogenden CASE-Anweisung entschieden, an welche Instanz das *timeout*-Signal zu senden ist. Die Prozedur *watch_time* beschreibt dazu den zugehörigen SAP_Ti, hier z.B. an die A-Instanz:

```
'a' :  if asap_ti.flag = false then
         begin
                asap_ti.flag     := true;
                asap_ti.control1 := timeout;
                asap_ti.control2 := indication;
                asap_ti.infotype := zeichen;
                asap_ti.info_txt := timer_array[i].nummer;
         timer_array[i].bflag := false;
end;
```

Dabei wird die Weckinformation *nummer* in das Informationsfeld des SAP`s übertragen und abschließend der Zeitauftrag gelöscht. Die gesamte Prozedur sieht dann wie folgt aus:

```
PROCEDURE watch_time;interrupt;
var i,k : integer;
begin
  for i := 1 to 20 do
  begin
    if timer_array[i].bflag then
    begin
      dec(timer_array[i].zeit);
      if timer_array[i].zeit <= 0 then
      begin
        case timer_array[i].instanz of

          'a' :  if asap_ti.flag = false then
                 begin
                 asap_ti.flag     := true;
                 asap_ti.control1 := timeout;
                 asap_ti.control2 := indication;
                 asap_ti.infotype := zeichen;
                 asap_ti.info_txt := timer_array[i].nummer;
                 timer_array[i].bflag := false;
                 end;
                                    .
                                    .
                       usw. für die verschiedenen Schichten
  .                                 .
                                    .
```

```
                'h' :  if phsap_ti.flag = false then
                       begin
                       phsap_ti.flag     := true;
                       phsap_ti.control1 := timeout;
                       phsap_ti.control2 := indication;
                       phsap_ti.infotype := zeichen;
                       phsap_ti.info_txt := timer_array[i].nummer;
                       timer_array[i].bflag := false;
                       end;
            end;
          end;
        end;
      end;
    port[IRQ]:=EOI;
    end;
```

5. 2. 3. 5. Timer-Auftragszeiten

Die Werte der von den Instanzen benutzten Timer (Timer-Zeiten) sind im Programm in den Zeiten-Arrays einzutragen. Bewusst wird auf eine Veränderung dieser Werte unter Programmkontrolle verzichtet, da die Justierung der Werte untereinander recht aufwendig ist. Insgesamt hängen die Werte von der erzielbaren Übertragungsgeschwindigkeit und der mittleren Bearbeitungsgeschwindigkeit der Instanzen-Prozeduren ab. Die Baudrate ist im Programm einstellbar. Je niedriger sie gewählt wird, umso größer sind die Timer-Zeiten zu dimensionieren. Es ist deshalb eine nominelle Minimal-Baudrate festzulegen, für die die Dimensionierung erfolgt. Im Programm sei als Kompromiss eine Mindestrate von 100 Baud gewählt. Zu berücksichtigen ist ferner das *Poll/Select*-Verfahren der Schicht 2, welches die Mehrfachnutzung des Übertragungsmediums gestattet, dafür aber die Antwortzeiten im System erheblich vergrößert. Da hier keine besonderen Anforderungen an die Geschwindigkeit der Dateiübertragung gestellt werden, soll als kleinste, setzbare Zeit 1 Sekunde vereinbart sein. Größere Werte sind ganzzahlige Vielfache der Einheit 1s. Mit einer gewählten Mindest-Übertragungsgeschindigkeit von ca. 100 Baud und ca. 10 bit für die Darstellung eines ASCII-Zeichens auf dem Übertragungsmediums erzielt man somit (nur) eine Zeichengeschwindigkeit V_Z = 10 Zeichen/s. Die reine Übertragungszeit von Meldungs- und Textrahmen berechnet sich dann zu $T_ü$ = Rahmenlänge(in Zeichen) / V_Z. Damit ergeben sich folgende Werte für die Übertragung von Schicht-2-PDU's:

Meldungsrahmen mit 4 Zeichen : $T_{üM} = 0{,}4$ s
mittlerer Textrahmen mit 80 Zeichen : $T_{üT} = 8$ s
maximaler Textrahmen mit 255 Zeichen: $T_{üT} = 25{,}5$ s

Mit diesen Ausgangswerten sollen in den folgenden Abschnitten die Timerzeiten für jede Instanz unter Zuhilfenahme der SDL-Prozessdiagramme dimensioniert werden. Grundsätzlich geht die Dimensionierung von der niedersten Ebene zur höchsten; die Zeitwerte der höheren Ebenen sind größer als die der niederen. Die Dimensionierung entfällt für die Bitübertragungsebene, die Transportebene und die Darstellungsebene, weil bei diesen keine Zeitaufträge gesetzt werden.

DL-Instanz im Transitsystem

Von dieser Instanz werden die Zeitaufträge T1, T2, T3 und T8 benutzt.

Zeitauftrag T1: Er dient zum Weiterschalten der Poll-Adresse und sollte deshalb möglichst klein gewählt werden. *Ergebnis: T1 = 1 s*

Anm.: Bei Wahl einer kleineren Zeitbasis kann T1 auch im ms-Bereich dimensioniert werden.

Zeitauftrag T2: Es wird auf eine Meldung ACK gewartet (4 Zeichen). Mit zwei zusätzlichen Bearbeitungszeiten $T_B = 1$ s im Transit- und im Endsystem erhält man

$$T2 > 2\,T_B + T_{üM} = 2{,}4\ \text{s}\,. \qquad (5.2)$$

Ergebnis: T2 = 3 s

ZeitauftragT3 : Es wird auf ein ACK gewartet. Es folgt das

Ergebnis: T3 = T2 = 3 s.

Zeitauftrag T8 : Er wird nach einem Pollauftrag gesetzt. Es wird auf eine Meldung EOT oder auf einen Textrahmen gewartet. Im Extremfall muss mit einem maximalem Textrahmen gerechnet werden, d.h.

$$T8 > 2\,T_B + T_{üT} = 27{,}5\ \text{s}. \qquad (5.3)$$

Diese lange Zeit würde bei jeder gepollten Secondary vergehen, die nicht angeschlossen oder nicht empfangsbereit ist. Um dieses unnötige Verharren zu verhindern, sollte im Programm der Timer T8, sofern sich der Prozess DL-COM im Zustand 8 befindet, sofort zurückgesetzt werden, wenn das erste Zeichen auf der Empfangsleitung der Primary eintrifft. Dieses ist das SOH-Zeichen, mit dem die gepollte Secondary ihren Rahmen beginnt (Rücksetzen in der Prozedur *datalink_receive*). Ist dann der Rahmen nicht eine EOT-Meldung oder ein vollständiger und korrekter Textrahmen. so muss dieses frühtzeitige Rücksetzen von T8 wieder aufgehoben werden. Das geschieht

in der Prozedur *frame_receive*, in der diese Kriterien geprüft werden. Mit diesen Konstruktionen kann man nun T8 minimal klein wählen.
Ergebnis: T8 = 1 s

DL-Instanz im Endsystem

Von dieser Instanz werden die Zeitaufträge T1, T2, T3 und T8 benutzt.

Zeitauftrag T1 : Mit diesem Timer soll festgestellt werden, ob eine Verbindung zum Transitsystem (DL-Instanzen-Verbindung) besteht. Wenn weder die Primary noch die Secondary Textrahmen zu senden haben, kann die Secondary das nur anhand des Pollens feststellen. Ein Ausbleiben führt zum Ablauf von T1. T1 muss deshalb so groß gewählt werden, dass in dieser Zeit mit Sicherheit mindestens ein Pollauftrag bei der Secondary eingeht. Das Pollen geschieht zyklisch bei allen Secondaries. Im ungünstigsten Fall sind vorher alle anderen Secondaries zu pollen, die dann noch auf die Übertragungsmöglichkeit eines maximalen Textrahmens warten. Dies ist ein Fall, der aus verkehrstheoretischer Sicht sehr unwahrscheinlich ist. Für die Zeit T1 muss nach[11] Abschn. 4.2.6 gelten:

$$T1 > T_s = T_W + N\, m/u \qquad (5.4)$$

Hierbei sind:

T_S = mittlere scan-time, Zeit die für den vollständigen Pollumlauf bei allen Secondaries benötigt wird.

T_W = minimale scan time, wenn keine der Secondaries etwas zu senden hat, d.h. alle mit EOT antworten würden.

N = Zahl der Secondaries, hier 15.

m = im Mittel an einer der Secondaries wartende Textrahmen-Anzahl, hier =1, sonst verkehrstheoretischer Wert.

u = Übertragungskapazität des Mediums in Rahmen/s

Wenn keine der Secondaries einen Textrahmen zur Übertragung bereit hält, erhält man eine scan time

$$T_{smin} = T_W = N\,(2\,T_B + 2\,T_{üM}) \qquad (5.5).$$

Das Pollen besteht hierbei aus der Übertragung des Pollauftrags, dessen Bearbeitung in der Secondary, der Übertragung der EOT-Meldung zurück an die Primary und schließlich das Bearbeiten der EOT-Meldung in der Primary. Dieses geschieht bei N Secondaries nacheinander (Faktor N). Mit den abgeschätzten Werten erhält man eine minimale, doch beachtliche scan time von

---

[11] Nussbaumer, Henri, J.: *Computer Communication Systems,* Volume 1: Data Circuits, Error Detection, Data Links, Wiley & Sons, 1987.

$$T_{smin} = 15 * (2 s + 0{,}8 s) = 42 s \quad (5.6)$$

Hierzu addiert sich die Zeit für die Übertragung von im Mittel zu erwartenden Textrahmen. Die Übertragungskapazität lässt sich mit der eingangs beschriebenen Zeichengeschwindigkeit ausdrücken, wenn im Mittel eine Rahmenlänge von 80 Zeichen für einen Textrahmen angenommen werden:

$$u = V_z / 80 \text{ (Zeichen/Rahmen)} = 0{,}125 \text{ Rahmen/s} . \quad (5.7)$$

Auf eine detaillierte verkehrstheoretische Betrachtung für den Parameter m soll an dieser Stelle verzichtet werden. Stattdessen sei angenommen, dass im Mittel bei jedem Pollumlauf bei 3 Secondaries ein 80-Zeichen Textrahmen zur Übertragung vorliegt. Damit ergeben sich

$$m = 3/15 \quad \text{und} \quad N\ m/u = 24 s \quad (5.8)$$

Somit erhält man

$$T_s = 42 s + 24 s = 66 s \quad (5.9).$$

Gewählt wird: *Ergebnis: T1 = 70 s*

Die Wahl dieser doch sehr langen Zeit hat zur Folge, das der Benutzer des DL-Dienstes und letztendlich auch der Benutzer des Filetransfer-Dienstes erst nach 70 Sekunden von einer dauerhaften Unterbrechung der Übertragungsstrecke RS 232 C informiert wird (mit DL_P_ABORT). Natürlich wird die Übertragung bei intakter Strecke und geringerer Anzahl von Secondaries in kürzerer Zeit zu erwarten sein. Dennoch ist unter Umständen mit großen Wartezeiten zu rechnen. Dieses schlechte Geschwindigkeitsergebnis ist typisch für den Poll-Select-Mechanismus.

Zeitauftrag T2: Es wird auch hier auf das Pollen der Primary gewartet. Dann muss T1 = T2 gewählt werden. *Ergebnis: T2 = 70 s*

Zeitauftrag T3: Es wird auf ein ACK-Meldung gewartet, d.h. wie beim Transitsystem wird dimensioniert: *Ergebnis: T3 = 3 s .*

Zeitauftrag T8 : Es wird auf eine EOT-Meldung oder auf ein Textrahmen gewartet. Der Textrahmen benötigt die größere Übertragungszeit. Deshalb gilt:

$$T8 > T_B + T_{üT} = 1s + 13 s = 28{,}5 s \quad (5.10)$$

Ergebnis: T8 = 29 s

Instanzen in den oberen Ebenen

Das SW-Konzept legt fest, dass auf dem PC nur das Kommunikationsprogramm abläuft. Es gibt eine Interruptebene, ansonsten laufen alle Instanzenprozeduren im Unterprogrammodus ab. Als einzige variabel, zeitbestimmende EinFlussgröße für die Instanzen ist die eingestellte Baudrate zu sehen. Diese und ggf. Unterbrechungen der Übertragungsstrecke sind bereits durch die Timer in der DL-Ebene abgefangen. Bei korrektem Programmlauf (was hier angenommen wird) benötigt man eigentlich keine weiteren Zeitaufträge der überlagerten Instanzen N bis A. Dieses wäre nur dann der Fall, wenn ein anderes SW-Konzept für die Instanzen gewählt würde, z.B. ein Task-Konzept auf einem Multitasking-Betriebssystem, wobei die dann als Tasks ablaufenden Instanzen untereinander und möglicherweise noch mit anderen, nicht zum Kommunikationssystem gehörenden Anwendertasks um die Rechenzeit des Prozessors konkurrieren müssten. Im vorliegenden Konzept gibt es diese Konkurrenz nicht. Daher können die Zeiten der übrigen Timer konstant auf so hohe Werte gesetzt werden, dass sie den Betrieb der DL-Instanzen nicht stören. Das ist dann der Fall, wenn diese, nicht relevanten Timer der N-Instanz bis zur A-Instanz größer als die maximal vorkommende Auftragszeit der DL-Instanzen gewählt werden.

Im Endsystem ist T_{max} = 70 s, im Transitsystem T_{max} = 3 s. Daher werden die nicht relevanten Zeiten gesetzt auf:

im Endsystem T = 80 s und
im Transitsystem T = 50 s.

Tabelle 5.1. Tabelle der Timerzeiten (ab 100 Baud)

Instanz	T1	T2	T3	T4	T5	T6	T8	T12	T13	T15
A	80 s	80 s	80 s	-	-	80 s	-	80 s	80 s	80 s
P	-	-	-	-	-	-	-	-	-	-
S	-	-	80 s	-	80 s	-	-	-	-	-
T	-	-	-	-	-	-	-	-	-	-
N-End	80 s	-	-	80 s	-	-	-	-	-	-
N-Transit	5 s	-	5 s	-	-	-	-	-	-	-
DL-End	70 s	70 s	3 s	-	-	-	29 s	-	-	-
DL-Transit	1 s	3 s	3 s	-	-	-	1 s	-	-	-

Eine Zusammenfassung der Timerzeiten gibt Tabelle 5.1.

5. 3. Initialisierung

Die Programminitialisierung gliedert sich in folgende Teile:

- Globale Programminitialisierung,
- Initialisierung der Instanzen,
- Initialisierung des UART-Bausteins.

Sie sind im End-und Transitsystem ähnlich. Diese Initialisierungen können z.B. in einer Prozedur *initialize,* die bei Bedarf vom Hauptprogramm aufgerufen wird, zusammengefasst werden.

Globale Programminitialisierung:

Sie muss zu Beginn des Hauptprogramms stattfinden. In ihr werden allen global deklarierten Variablen Default-Werte zugewiesen. Im wesentlichen werden hierbei

- alle Kommunikations-Ebenen aktiviert,
- allen SAP`s Namen zugewiesen und
- die SAP's gelöscht

Initialisierung der Instanzen:

Diese Prozedur setzt die Grundzustände der Instanzen, löscht alle SAP`s und löscht die Zeitauftragstabelle des Timers. Beim Transitsystem wird die Verbindungs-Tabelle gelöscht und ein Poll-Zeiger für die zuerst zu pollende physikalische Adresse gesetzt. Der Poll-Zeiger zeigt dann auf die erste Zeile der Netz-Konfigurationstabelle des Timers.

Initialisierung des UART-Bausteins:

Dabei müssen abhängig von den eingestellten Betriebsparametern die Register des Bausteins auf bestimmte Werte gesetzt werden. Festgelegt werden dabei Baudrate, Parität, Datenwortlänge, Anzahl Stopbits, Interrupt- bzw. Poll-Modus und der Diagnosemodus des Bausteins (Kurzschluss oder nicht Kurzschluss). Auf eine ausführliche Diskussion der Registeradressierung und ihrer Inhalte wird hier verzichtet, da dies den Rahmen des vorliegenden Buches sprengen würde. Zur weiteren Detailvertiefung wird auf [12] verwiesen.

Bei der Inbetriebnahme des UART-Baustein wird der vom Baustein ausgelöste HW-Interrupt auf die Interrupt-Prozedur *physical_ receive* umgelenkt. Das geschieht mit den Pascal-Prozeduren *GetIntVec* und *SetIntVec*. Am Ende der Benutzung des UART-Bausteins wird der HW-Interrupt wieder auf seine ursprüngliche Adresse gelenkt.

5. 4. Bedienungsschicht

Nach der Besprechung wichtiger Grundkonstruktionen der Implementierung werden die Schichten des Kommunikationssystems beschrieben, die von den Grundkonstruktionen abweichende Besonderheiten haben. Dabei handelt es sich um

die Bedienungsschicht,
die Anwendungsschicht,

---

12 Gerdsen, Peter und Peter Kröger: *Kommunikationssysteme: Hard- und Software der Bitübertragungsschicht,* Skriptum Fachhochschule Hamburg, FB Elektrotechnik u. Informatik, 1990.

die Netzwerkschicht,
die Sicherungsschicht und
die Bitübertragungsschicht.

Grundlage für die Implementierung der Bedienungsschicht sind die SDL-Diagramme des Abschnitts 3.11.1. Das vollständige Kommunikationssystem wird durch das Diagramm *System Datei_Transfer* beschrieben, das die beiden Blöcke Bedienung_Endsystem und Bedienung_Transitsystem enthält. Von diesen Blöcken wird der Block *File_Transfer_Dienst* gesteuert. Die beiden Bedienungsblöcke enthalten je einen Prozess, der durch eine vom Hauptprogramm aufgerufene Prozedur realisiert wird.

Das Hauptprogramm ist für beide Systeme gleich.

```
PROGRAM endsystem/transitsystem;
....................
BEGIN
initialize;
GetIntVec($1C,old_int);
SetIntVec($1C,Addr(watch_time));
stop :=false;
ComPort(ComNr);
repeat              (*bis Programmende*)
menue;
until stop =true;
SetIntVec(ComInt,altcom);
SetIntVec($1C,old_int);
END.
```

Nach dem Start wird zunächst die globale Initialisierung und das Umlenken des HW-Interrupts des System-Zeitgebers auf die Adresse der Interrupt-Prozedur *watch_time* durchgeführt. Hiernach wird die den BedienProzess realisierende Prozedur *menue* aufgerufen. Diese Prozedur wird solange wiederholt, bis die Steuervariable *stop* gesetzt ist. Das Setzen von *stop* geschieht innerhalb von *menue* durch eine spezielle Benutzereingabe (Menuepunkt 0) und führt dann zur Beendigung des Programms. Am Schluss des Hauptprogramms wird der Zeitgeber-Interrupt wieder auf seine ursprüngliche Adresse gelenkt.

Es gibt sicher viele Möglichkeiten, eine menuegesteuerte Benutzereingabe zu implementieren. Der BedienungsProzess des Endsystems soll hier durch eine Prozedur *menue* implementiert werden. Er kommuniziert gemäß der SDL-Spezifikation mit dem Bediener des Systems über die Signale

display(text),
display(zahl),

keyboard(text),
keyboard(zahl) und
any_key.

Die Implementierung des *display*-Signals erfolgt durch die Standard-Prozedur *write* und im Falle des *keyboard*-Signals durch die Standard-Prozedur *readln*.

Die Implementierung des Signals any_key erfolgt z.B. in Form einer repeat-until-Schleife

```
repeat
........
until keypressed;
```

abei wird für den Aufruf der die Einrichtprozesse realisierenden Prozeduren die Unterprozedur

```
PROCEDURE set_com_param( p : integer);
begin
case p of
  1:  begin
      clrscr;
      einricht_ph;
      end;
  2 : begin
      clrscr;
      einricht_dl;
      end;
  3 : begin
      clrscr;
      einricht_n;
      end;
  7 : begin
      clrscr;
      einricht_a;
      goahead;
      end;
  end;
end;
```

benutzt. In Tabelle 5.2 werden die zu bestimmten Tastatureingaben gehörenden Zustände und Aktionen für das Endsystem zusammengefasst.

Tabelle 5.2. Tastatureingaben, Zustände und Aktionen beim Endsystem

Endsystem		
Menue punkt	**Zustand**	**Aktion**
1	on line: Kommu- nikation	**Automatischer Betrieb, Senden einer Datei** Initialisierung der Instanzen und des UART`s,Bediener-Eingabe: Ziel-PC, Quell- und Ziel-File, Beschreiben des Pseudo-SAP`s *asap_tx*, erstmaliges Setzen des Timers 1 der DL-Instanz , Aufrufen der Instanzenprozedur *application*
2	on line: Kommu- nikation	**Automatischer Betrieb, auf Empfang gehen** Initialisierung der Instanzen und des UART`s, Beschreiben des Pseudo-SAP`s *asap_tx*, erstmaliges Setzen des Timers 1 der DL-Instanz, Aufrufen der Instanzenprozedur *application,*
4	off line	Journal lesen
5	off line	Journal löschen
9	off line	Einrichten der Instanzen
-1	off line	Ausgabe des Hauptmenues
0	-	Programm-Abbruch

Der Programmteil zur Implementierung der Bedienungsschicht des Transitsystems bildet eine Untermenge des entsprechenden Programmteils des Endsystems.

In Tabelle 5.3 finden sich entsprechend zu Tabelle 5.2 wieder die Tastatureingaben mit den Zuständen und Aktionen.

Tabelle 5.3. Tastatureingaben, Zustände und Aktionen beim Transitsystem

Transitsystem		
Menue-punkt	**Zustand**	**Aktion**
1	on line: Kommu- nikation	**Automatischer Betrieb, Vermittlung** Initialisierung der Instanzen und des UART`s, erstmaliges Setzen des Timers 1 der DL-Instanz, prüfen, ob Endsysteme konfiguriert sind, Aufrufen der Instanzenprozedur *networktransit*
2	off line:Ein- richten	Netzkonfiguration: Einrichten der Netzwerk- und Sicherungsinstanz
3	off line	Kommunikationsparameter: Einrichten derBitübertragungsinstanz
-1	off line	Ausgabe des Hauptmenues
0	-	Programm-Abbruch

5. 5. Spezielle Implementierungen einzelner Instanzen

In diesem Abschnitt werden Implementierungsbesonderheiten in den Instanzen einzelner Schichten erläutert, soweit sie von den Grundkonstruktionen des Abschnitts 5.2 abweichen.

5. 5. 1. Anwendungsinstanz

Grundlage für die Programmierung der Anwendungsschicht sind die SDL-Diagramme des Abschnitts 3.11.2. Die A-Instanz weist zwei Besonderheiten auf:

1. Benutzermeldungen,
2. Journalführung ,
3. Datei-Behandlung.

Benutzermeldungen:

Die A-Instanz bringt Informationen über Erfolg bzw. Misserfolg einer Dateiübertragung auf den Bildschirm. Zur Darstellung dieser Informationen auf dem Bildschirm wird die global deklarierte Prozedur *user(information)* benutzt. Der Aufruf dieser Prozedur realisiert das Signal user(text), das von der A-Instanz zum Bedienungsblock gesendet wird. Man findet das Signal in den SDL-Diagrammen System *Datei_Transfer* und Block *File_Transfer_Dienst* im Abschnitt 3.11.1.

```
PROCEDURE user(txt : string);
(*zeigt user-meldungen auf Bildschirm*)
begin
SetIntVec($1C,old_int);
writeln;
Sound(1000);
delay(100);
NoSound;
writeln('++++++' ,txt,' ++++++');
SetIntVec($1C,addr(watch_time));
end;
```

Diese zeigt den Parameter *information* an und erzeugt außerdem ein akustisches Signal.

Journalführung :

Das Empfangsjournal besteht aus einer Datei *journal.txt*, in der zeilenweise die Journaldaten

Quell-PC, Ziel-Filename, Datum und Zeit des Empfangs

eingetragen werden. Das Eintragen nimmt die A-Instanz durch Aufruf der

Prozedur
journal_send.

```
PROCEDURE journal_send; {Eintrag im Journal wenn Datei empfan-
gen}
var ja,mo,ta,wt,std,min,sek,sek100 : word;
    journaldatei : text;

begin
getdate(ja,mo,ta,wt);
gettime(std,min,sek,sek100);
assign(journaldatei,'jour\journal.txt');
append(journaldatei);
write(journaldatei,absender:10);
write(journaldatei,z_file:20,'      ');
write(journaldatei,ta:2,'.',mo:2,'.',ja:4,'      ');
writeln(journaldatei,std:2,':',min:2);
close(journaldatei);
end;
```

vor, wenn sie erfolgreich eine Datei empfangen hat.

Datei-Behandlung:
Die A-Instanz öffnet, liest, beschreibt und schließt Dateien. Empfangene Dateien werden immer in einem speziellen Unterverzeichnis *message* gespeichert. Auf weitergehende Angaben soll aus Platzgründen verzichten werden.

5. 5. 2. Netzwerk-Transit-Instanz

Grundlage für die Programmierung der Netzwerkschicht ist das SDL-Diagramm Block N_Dienst des Abschnitts 3.11.6. Besonderheiten enthält dabei nur die N-Instanz des Transitsystems. Von den vier zu implementierenden Prozessen

1. Prozess N_COM_T,
2. Prozess MANAGER,
3. Prozess N_CODEX_T,
4. Prozess N_Einricht_T

weicht hauptsächlich der Manager-Prozess von den Grundkonstruktionen des Abschnitts 5.2 ab.

Im Betrieb tauscht die N-Instanz Signale mit der DL-Instanz über die Dienstzugangspunkte *dlsap_tx* und *dlsap_rx* sowie mit dem Timerdienst über den Dienstzugangspunkt *nsap_ti* aus. Die von der DL-Instanz kommenden Signale werden von der Prozedur *decodier* des CODEX-Prozesses ausgepackt und dem Manager-Prozess zugeleitet. Dieser Prozess hat die Aufgabe, je nach Anzahl der erforderlichen Verbindungen eine entsprechende Anzahl von Exemplaren des COM-Prozesses zu starten und zu beenden sowie die Signale den Prozessexemplaren zuzuordnen.

Bei der Implementierung der N-Transitinstanz soll eine Prozedur *procedure networktransit,* die die COM-Prozesse, den Manager-Prozess und den CODEX-Prozess realisiert, und eine Prozedur *procedure einricht_n_t,* die den EinrichtProzess realisiert, der von der Bedienungsschicht aufgerufen wird, geschrieben werden. Innerhalb der Prozedur *networktransit* wird der CODEX-Prozess durch Aufruf der Prozeduren *decodier* und *concat* verwirklicht. Die Prozedur *networktransit* wird in einen Block mit zustands- und ereignisabhängigen Prozessanweisungen und in einen Prozedurblock, der den Manager-Prozess realisiert, aufgeteilt.

Die übrigen Teile der Prozedur verwirklichen die COM-Prozesse und den Manager-Prozess und sind nicht als gesonderte Prozedur zusammengefasst.

5. 5. 2. 1. Manager-Prozess

Das SDL-Diagramm dieses Prozesses enthält nur einen Zustand und eine Reihe von Verarbeitungsleistungen, die durch Prozeduren realisiert werden. Diese Prozeduren sind innerhalb der Prozedur networktransit deklariert und werden in dem Maße aufgerufen, wie Managerfunktionen benötigt werden.

Hauptaufgabe des Manager-Prozesses ist es, Exemplare des COM-Prozesses zu kreieren und zu beenden. Diese Aufgabe kann auf folgende Weise bei einem Single-Task-Betriebssystem gelöst werden. Existieren im Kommunikationssystem n Verbindungen, so erfordert dies in der N-Transitinstanz n COM-Prozesse. Aufgrund des Single-Task-Betriebssystems kann jedoch nur ein Prozess zur Zeit laufen. Also wird, wenn ein Signal einem bestimmten Exemplar des COM-Prozesses zu übergeben ist, die Prozedur networktransit aufgerufen und das Prozess-Exemplar dadurch festgelegt, dass die Prozess-Parameter

rufender Teilnehmer *a_name,*
gerufener Teilnehmer *b_name,*
Prozess-Zustand *stateN*

der Prozedur übergeben werden. Der Manager-Prozess muss also eine Prozessverwaltung durchführen. Grundlage dafür sind zwei Tabellen, die bereits in den Abschn. 1.3 und 3.7.2 besprochen wurden.

die Konfigurations-Tabelle und
die Verbindungs-Tabelle.

Beide Tabellen werden in Pascal durch record-Arrays verwirklicht. Die Konfigurationstabelle enthält die logischen Namen der am Kommunikationssystem teilnehmenden PC's mit den dazugehörigen Secondary-Adressen. Diese Tabelle wird beim Einrichten des Transitsystems angelegt und steht auch der DL-Instanz als Grundlage des Poll-Select-Verfahrens zur Verfügung. In der SDL-Spezifikation wurde dies durch einen unidirektionalen Channel E_AD vom Prozess N_Einricht_T zum Prozess DL_Einricht_T zum Ausdruck gebracht. Die Pascal-Notation für diese Tabelle ergibt:

```
type endpoint = record
        flag    : boolean;    {Besetzt}
        address : integer;    {Secondary-Adresse}
        name    : string[10];{logischer Name}
                           end;
var endpoint_array : array[1..15] of endpoint;
```

Die Verbindungs-Tabelle ist die Buchführung über die laufenden, von der N-Transitinstanz verwalteten Verbindungen. Eingetragen werden die Belegung der Tabelle, die Nummer des Prozesses, der eine Verbindung herstellt, die logischen Adressen des rufenden Teilnehmers und des gerufenen Teilnehmers sowie der Zustand, in dem sich der Prozess befindet. Die Pascal-Notation ergibt dann:

```
type verbindung = record
               flag    : boolean;
               nummer  : integer;
               a_point : string[10];
               b_point : string[10];
               state   : integer;
        end;
var verbindung-array : array[1..15] of verbindung;
```

Auf der Grundlage dieser beiden Tabellen wird der Manager-Prozess mit Hilfe einer Reihe von Prozeduren implementiert, deren Zusammenwirken in Bild 5.4 graphisch dargestellt ist und die im folgenden beschrieben werden sollen. Über den DL_SAP gelangen die Dienstsignale von und zur N-Transitinstanz, wobei im *zaddress*-Feld die Adresse der jeweiligen Secondary steht, die die N_PDU gesendet hat bzw. eine N_PDU empfangen soll.

Die N_PDU`s befinden sich im Feld *info_txt* der SAP`s. In Empfangsrichtung werden sie mit der global deklararierten Prozedur *decodier* gewonnen.

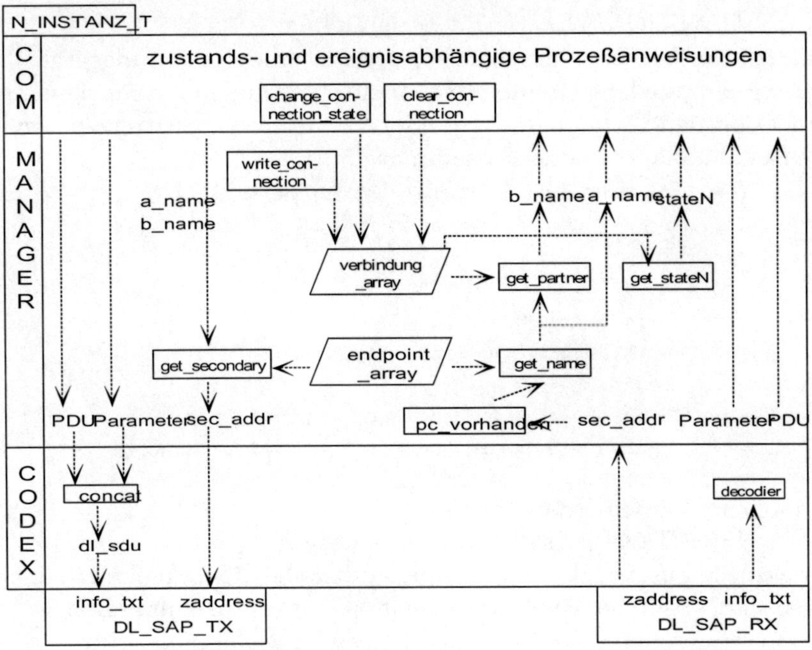

Bild 5.4. Prozeduren des Manager-Prozesses der N-Transitinstanz

Die N-Transitinstanz operiert in ihrem zustands- und ereignisabhängigem Prozedurblock, der den COM-Prozess realisiert, mit den logischen Namen der Endsysteme. Dazu sind die physikalischen Adressen der Secondaries auf diese Namen mit Hilfe der Konfigurations-Tabelle *endpoint_array* abzubilden. In Empfangsrichtung ermittelt die

FUNCTION get_name(sec : string) :string;

den logischen Namen des sendenden Endsystems.
Die Pascal-Notation der Prozedur ergibt

```
FUNCTION get_name (sec : string) : string;
(* setzt physikalische Adresse in logische Adresse um *)
var i,err : integer;
begin
val(sec,i,err);
get_name := endpoint_array[i-32].name;
end;
```

Der logische Name wird zur weiteren Bearbeitung der Variablen *a_name* zugewiesen. Aus dem logischen Namen kann dann der Verbindungspartner mit Hilfe der

FUNCTION get_partner(a_name) : string;

ermittelt werden. Dazu durchsucht *get_partner* die Verbindungs-Tabelle *verbindung_array* zeilenweise nach einem gleichlautenden Eintrag a_name und findet dort den Partnernamen, der der Variablen *b_name* zugewiesen wird. Die Pascal-Notation dieser Prozedur ergibt:

```
FUNCTION get_partner (name: string) : string;
(* ermittelt den verbundenen Endpunkt*)
var i : integer;
begin
  for i := 1 to 15 do
      with verbindung_array[i] do
      begin
     if name = a_point then get_partner := b_point;
     if name = b_point then get_partner := a_point;
end; end;
```

In ähnlicher Weise wird mit der

FUNCTION get_stateN(a_name) : integer;

der aktuelle Zustand der Verbindung aufbereitet, der sich dann in der Variablen *stateN* befindet. Die Pascal-Notation dieser Prozedur ergibt:

```
FUNCTION get_stateN (name:string) : integer;
(* ermittelt den momentanen Zustand eier Verbindung*)
var i : integer;
begin
get_stateN := 0;
for i := 1 to 15 do
if (name = verbindung_array[i].a_point) or
   (name = verbindung_array[i].b_point) then
    get_stateN := verbindung_array[i].state;
end;
```

Für den COM-Prozess der N-Instanz stehen damit die Eingangsgrößen a_name, b_name, stateN und die N_PDU mit ihren Parametern zur Verfügung. Mit Hilfe der Prozedur

FUNCTION pc_vorhanden(txt:string) : boolean;

wird festgestellt, ob der PC, mit dem eine Verbindung gewünscht wird, überhaupt eingerichtet ist.

Die Pascal-Notation dieser Prozedur ergibt:

```
FUNCTION pc_vorhanden (txt : string) : boolean;
(* ermittelt, ob Endpunkt eingerichtet ist *)
var i : integer;
begin
```

```
pc_vorhanden := false;
for i := 1 to 15 do
if endpoint_array[i].name = txt then pc_vorhanden := true;
end;
```

In Senderichtung bedient sich der Prozessteil der Adress-Abbildungsfunktion

FUNCTION get_secondary(a/b_name) : string;

die invers zu *get_name* arbeitet, d.h. die (physikalische) Secondary-Adresse aus dem logischen Namen ermittelt.

Die Pascal-Notation dieser Prozedur ergibt:

```
FUNCTION get_secondary(txt : string) : string;
(* setzt logische Adresse in physikalische Adresse um*)
var i : integer;
    rtxt: string;
begin
i:=0;
   repeat
   inc(i);
   until (i = 15) or (txt = endpoint_array[i].name);
str(i + 32,rtxt);
get_secondary := rtxt;
end;
```

Zum Bearbeiten der Verbindungstabelle werden die Prozeduren

write_connection
change_connection_state
clear_connection

erstellt.

Die Prozedur

PROCEDURE write_connection(a_name,b_name,stateN);

richtet erstmalig eine Verbindung ein.

Ihre Pascal-Notation ergibt:

```
PROCEDURE write_connection(a,b :string; c:integer);
(*richtet eine Verbindung ein*)
var i :integer;
begin
i :=0;
repeat
inc(i);
until verbindung_array[i].flag = false;
with verbindung_array[i] do
```

```
        begin
         flag:= true;
         a_point := a;
         b_point := b;
         state   := c;
        end;
    end;
```

Die Prozedur

PROCEDURE change_connection_state(name,stateN);

verändert den Zustand eines für eine Verbindung eingerichteten Prozesses. Dieser Prozedur bedient sich der COM-Teil innerhalb seiner Prozessanweisungen. Ihre Pascal-Notation ergibt

```
PROCEDURE change_connection_state(var name:string; f:integer);
var i : integer;          (*ändert den Verbindungs-Zustand*)
begin
for i := 1 to 15 do
if (name = verbindung_array[i].a_point) or
   (name = verbindung_array[i].b_point) then
    verbindung_array[i].state := f;
end;
```

Die Prozedur

PROCEDURE clear_connection(name);

löscht eine Eintragung in der Verbindungstabelle und beendet damit den eine Verbindung realisierenden Prozess. Auch diese Prozedur wird vom COM-Teil benutzt, um ein Exemplar zu löschen. Das geschieht dadurch, dass das flag für diesen Eintrag auf false gesetzt, die Verbindungspartner gelöscht und der Zustand auf 0 gesetzt wird.

Ihre Pascal-Notation ergibt

```
PROCEDURE clear_connection(name : string);
(*löscht Verbindung*)
var i : integer;
begin
for i := 1 to 15 do
 begin
    if (name = verbindung_array[i].a_point) or
       (name = verbindung_array[i].b_point) then
   with verbindung_array[i] do
     begin
     flag := false;
     a_point:='.........';
```

```
        b_point:='.........';
        state  := 0;
        end;
    end;
  end;
```

5. 5. 2. 2. Einricht-Prozess

Mit dem EinrichtProzess der N-Instanz ist die Netzkonfiguration einzurichten. Die Netzkonfiguration ist in der Konfigurationstabelle

var endpoint_array : array[1..15] of endpoint;

gespeichert (s. Abschn. 1.3). In ihr können bis zu 15 Secondary-Adressen (33..47) mit dazugehörigen logischen Adressen eingetragen werden. Diese Einträge benutzt auch die DL-Transitinstanz, um festzustellen, welche Secondaries insgesamt zu pollen sind. Außerdem benutzt die N-Transitinstanz diese Tabelle, um die Gültigkeit der logischen Adressierung bei Verbindungsanforderungen zu überprüfen.

Der EinrichtProzess benutzt einzelne Menuepunkte zum Editieren der Tabelle; er stellt also einen einfachen Tabelleneditor dar. Man findet einzelne Menuepunkte zum

- Einrichten einer Secondary,
- Löschen einer Secondary,
- Konfigurationstabelle speichern/laden/drucken.

Der letzte Punkt ist wichtig, um nicht jedesmal beim Einschalten des Transitsystems eine vollständig neue Konfigurationstabelle aufbauen zu müssen. Stattdessen kann eine bestimmte Netzkonfiguration als Datei gespeichert und später wieder geladen werden. Zur Dateiverwaltung werden sinnvoll 3 Prozeduren deklariert:

PROCEDURE save_configuration; (*legt eine Netzdatei an*)
PROCEDURE load_configuration; (*lädt eine Netzdatei*)
PROCEDURE print_configuration; (*druckt die geladene Netzdatei*)

5. 5. 3. Sicherungsinstanzen

Die DL-Instanzen der Endsysteme und des Transitsystems enthalten drei Prozesse, die es zu implementieren gilt:

1. den Prozess DL_COM,
2. den Prozess DL_CODEX,
4. den Prozess DL_Einricht.

Dabei kommen die Überlegungen des Abschnitts 4.3.4 (Einbindung der Ebene1-HW-Steuerung) zum Tragen. Das bedeutet, dass der COM-Prozess und der CODEX-Prozess in einen Sende- und einen Empfangsteil zerlegt werden. Zudem liegt dem CODEX-Prozess ein komplizierteres SDL-Diagramm zugrunde als dies bei den höheren Schichten der Fall ist.

Um dem Leser einen möglichst vollständigen Einblick in die Arbeitsweise einer Sicherungsinstanz zu geben, wird als Grundlage für die folgenden Ausführungen im Anhang 7.3 ein vollständiges Implementierungsbeispiel, und zwar für die DL-Instanz im Endsystem abgedruckt. Die Beschränkung auf das Endsystem erfolgt, um den Rahmen des Buches nicht zu sprengen.

5. 5. 3. 1. COM-Prozess

Die Prozedur *datalink* realisiert den wesentlichen Teil des COM-Prozesses der Instanz. Sie stellt die Verbindung mit der N-Instanz über die Dienstzugangspunkte *dlsap_tx* und *dlsap_rx* her, indem sie den *dlsap_tx* ausliest und den *dlsap_rx* beschreibt.

Die Prozedur *datalink* muss einen Textrahmen wiederholt übertragen, bis dieser erfolgreich von der Gegenstation bestätigt wird. Die Maximalzahl der Wiederholungen sei in der Variablen *max_dl_retry_count* mit 4 vorgegeben, die Wiederholungen werden in der Variablen *dl_retry_count* gezählt.

Das Protokoll und deshalb auch das Programm der Secondary ist zur Vereinfachung so gestaltet, dass nach jedem Pollauftrag durch die Primary nur ein Rahmen übertragen wird und die Primary danach die nächste Secondary pollt. Aus diesem Grund kann die Verwaltung eines Sende- und Empfangsfolgezählers (für spätere Ergänzungen) zwar implementiert sein; er bleibt aber wirkungslos, da ein Textrahmen immer mit der festen Sende-Folgenummer (frame_no) "1" = char(49) ausgesendet wird. Die Sende- und Empfangsfolgenummern stehen in den global deklarierten Variablen *next_send_no* und *next_receive_no.*

Der Prozessteil von *datalink* ist wie die Musterprozedur aufgebaut, nur dass hierbei empfangsseitig der DL-interne SAP dl_com benutzt wird. Wie alle anderen SAP`s ist er global deklariert und ist vom

```
TYPE com1        = record
                              flag          : boolean;
                              command : string[3];
                              frame_no      : integer;
                              info          : string;
                         end;
```

Im Feld *command* wird die Art der DL_PDU angezeigt (STX, ACK, EOT, usw.). Falls ein Textrahmen empfangen wird, beinhaltet *frame_no*die Sendefolgenummer und *info* die Textzeichen.

Um Kollisionen mit der schreibenden, Interrupt-Behandlungs-Prozedur *datalink_receive* zu vermeiden, sind alle Interrupts während des Bearbeitens des SAP`s *dl_com* ausgeschaltet (INLINE $FA/$FB).

Gemäß dem SDL-Prozessdiagramm wird das Senden eines Textrahmens über die Zustandsübergänge 1-2-3-1 abgewickelt. Die Instanz befindet sich, wenn weder zu senden noch zu empfangen ist, im Grundzustand 1 und stellt hier mit Hilfe des Timers 1 fest, ob eine Verbindung zur Primary vorhanden ist. Das erstmalige Setzen dieses Timers geschieht beim Start des Programms innerhalb der Initialisierung. Solange sich die DL_Instanz in den Zuständen > 1 befindet, steht ein Rahmen zur Übertragung an und muss solange im SAP dlsap_tx gespeichert bleiben, bis er erfolgreich übertragen wird. Außerdem dürfen keine weiteren Sendeaufträge durch die N-Istanz erfolgen. Das bedeutet, *datalink* muss dann solange wiederholt durchlaufen werden, bis wieder der Grundzustand 1 erreicht wird. Erst dann darf die Programmkontrolle an die überlagerte N-Instanzenprozedur abgegeben werden. Aus diesem Grund findet sich in der repeat-until-Schleife am Prozedurende von *datalink* die besondere Bedingung

until (dlsap_tx.flag = false) and ....and (stateDL = 1);

Auf eine Besonderheit der DL-Instanz bezüglich des Rücksetzens von Timern sei noch hingewiesen. Das generelle Verfahren, nicht mehr aktuelle Zeitaufträge mit Hilfe der Prozedur reset_old_times zu löschen, kann in der DL-Instanz nicht mehr angewandt werden, da hier immer der Grundzustand 1 anstatt 0 angenommen wird. In diesem Zustand ist immer ein Zeitauftrag T1 aktiv (vergl. SDL-Diagramme). Daher muss bei jedem Verlassen eines Zustandes immer gezielt ein zuvor gesetzter Timer gelöscht werden (mit *reset_time*).

5. 5. 3. 2. CODEX-Prozess

Dieser Prozess wird in Senderichtung durch die Prozedur *frame_send* und in Empfangsrichtung durch die Prozedur *frame_receive* implementiert.

Senderichtung:

Die Prozedur *datalink* bedient sich zum Senden eines Rahmens der Prozedur

PROCEDURE frame_send(kommando),

der die Art des zu sendenden Rahmens als Parameter übergeben wird (hier STX, ACK oder EOT). *frame_send* bildet dann generell zunächst den festen Kopf eines Rahmens (SOH, sec_address). Wenn ein Textrahmen zu senden ist (STX), ermittelt *frame_send* die Zeichenanzahl des Rahmens und sendet die Zeichen mit Hilfe der Prozedur *write_sap* nacheinander an den physikalischen SAP. Zum Umcodieren von Zeichen in Bytes und umgekehrt werden die Byte- und Charakter-Funktionen von Turbo-Pascal benutzt. Es ist zu beachten, dass *write_sap* in jedem Fall einen Informationsparameter vom Typ *char* oder *string* benötigt und die Umcodierung innerhalb von *write_sap* selbst erfolgt (bestimmt durch den Parameter *bite*).

Innerhalb von *frame_send* muss auch das LRC-Byte als Prüfsumme berechnet werden. Dies kann in einer Variablen *check_sum_t* geschehen, in der mit jedem gesendeten Byte eine xor-Verknüpfung und der Variablen erfolgt. Am Ende des gesamten Textrahmens steht dann in *check_sum_t* das gesuchte Prüfbyte.

Empfangsrichtung:
Zum Empfang wird die *PROCEDURE datalink_receive* benutzt. Diese Prozedur wird im Rahmen der Interruptbehandlung nach jedem Empfang eines Bytes als Unterprozedur von *physical_ receive* aufgerufen. Die Prozedur arbeitet zustandsunabhängig und hat folgende Aufgaben:

- Rahmenstart erkennen (SOH-Zeichen erkennen),
- Adressen zum Pollen und Selektieren erkennen,
- Zeichen fortlaufend zwischenspeichern bis ein Rahmen komplett ist (ETX-Zeichen erkennen),
- Art des Rahmens dekodieren (Meldungs-und Textrahmen),
- Im Fall eines Textrahmens die Fehlererkennung durchzuführen (LRC-Prüfung) und die Bytes in ASCII-Zeichen umzukodieren und
- einen kompletten, fehlerfrei empfangenen Rahmen in den DL-internen SAP *dl_com* zu schreiben.

Jedesmal, wenn ein SOH-Zeichen empfangen wird, beginnt die Prozedur empfangene Bytes fortlaufend in dem Byte-Array *receive_buffer* zu speichern. Dieses Speichern abgebrochen, wenn die empfangene Adresse (2. Byte im Rahmen) nicht der eigenen Adresse oder der Globaladresse 100 entspricht.

Wenn ein Rahmenendezeichen ETX erkannt wurde, ruft *datalink_ receive* ihre lokal deklarierte

PROCEDURE frame_receive;

auf, die den DL-internen SAP *dl_com* mit dem Rahmen beschreibt. Ist dies ein Textrahmen (STX), so prüft *frame_receive,* ob der Rahmen fehlerfrei übertragen wurde (LRC-Prüfung mit xor-Funktion).

Textrahmen werden umcodiert an den SAP *dl_com* weitergereicht, wenn sie fehlerfrei sind. Ein formal kompletter, aber fehlerhaft empfangener Textrahmen wird verworfen, indem im *dl_com* das flag nicht gesetzt wird. Dadurch gelangen solche fehlerhaften Rahmen gar nicht erst an den COM-Prozess.

5. 5. 3. 3. Einricht-Prozess

Die DL-Instanz enthält 2 Parameter, die vor Beginn der Kommunikation einzurichten sind:

1. die physikalische Adresse
2. die maximale Anzahl an Wiederholungen bei der Übertragung eines Textrahmens

Der Einricht-Prozess wird durch eine Prozedur *einricht_dl* implementiert, welche die erforderlichen Menues auf den Bildschirm bringt und in einer Kommunikation mit dem Bediener die erforderlichen Eingaben entgegennimmt.

5. 5. 4. Bitübertragungsinstanz

In der Bitübertragungsinstanz befindet sich die Schnittstelle zwischen Hard- und Software. Der COM-Prozess und der Einricht-Prozess werden durch Pascal-Prozeduren implementiert. Die Aufgaben des CODEX-Prozesses übernimmt vollständig der UART-Baustein.

Die Implementierung des COM-Prozesses erfolgt durch zwei Prozeduren:

- procedure *physical* für die Senderichtung und
- procedure *physical_receive* für die Empfangsrichtung

Mit der Prozedur *physical* wird ein Byte des SAP`s phsap_tx in das Sendehalteregister THR des UART-Bausteins geschrieben.

```
PROCEDURE physical;
var stelle    : integer;
    send_byte : byte;
begin
repeat
 begin
   if phsap_tx.flag then
   BEGIN (*PH_TX*)
      send_byte := phsap_tx.info_byte;
      case statePH of
      1: begin
         repeat until (port[LSR] and $20) = $20;
```

```
                port[THR] := send_byte;
                end;
             end;
             clear_sap(phsap_tx);  (*löschen SAP ph_tx*)
          END;  (*PH_TX*)
          if phsap_ti.flag then
          BEGIN (*ph_TI*)
            case statePH of
             1 : ;
             2 : ;
             end;
             clear_sap(phsap_ti);        (*löschen SAP ph_ti*)
          END; (*PH_ti*)
          reset_old_times('h',statePH);
        end;
       until (phsap_tx.flag=false) and (phsap_ti.flag=false);
      end;
```

Vor jedem Schreiben wird abgefragt, ob das THR-Register leer ist, d.h. ob ein zuvor gesendetes Zeichen bereits vollständig auf die TD-Leitung der RS 232-Schnittstelle gesendet wurde. Ggf. wird solange gewartet, bis dies der Fall ist, und erst dann wird die Prozedur verlassen. Diese Art der Flusskontrolle passt die Sendegeschwindigkeit der DL-Instanz an die eingestellte Baudrate des UART-Bausteins an.

Die Prozedur *physical_receive*

```
PROCEDURE physical_receive;interrupt;{interruptgesteuerter
Empfang von Bytes und Speichern im SAP ph_rx}
      begin
         write_sap(phsap_rx,data,indication,noresult,s,s,
                                       bite,char(Port[RBR]));
         datalink_receive;
         Port[IRQ]:=EOI;  {Interrupt Controller 5289 freige-
ben}
      end;
```

ist als Interrupt-Prozedur implementiert. Der Interrupt des UART-Bausteins wird auf diese Prozedur umgelenkt. Bei jedem empfangenen Zeichen wird die Prozedur aufgerufen und liest aus dem Empfangspuffer-Register RBR das eingetroffene Byte. Das Eintreffen eines Bytes sperrt alle weiteren Interrupts. Nachdem das Byte mit *datalink_receive* verarbeitet wurde kann mit der Anweisung

port[IRQ] := EOI;

der Interrupt wieder freigegeben werden.
Da im Programm keine besonderen Flusskontrollmechanismen vorgesehen sind, muss die Baudrate so minimal gewählt werden, dass bei fortwährendem Senden eines PC`s dem Empfangs-PC innerhalb der Zeit zweier Interrupts noch genügend Zeit für alle übrigen Instanzen-Prozeduren verbleibt. Mit verschiedenen Test-Implementierungen konnten etwa 600 Baud erreicht werden (erprobt für PC/XT). Bei Baudraten über diesem Wert ist die Interruptrate zu groß, was sich in Zeichenverlust bemerkbar macht. Die mit einer zu hohen Rate gesendeten Zeichen können nicht mehr alle einen Interrupt auslösen, da der Interrupt des UART-Bausteins zu lange gesperrt bleibt. Diese recht niedrige Baudrate ist zum Teil auf die vollständig in Software implementierte DL-Instanz zurückzuführen. Höhere Übertragungsgeschwindigkeiten lassen sich sicher erzielen, wenn

- ein Hardware-Baustein für die DL-Instanzen eingesetzt wird und
- Assembler-Programme verwendet werden.

6. Anhang

6. 1. SDL-Automatensymbole

Die nachfolgenden Referenztabellen fassen die Automaten-Symbole auf den verschiedenen Ebenen der SDL-Spezifikation zusammen und erläutern deren Bedeutung.

6. 1. 1. Symbole der System- und Blockspezifikation

SDL-Symbol	Bedeutung	Syntax
	Blockreferenzsymbol oder Referenz für Unterblock mit Blocknamen	
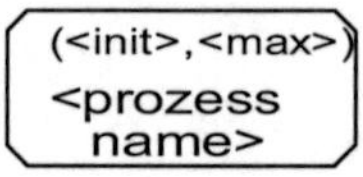	Prozessreferenzsymbol (unterste Blockebene) mit Prozessnamen und Zahl der vorhandenen Einheiten bei Prozessstart (init) und maximal vorhandene Einheiten (max) dieses Typs	<process name > [([<init>],[<max>]]
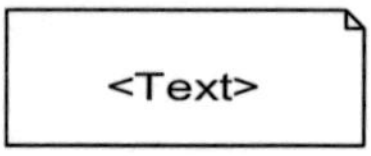	Textsymbol für Definitionen	
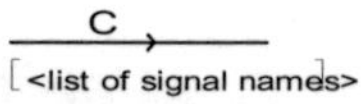	Channel (unidirektional) mit Channelnamen C und Namen der Signale	<signal_1 [,signal_2][,.]>
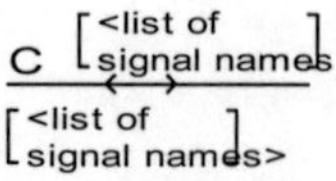	Channel (bidirektional) mit Channelnamen C und Namen der Signale	<signal_1 [,signal_2][,.]>

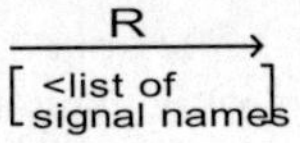	unterste Blockebene: Route (unidirektional) mit Routenamen R und Namen der Signale	<signal1 [,signal2][,.]>
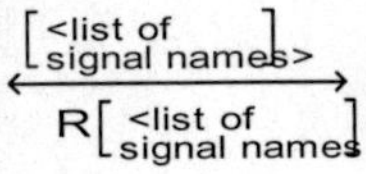	unterste Blockebene: Route (bidirektional) mit Routenamen R und Namen der Signale	<signal1 [,signal2][,.]>
	Prozess-Create-Linie (optional) gibt an, welcher Prozess welchen startet	

6. 1. 2. Symbole der Prozess- und Prozedurspezifikation

SDL-Symbol	Bedeutung	Syntax
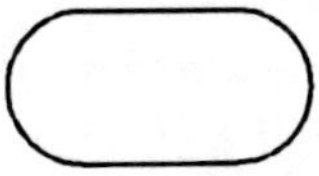	Prozess-Startsymbol	
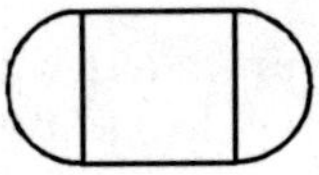	Prozedur-Startsymbol (nur bei Prozedurspezifikation)	
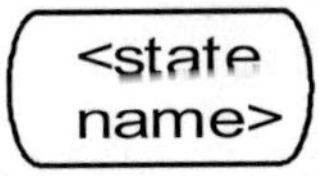	Prozesszustand mit Namen des Zustands	<state name> oder <*>
	Eingangssignal mit Signalnamen und (optional) Parameterliste	<signal name> [parameter list] oder <*>

	Ausgangssignal mit Signalnamen (optional Parameterliste u. Ziel)	<signal name> [parameter list] [via <route_name>] [to <address>]
	Anweisungsblock	a := b;
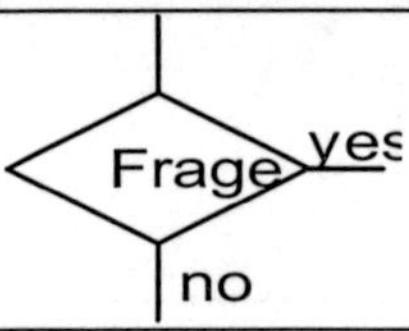	Frage und Entscheidung	
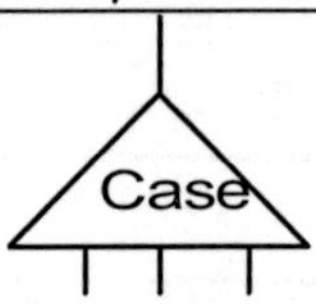	optionale Transitionen	
	Eingangssignal, das gespeichert wird und in einem anderen Zustand verarbeitet wird	<signal name> [parameter list]
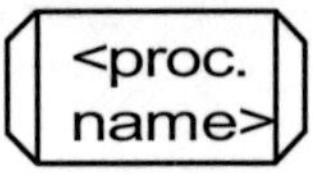	Prozedur-Referenzsymbol mit Namen der Prozedur (optional mit Parametern)	<procedure name> [list of formal parameters]
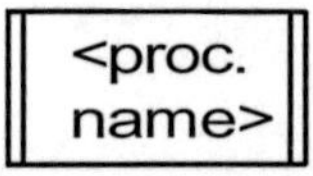	Prozeduraufruf mit Namen der Prozedur (optional mit Param.)	<procedure name> [list of actual parameters]
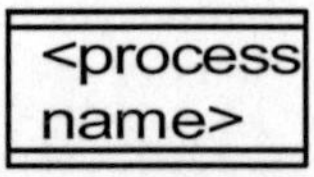	Starten eines anderen Prozesses mit Namen des Prozesses	<process name> [list of actual parameters]

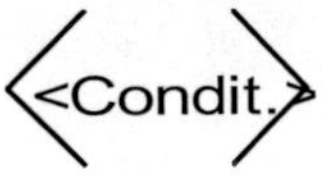	Enabling Condition Symbol: zusätzliche Bedingung, unter der ein Eingangssignal zur Transition führt	
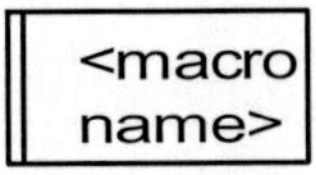	Macro-Aufruf mit Namen des Macros (option. mit Parametern)	<macro name> [list of actual parameters]
	Kommentarsymbol in Verbindung mit einem anderen Symbol	
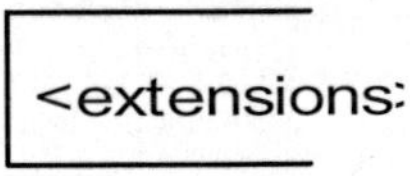	Text-Erweiterungssymbol in Verbindung mit eimen anderen Symbol	
	Verbindungssymbol mit Namen, um den Graphen an anderer Stelle fortzusetzen	
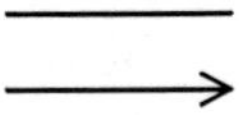	Verbindungslinien im Graphen, mit und ohne Flussrichtungspfeil	
	Prozedur-Return-Symbol, nur bei Prozedurspezifikation am Prozedurende	
	Prozess-Stopsymbol	

	Textsymbol für Definitionen	

6. 2. ASCII-Zeichensatz

DEZ	HEX	Zch	DEZ	HEX	Zch	DEZ	HEX	Zch	DEZ	HEX	Zch
0	00	NUL	32	20		64	40	@	96	60	`
1	01	SOH	33	21	!	65	41	A	97	61	a
2	02	STX	34	22	"	66	42	B	98	62	b
3	03	ETX	35	23	#	67	43	C	99	63	c
4	04	EOT	36	24	$	68	44	D	100	64	d
5	05	ENQ	37	25	%	69	45	E	101	65	e
6	06	ACK	38	26	&	70	46	F	102	66	f
7	07	BEL	39	27	'	71	47	G	103	67	g
8	08	BS	40	28	(	72	48	H	104	68	i
9	09	HT	41	29	)	73	49	I	105	69	j
10	0A	LF	42	2A	*	74	4A	J	106	6A	k
11	0B	VT	43	2B	+	75	4B	K	107	6B	l
12	0C	FF	44	2C	,	76	4C	L	108	6C	m
13	0D	CR	45	2D	-	77	4D	M	109	6D	n
14	0E	SO	46	2E	.	78	4E	N	110	6E	o
15	0F	SI	47	2F	/	79	4F	O	111	6F	p
16	10	DLE	48	30	0	80	50	P	112	70	q
17	11	DC1	49	31	1	81	51	Q	113	71	r
18	12	DC2	50	32	2	82	52	R	114	72	s
19	13	DC3	51	33	3	83	53	S	115	73	t
20	14	DC4	52	34	4	84	54	T	116	74	u
21	15	NAK	53	35	5	85	55	U	117	75	v
22	16	SYN	54	36	6	86	56	V	118	76	w
23	17	ETB	55	37	7	87	57	W	119	77	x
24	18	CAN	56	38	8	88	58	X	120	78	y
25	19	EM	57	39	9	89	59	Y	121	79	z
26	1A	SUB	58	3A	:	90	5A	Z	122	7A	{
27	1B	ESC	59	3B	;	91	5B	[	123	7B	|
28	1C	FS	60	3C	<	92	5C	\	124	7C	}
29	1D	GS	61	3D	=	93	5D	]	125	7D	~
30	1E	RS	62	3E	>	94	5E	^	126	7E	
31	1F	US	63	3F	?	95	5F	_	127	7F	DE L

6. 3. Implementierungsbeispiel DL-Instanz

Die folgenden Pascal-Prozeduren beschreiben eine Implementierung der DL-Instanz, und zwar eine Implementierung für die Prozesse

DL-COM und DL-CODEX .

Wegen seiner Einfachheit wurde auf das Abdrucken der Implementierung des Einrichtprozesses verzichtet. Als Beispiel wird hier die Instanz des Endsystems angegeben. Das Programmbeispiel kann leicht auf die DL-Instanz für das Transitsystem umgeschrieben werden, wenn man die entsprechenden SDL-Prozessdiagramme zu Hilfe nimmt (s. Abschn. 3).

Den Prozeduren liegt ein Realisierungskonzept zu Grunde, wie es mit Bild 4.19 in Abschn. 4 gezeigt wird. Der COM-Prozess arbeitet mit Send and Wait-Protokoll und einem Poll/Select-Linkmanagement.

6. 3. 1. DL-CODEX (empfangsseitig)

Der DL-CODEX-Prozess ist in getrennten Prozeduren realisiert. Empfangsseitig ist dafür eine Prozedur *datalink_receive* zuständig. Zur Übergabe der DL-PDUs an den COM-Prozess ist ein SAP deklariert (global):

```
type     com1   = record (*Datalink-interner SAP zwischen
                        Polling und Interrupt-Proramm*)
                     flag        : boolean;
                     command     : string[3];
                     frame_number: integer;
                     info        : string;
                  end;


var dl_com              : com1; (*nimmt die PDU auf*)
```

Ferner sind folgende Variable notwendig (global deklariert):

```
var sec_address         : integer;
    frame_start         : boolean;
    receive_buffer      : array[1..255] of byte;
    last_position       : integer;
```

Der CODEX-Prozess in Empfangsrichtung lässt sich dann folgendermaßen in einer Prozedur *datalink_receive* programmieren:

```
PROCEDURE datalink_receive;
  var i : integer;


  PROCEDURE frame_receive;
   var link_command : integer;
       check_sum_r  : byte;
```

```
FUNCTION lrc_check : boolean;(*prüft Text-Rahmen:
                                  LRC-Check*)
begin
  if check_sum_r = receive_buffer[i+1]
                                    then lrc_check := true
                             else lrc_check := false;
  if (check_sum_r = byte(#1)) and
                             (receive_buffer[i+1] =
byte('!'))
                             then lrc_check := true;
                             (* wenn zufällig SOH*)
end; (*lrc_check*)

begin (*frame_receive*)
frame_start := false;
link_command := integer(receive_buffer[3]);

  case link_command of

   2 : (*STX*) with dl_com do
     begin

     delete(info,1,255);
     i:=5;
     check_sum_r := byte(#0); (*Check-sum auf Null*)
           while integer(receive_buffer[i]) <> 3 do
                          (*bis ETX*)
           begin
            info := info + char(receive_buffer[i]);
            check_sum_r := check_sum_r XOR
                                  receive_buffer[i];
            inc(i);
           end;

           if lrc_check =true then
      begin
      flag := true;
      command := 'STX';
      frame_number:=integer(receive_buffer[4]) - 48;
```

```
              (*Nummer 1 ist mit ASCII = 49 dec codiert*)
                 end;
            end;

        4 : (*EOT*)  begin
                     dl_com.flag    := true;
                     dl_com.command := 'EOT';
                     end;

        5 : (*ENQ*)  begin
                     dl_com.flag    := true;
                     dl_com.command := 'ENQ';
                     end;

        6 : (*ACK*)  begin
                     dl_com.flag    := true;
                     dl_com.command := 'ACK';
                     end;

       17:  (*DC1*)  begin
                     dl_com.flag    := true;
                     dl_com.command := 'DC1';
                     end;

       end;

     end; (*frame_receive*)


BEGIN
if phsap_rx.flag then
 begin
  if phsap_rx.info_byte = byte(#1) then  (*SOH*)
  begin
    for i:= 1 to 255 do receive_buffer[i] := 0;
    frame_start := true;  (*Rahmen wird begonnen*)
    last_position := 1;
  end;
  if frame_start then
  begin
```

```
   receive_buffer[last_position] := phsap_rx.info_byte;
(*einsammeln*)

   if (last_position = 2) then
       begin
         if integer(receive_buffer[2]) <> sec_address then
                                                   frame_start :=
false;
                   (*Rahmen nicht zu dieser Secondary*)
         if integer(receive_buffer[2]) = 100 then

frame_start := true;
             (*Rahmen ist an alle Secondaries gerichtet*)
       end;

   if last_position > 2 then
   begin
    if receive_buffer[3] = byte(#2) then
     begin
       if ( receive_buffer[last_position -1] = byte(#3)) and
frame_start then frame_receive;
        (*Rahmen komplett bei Textblock, LRC hinten*)
     end
     else

     begin
       if ( receive_buffer[last_position] = byte(#3)) and
frame_start then frame_receive;
        (*Rahmen komplett bei Kommandoblock*)
     end;
   end;

   inc(last_position);
  end;

 clear_sap(phsap_rx);
 end;
END;  (*datalink_receive*)
```

6. 3. 2. DL-COM und DL-CODEX (sendeseitig)

Der Prozess DL_COM_E sowie der CODEX-Prozess in Senderichtung werden von einer Prozedur *datalink* realisiert. Die Prozedur benutzt folgende Variable:

```
VAR
sec_addres                        : integer;
dl_retry_count, max_dl_retry_count,
next_receive_number, next_send_number,
max_dl_retry_count       : integer;
frame_start                       : boolea;
```

Bei Start des Programms sind im Rahmen der Initialisierung einigen Variablen Werte zuzuweisen, und zwar:

```
sec_address := 100;
frame_start := false;
max_dl_retry_count := 4;
```

Innerhalb der im folgenden gezeigten Prozedur *datalink* realisiert die Prozedur *frame_send* den CODEX-Prozess in Senderichtung. Zum Aussenden des festen Headers (SOH und physikalische Adresse) wird die Hilfprozedur *header_send* benutzt.

```
PROCEDURE  datalink;
var i : integer;
    ein_zeichen : char;
    blocklaenge : integer;

 PROCEDURE frame_send(kommando : string);
                                (*bildet und sendet Rahmen*)
 var sende_text_laenge, j : integer;
     send_character       : char;
     check_sum_t          : byte;

  PROCEDURE header_send; (*sendet den festen Header aus*)
   begin
   write_sap(phsap_tx,data,reuest,noresult,
                                s,s,bite,char(1));
   physical;
  write_sap(phsap_tx,data,request,noresult,s,s,bite,

char(sec_address));
   physical;
   end;
```

```
begin (*frame_send*)
if kommando = 'STX' then
     begin
     sende_text_laenge := length(dlsap_tx.info_txt);
     header_send;
     write_sap(phsap_tx,data,request,noresult,s,s,
                                        bite,char(2));
     physical;

       write_sap(phsap_tx,data,request,noresult,s,s,
                                        bite,char(49));
                  (* zur Zeit feste Sendenummern-Folge*)
     physical;
     check_sum_t := byte(#0); (*check-sum null setzen*)
     for j := 1 to sende_text_laenge do
       begin
       send_character := dlsap_tx.info_txt[j];
       check_sum_t := check_sum_t XOR
                              byte(send_character);
   write_sap(phsap_tx,data,request,noresult,s,s,bite,
                  send_character);
       physical;
       end;

 if check_sum_t = byte(#1) then check_sum_t := byte(33);
        (*wenn zufällig LRC-BYTE identisch SOH-Zeichen*)

        write_sap(phsap_tx,data,request,noresult,s,s,
                                             bite,char(3));
     physical;

     write_sap(phsap_tx,data,request,noresult,s,s,bite,

char(check_sum_t));
     physical;
     end;

 if kommando = 'EOT' then
     begin
```

```
        header_send;
        write_sap(phsap_tx,data,request,noresult,s,s,
                                            bite,char(4));
        physical;
        write_sap(phsap_tx,data,request,noresult,s,s,
                                            bite,char(3));
        physical;
        end;

  if kommando = 'ACK' then
        begin
        header_send;
        write_sap(phsap_tx,data,request,noresult,s,s,
                                            bite,char(6));
        physical;
        write_sap(phsap_tx,data,request,noresult,s,s,
                                            bite,char(3));
        physical;
        end;
  end;

  PROCEDURE reset_dl_counter;
  begin
  next_receive_number := 0;
  next_send_number := 0;
  dl_retry_count := 0;
  clear_sap(dlsap_tx);
  end;

 BEGIN (*datalink*)
 repeat
  begin
    if dlsap_tx.flag then
    BEGIN (*DL_TX*)
       case stateDL of

       1:    case dlsap_tx.control1 of

             data: if dlsap_tx.control2 = request then
```

```
                begin
                reset_time('l','1');
                set_time('l','2');
                stateDL := 2;
                end;
        end;

   end;
clear_sap(dlsap_tx);  (*löschen SAP dl_tx*)
END;  (*DL_TX*)

INLINE($FA);  (* vor Übernehmen Interrupt sperren *);
if dl_com.flag then
BEGIN (*Empfang eines Rahmens von PROCEDURE dl_receive*)
  case stateDL of

   1 : begin
       if dl_com.command = 'ENQ' then
            begin
            reset_time('l','1');
            frame_send('EOT');
            set_time('l','1');
            end;

       if dl_com.command = 'DC1' then
            begin
            reset_time('l','1');
            next_receive_number := 1;
            frame_send('ACK');
            set_time('l','8');

            stateDL := 8;
            end;
       end;

   2 : if dl_com.command = 'ENQ' then
        begin
        reset_time('l','2');
        dl_retry_count := 1;
        next_send_number := 1;
```

```
          if dl_retry_count > max_dl_retry_count then
             begin
             write_sap(dlsap_rx,p_abort,noprimitiv,

noresult,s,s,zeichen,s);
               reset_dl_counter;
               set_time('l','1');
               stateDL := 1;
             end
             else
             begin
             frame_send('STX');
             set_time('l','3');
             stateDL := 3;
             end;
          end;

      3 : if dl_com.command = 'ACK' then
          begin
          reset_time('l','3');
          frame_send('EOT');
          reset_dl_counter;
          clear_sap(dlsap_tx);
        (*nun erst kann datalink verlassen werden*)
          set_time('l','1');
          stateDL := 1;
          end;

      8 : begin
          if dl_com.command = 'EOT' then
             begin
             reset_time('l','8');
             reset_dl_counter;
             set_time('l','1');
             stateDL := 1;
             end;
          if dl_com.command = 'STX' then
               begin
               reset_time('l','8');
            if dl_com.frame_number = next_receive_number
```

```
            then
                     begin
        write_sap(dlsap_rx,data,indication,noresult,
                      s,s,zeichen,dl_com.info);
                                        (*abliefern*)
                inc(next_receive_number);
                if next_receive_number = 9 then
            next_receive_number :=1;
                          (*modulo 8*)
                end;
      frame_send('ACK');  (*in jedem Fall bestätigen*)
            reset_time('1','8');
            set_time('1','8');
            stateDL := 8;
            end;
       end;

    end;
 dl_com.flag := false;   (*löschen interner DL-SAP *)
 END; (*empfangener Rahmen*)

 INLINE($FB);(* nach Bearbeiten Interrupt freigeben *)

 if dlsap_ti.flag then
 BEGIN (*dl_TI*)
   case stateDL of

    1:  if dlsap_ti.info_txt = '1' then
        begin
        write_sap(dlsap_rx,p_abort,noprimitiv,
noresult,s,s, zeichen,'Übertragungsstrecke unterbrochen');
        set_time('1','1');
        end;

    2 : if dlsap_ti.info_txt = '2' then
        begin
        write_sap(dlsap_rx,p_abort,noprimitiv,noresult,s,s,
zeichen,'Übertragungsstrecke unterbrochen');
        set_time('1','1');
        stateDL :=1;
```

```
            reset_dl_counter;
            end;

        3 : if dlsap_ti.info_txt = '3' then
            begin
            inc(dl_retry_count);
            next_send_number := 1;
            if dl_retry_count > max_dl_retry_count then
              begin
              write_sap(dlsap_rx,p_abort,noprimitiv,nore-
sult,s,s,zeichen,'Übertragungsstrecke gestört');
              reset_dl_counter;
              set_time('1','1');
              stateDL := 1;
              end
              else
              begin
              frame_send('STX');
              set_time('1','3');
              stateDL := 3;
              end;

            end;

        8 : begin
             if dlsap_ti.info_txt = '8' then
             begin
             write_sap(dlsap_rx,p_abort,noprimitiv,nore-
sult,s,s,zeichen,'Übertragungsstrecke unterbrochen ');
              set_time('1','1');
              stateDL :=1;
              reset_dl_counter;
             end;
            end;

        end;
        clear_sap(dlsap_ti);          (*löschen SAP dl_ti*)
    END; (*DL_ti*)

  end;
```

```
 physical; (*unterlagerte Instanz aufrufen*)

 until ((dlsap_tx.flag=false) and (dl_com.flag=false)
      and (dlsap_ti.flag=false) and (stateDL = 1))
        or keypressed;

END; (*datalink*)
```

Glossar

abort	Abbruchdienst
application layer	Anwendungs-Schicht
ARQ (Automatic Repeat Request)	Verfahren der Fehlersicherung, bei dem eine automatische Wiederholung fehlerhafter Blöcke erfolgt
bestätigter Dienst (engl.: confirmed service)	Dienst, bei dem der *user* eine positive oder negative Bestätigung nach seiner Anfrage bekommt
bitorientiertes Format	Format, bei dem die Feldelemente eines Rahmens aus Bits gebildet werden
Body	Informationsteil eines Datenrahmens, einer *PDU*
CODEX-Prozess	Instanzen-Prozess, der das Codieren und Decodieren von Datenrahmen, (*PDUs*) beschreibt
COM-Prozess	Instanzen-Prozess, der das Zustandsverhalten einer Instanz beschreibt
confirmation	Dienstprimitiv zur Dienst-Bestätigung
connect	Verbindungsaufbaudienst
CRC (Cyclic Redundancy Check)	Prüfsummenbildung bei Fehlersicherung
CSMA/CD (Carrier Sense Multiple Access/Collision Detection)	zufälliges Mediumzugriffsverfahren für gleichberechtigte Endsysteme
data	Datenübertragungsdienst
Datagram	Vermittlungsdienst, bei dem keine Verbindung vor der Datenübertragung aufgebaut wird

datalink layer	Sicherungsschicht
Datenanalysator	Messgerät für *Protokoll-Dateneinheiten (PDUs)*
DEE	Abkürzung für Datenendeinrichtung
Dienst(e) (engl.: service)	Menge der Kommunikationsfunktionen, die an der Grenze zu einer Kommunikationsschicht geboten werden
Dienstsignal	Schnittstellensignal am *Dienstzugangspunkt*, mit dem *Dienst(e)* gesteuert werden
Dienstspezifikation	formale Festlegung aller Funktionen eines *Dienstes* und seiner Dienstsignale am *Dienstzugangspunkt*
Dienstzugangspunkt (DZP)	Schnittstelle zu einem *Dienst*, an der der Dienst einer Schicht gesteuert werden kann und Dienstdateneinheiten (SDUs) übergeben werden
Diffusionsvermittlung	Vermittlungsprinzip ohne *Routing*
disconnect	Verbindungsabbaudienst
DÜE	Abkürzung für Datenübertragungseinrichtung
Duplex	zweiseitige Übertragung
Durchsatz	Verhältnis von Nutzbits zu tatsächlichen Bits bei einem Fehlersicherungsprotokoll
Endsystem	Station, bei der alle Schichten vorhanden sind
Finite State Machine (FSM)	zustandsgesteuerter Automat, der endlich viele Zustände durchläuft
Flusskontrolle	Verfahren zur Steuerung der Datenmenge zum Verhindern von Überflutungen
Format (Datenformat)	Bestandteil eines *Protokolls*, Festlegung der Feldelemente eines Datenrahmens und ihrer Codierung

Gewinn	Maß für den Gewinn an Fehlersicherheit durch fehlersichernde Maßnahmen
Halb-Duplex	wechselseitige Übertragung
Header	Startteil eines Datenrahmens, einer *PDU*
indication	Dienstprimitiv zur Dienst-Anzeige
Instanz (engl.: entity)	kleinste, eigenständige Arbeitseinheit einer Kommunikationsschicht, Automat
KMT	Abkürzung für KommunikationsMesstechnik
LAN	Abkürzung für Local Area Network
LAP	Link Access Procedure (Protocol)
Leitungsvermittlung (engl. circuit switching)	Vermittlungsverfahren, mit garantierter Bandbreite für die Verbindung
Link Management	Aufgabe der Sicherungsschicht zur Steuerung eines Übertragungskanals, insbesondere in Mehrpunktanordnungen
LLC-(layer)	Abkürzung für Logical Link Control Layer, Fehlersicherungsschicht in Lokalen Netzen
logische Adressen	Adressen der Dienstzugangspunkte des Vermittlungsdienstes (Rufnummern)
MAC-(layer)	Abkürzung für Medium Access Layer, Schicht des Medium-Zugriffs in Lokalen Netzen
network layer	Vermittlungs-Schicht
Netzanalysator	Messgerät zur Ermittlung von Netzstatistiken
optimale Blocklänge	Länge eines Datenrahmens, die bei einem Fehlersicherungsprotokoll den maximalen *Durchsatz* liefert

OSI	Abkürzung für Open System Interconnection
Paketvermittlung	Vermittlungsverfahren mit Zwischenspeicherung der Daten in den Vermittlungsknoten
PDU (Protocol Data Unit)	Protokoll-Dateneinheit, Daten die zwischen Instanzen einer Schicht übertragen werden
physical layer	Bitübertragungs-Schicht
physikalische Adressen	Stations-Adressen in einer Mehrpunkt-Topologie (Bus, Ring , Stern)
Poll/Select	geordnetes Linkzugriffsverfahren und Protokoll, arbeitet mit einer Leitstation und mehreren Folgestationen
Pollen	Sendeaufforderung einer Leitstation an eine Folgestation
presentation layer	Darstellungs-Schicht
Primary	Leitstation für das Linkmanagement innerhalb der Sicherungsschicht
Primitiv (engl.: pritive)	Steuerungselement im Dienstsignal, siehe *request,indication,response,confirmation*
Protocol Control Information (PCI)	Steuerungsdaten in der *PDU,* bestehend aus *Header*und *Trailer*
Protokoll (engl.: protocol)	Satz von Vereinbarungen (Regelverzeichnis), legt die Kommunikation von Instanzen gleicher Schicht fest.
Protokollanalysator	Meßgerät zum Simulieren und Analysieren von *Protokoll-Dateneinheiten (PDUs)*
Protokollspezifikation	formale Festlegung des Prozessaufbaus von Instanzen, der *PDUs* und des zeitlich, logischen Ablaufs des Zustandsverhaltens einer *Instanz*

provider	allgemein Diensterbringer, alle Schichten unterhalb eines *Dienstzugangspunktes*
Prozess, Prozesse	Implementierungen der *Instanzen*
release	Verbindungsabbaudienst
request	Dienstprimitiv zur Dienst-Anfrage
response	Dienstprimitiv zur Dienst-Beantwortung
Routing	Verfahren der Vermittlungsschicht zur Ermittlung eines (optimalen) Leitweges für Datenpakete
Routing-Tabelle	Tabelle eines Vermittlungsknotens, in der Leitweginformationen für Datenpakete stehen
SAP (Service Access Point)	*Dienstzugangspunkt*
Schicht(en) (engl.: layer)	Basis-Strukturelement des Kommunikationssystems
Schnittstellentester	Meßgerät zur Überprüfung der Pegel auf Leitungsschnittstellen
SDL	Specification and Description Language, formale Beschreibungsmethode für Kommunikationssysteme
SDU (Service Data Unit)	Dienst-Dateneinheit, Information in der *PDU*
Secondary	Folgestation für das Linkmanagement innerhalb der Sicherungsschicht
Send and Wait -(Protokoll)	Kommunikationsablauf, bei dem jeder gesendete Informationsrahmen unmittelbar bestätigt werden muss
session layer	Kommunikationssteuerungs-Schicht
Simplex	einseitige Übertragung

Sliding Window -(Protokoll)	Kommunikationsablauf, bei dem eine Kette von Informationsrahmen als Ganzes bestätigt wird.
Systemspezifikation	formale Festlegung des Blockaufbaus eines Kommunikationssystems und seiner Schnittstellen
Teilstrecke	Punkt-zu-Punkt-Verbindung zwischen DL-Dienstzugangspunkten
Timer	Zeitmeß- und Weckeinrichtung, ZeitgeberProzess
Token	allgemein: Berechtigungsmarke, speziell: Sendeberechtigungsmarke
Token Bus	Medium-Zugriffsverfahren bei einem Bus-Netz
Token Ring	Medium-Zugriffsverfahren bei einem Ring-Netz
Trailer	Schlußteil eines Datenrahmens, einer *PDU*
Transaktion	Vorgänge innerhalb eines Dienstes und Reaktionen an den *SAPs*, ausgelöst durch ein Dienstsignal
Transition (engl.: transition)	Vorgänge in einer Instanz, beschreibt den Übergang von einem Zustand in den Folgezustand
Transitsystem	Station, die nur die unteren Schichten besitzt
transport layer	Transport-Schicht
unbestätigter Dienst (engl.: unconfirmed service)	Dienst, bei dem der *user* keine Bestätigung nach seiner Anfrage bekommt
user	allgemein Dienstbenutzer, *Instanz*
Verbindungstabelle	Tabelle eines Vermittlungsknotens, in der die momentan verbundenen Teilnehmer eingetragen sind
Virtual Circuit	Vermittlungsverfahren, bei dem vor der Datenübertragungsphase eine Verbindung aufgebaut werden muss

Wirkungsgrad	siehe *Durchsatz*
XON/XOFF	Protokoll zur *Flusskontrolle*
zeichenorientiertes Format	Format, bei dem die Feldelemente eines Rahmens aus Zeichen eines Alphabets gebildet werden
Zeitfolgediagramm	Diagramm, das den zeitlichen Ablauf von Kommunikations-*Diensten* beschreibt
Zustandsübergangstabelle	Tabelle zur formalen Beschreibungs des Zustandsverhaltens von *Instanzen*